SCRATCH 2.0 动画游戏与创意设计教程

王丽君 著

清華大学出版社
北京

内 容 简 介

本书以 MIT Scratch 2.0为设计工具，讲解创建交互式的故事、动画、游戏、音乐及艺术等专题的方法，训练读者的程序设计逻辑。本书共16章，每一章的结构基本类似，都是以一个典型的范例程序为主题，通过 Scratch 指令积木的“堆砌和搭建”，轻松实现生活中常用的连连看、自动感应吸尘器、切换场景、自动点号机、弹奏音符、时钟、电子贺卡、月亮变化、打棒球、在线测验、画圆求面积、键盘打字练习、拼图、超链接、数学的计算原理、迷宫闯关范例程序。

本书破除了传统程序设计只是设计娱乐性游戏或动画的范畴，学习者只要拖曳堆砌指令积木，就能轻松表达自己的想法与创意，适合中小学生、初学者或有 Scratch 学习经验的学习者训练自己程序设计的逻辑思维能力，同时激发创造力与想象力。

图书在版编目（CIP）数据

Scratch 2.0动画游戏与创意设计教程/王丽君著.—北京：清华大学出版社，2016
ISBN 978-7-302-43796-3

Ⅰ.①S… Ⅱ.①王… Ⅲ.①动画制作软件—教材 Ⅳ.①TP391.41

中国版本图书馆CIP数据核字（2016）第100154号

责任编辑： 夏毓彦
封面设计： 王 翔
责任校对： 闫秀华
责任印制： 李红英

出版发行： 清华大学出版社
网　　址： http://www.tup.com.cn，http://www.wqbook.com
地　　址： 北京清华大学学研大厦A座　**邮　　编：** 100084
社 总 机： 010-62770175　**邮　　购：** 010-62786544
投稿与读者服务： 010-62776969，c-service@tup.tsinghua.edu.cn
质量反馈： 010-62772015，zhiliang@tup.tsinghua.edu.cn
印 装 者： 北京天颖印刷有限公司
经　　销： 全国新华书店
开　　本： 170mm×230mm　**印　　张：** 21　**字　　数：** 400千字
版　　次： 2016年7月第1版　**印　　次：** 2016年7月第1次印刷
印　　数： 1～3500
定　　价： 69.00元

产品编号： 067335-01

推荐序

在信息时代，面对从小成长于通信信息科技普及世界的信息“原住民”，学习信息科学是当前世界各国都在积极推动的教育改革中必备的一环。世界各国在推动学习信息科学时不断地深入探索，而程序设计语言就是其中必修的课程之一。从许多最新研究文献中发现，学习程序设计语言能够训练逻辑思维，并培养解决问题的能力以及创造性思维的能力等。《Scratch 2.0 动画游戏与创意设计教程》的教材内容可以衔接九年义务教育中的信息科学教育，并结合信息科技的发展趋势，兼具时代性及前瞻性，是想要学习程序设计语言的初学者或者想提高程序设计语言能力者必修的一本书。

使用 Scratch 学习程序设计语言的好处

Scratch 是美国麻省理工学院媒体实验室（MIT Media Lab）所开发的程序设计语言，目前已被世界各国翻译成 40 多种语言，并且能够在 Windows、Mac 或 Linux 等操作系统上运行。学习者只要轻松地以堆砌积木的方式就能创造出交互式的故事、动画、游戏、音乐及艺术等专题。Scratch 不仅是一套免费的软件，它的功能还与时俱进，并且涵盖了当前信息科技广泛应用的最新体验、声控、视频、社交、云计算等功能。所以学习 Scratch，可将个人的创意与全世界分享和接轨。

读《Scratch 2.0 动画游戏与创意设计教程》的好处

本书是由丽君老师多年教学和研究经验汇集而成，内容颠覆了传统程序设计只是套用现成算法、背诵程序设计语言的英文语法或只局限在设计娱乐性游戏的范畴，而是在教材中综合了信息科技各个领域的知识，并根据教学目标与教学纲要进行编选，生动活泼、浅显易懂，符合学生和初学者的认知能力与身心发展。书中的教材范例与说明结合了学生和初学者的日常生活与学习经验，兼具趣味性与挑战性；教材设计流程从脚本规划、流程图到拖曳程序指令积木进行程序的“搭建”，运用了“在实践中学”的学习方式，引导学生和初学者进行自主性与探索式的学习，同时培养学生独立思考、不断尝试创新、团队沟通合作、发布分享与解决问题的能力。本书的实践练习与课后练习兼具认知、技能与情意，并涵盖学生的记忆、理解、应用、分析、评鉴与创造能力，适合不同能力的学习者适度加深或拓展学习范围。相信读者研读此书后，必定对程序设计有更加深入和开创性的视野及丰富的收获。

台湾师范大学校长 張國恩

作者序

《Scratch 2.0 动画游戏与创意设计教程》的主要目的在于培养学习者借助从动画游戏与创意设计项目来学习程序设计语言的“运算思维”能力与解决问题的能力。虽然程序设计工具日新月异，不断推陈出新，但是如果养成了设计程序的逻辑思维能力，那么即使工具再新，我们仍然容易上手。

本书是笔者累积 20 年教学经验而成，以 MIT Scratch 2.0 为设计工具，各章学习范例结合了信息科技与学科领域（社会、自然、健康与体育、数学、语文、艺术与人文及生活与科技）知识，破除了传统程序设计只是设计娱乐性游戏或动画的范畴，学习者只要拖曳堆砌指令积木，就能轻松表达自己的想法与创意，创造出生活中常用的连连看、自动感应吸尘器、切换场景、自动点号机、弹奏音符、时钟、电子贺卡、月亮变化、打棒球、在线测验、画圆求面积、键盘打字练习、拼图、超链接 、数学的计算原理、迷宫闯关范例程序。

本书同时应用 Scratch 2.0 最新的视频影像检测、声音检测、时间检测或距离检测等功能，结合网络摄影机（WebCam）、麦克风、乐高积木（LEGO WeDo）、传感板（PicoBoard）、移动设备与云计算功能，结合深入浅出的图文对照说明和中英功能对照，适合初学者或有 Scratch 学习经验的学习者训练自己程序设计的逻辑思维能力，同时激发你的创造力与想象力，现在就让我们开始学习历程吧！

王麗君

书前导引

创意学习指引

除了按照一般课本进度的学习之外，可试着按下列学习法来练习，相信会有不一样的成效。

（1）可将自己的想法填入附录 C《我的创意规划表》，按照课本教学步骤绘制角色和背景，再堆砌程序积木完成各章范例程序的“搭建”。

（2）可将自己的想法填入附录 C《我的创意规划表》，按照教学步骤使用本书提供的范例文件夹中的角色背景图库素材，再按照课本教学步骤完成各章范例。

（3）可将自己的想法填入附录 C《我的创意规划表》，并直接结合本书提供范例文件夹中的各章练习范例堆砌和搭建程序积木来完成各章范例程序。

本书提供的范例文件夹中的内容

包含各章角色、造型与背景图库素材、练习范例文件、声音文件、范例文件（范例程序完成的完整文件）、练习实践范例、我的创意规划、LEGO WeDo 与 PicoBoard 安装、设置与完整范例、十类指令积木中英文功能对照表以及 Scratch 竞赛仿真范例程序。

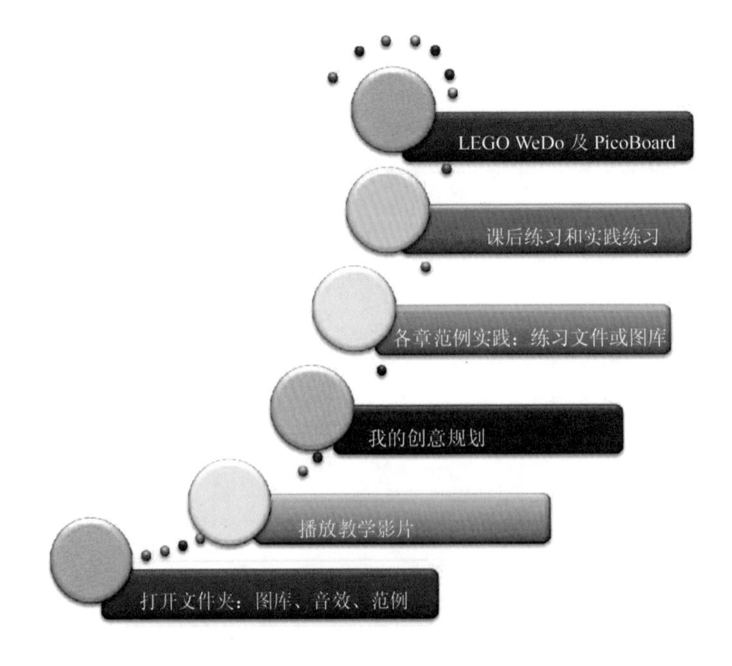

改编说明

“学习一种语言，一定要同时学好这种语言的语法！”是这样的吗？非也！我们从小学就会说一口流利的母语，请问哪位“火星人”是先从语法学起的？事实是，我们每个人儿时学习语言是充满欢乐和趣味的过程，基本不知语法是何物，虽然它实实在在地存在。

其实，学习一门计算机程序设计语言也是如此。麻省理工学院开发的Scratch就可以让初学“计算机逻辑思维”的人完全不用背程序设计语言的指令、死记语法，而把精力集中于“逻辑思维”能力的培养和训练的快乐过程中，“趣味浓厚”地学会甚至精通一门程序设计语言。

本书的作者是一位从事信息教育20年的老师，她深知没有经过严格逻辑思维训练的初学者或者中小学生一开始就学习程序设计语言的严格语法和复杂算法会索然无味、兴趣全无。作者在本书中引用了她实际教学时使用的贴近学生兴趣的各种范例，通过Scratch指令积木的“堆砌和搭建”，引导学生轻松自如地实现自己奇思妙想的设计和创意，将逻辑思维能力的训练融入具体的小应用和小游戏的开发中，让学生们饶有兴趣地在开发自己的“作品”中丰富想象力、增强分析和解决问题的能力以及养成严谨的逻辑思维习惯，同时完全忘记了自己沉醉其中的“娱乐”是在学习程序设计语言。

本书一共16章，每一章的结构都基本类似，都是以一个典型的范例程序为主题，然后列出范例程序设计脚本的规划，之后以规划为主线，把Scratch在本章重点的知识和要点在“堆砌和搭建”范例程序的每个步骤中“潜移默化”地教授给学生。学生每完成一章的学习（搭积木）都可以完成一个完全可以运行的Scratch作品（范例程序）。

最后加三点说明：

（1）本书在改编之初，Scratch 2.0 的子版本已经从原作者写作时的 V430 版更新到 V439.3 版，在本书快改编完成时，Scratch 2.0 的子版本已经更新到了 V440 了，相信在本书改编版出版之后，子版本可能还会更新。不过，子版本的更新差异不大，对大家使用本书的范例程序不会有任何影响。

（2）本书提供的范例程序、竞赛模拟范例和练习范例都已经修改为简体中文版，并经过调试和测试，大家可以放心地在学习实践过程中参照使用。

（3）超值云文件下载地址为 http://pan.baidu.com/s/1mhnYrkk。

赵 军

2016 年 4 月

目　录

第 1 章　八大行星连连看

第 2 章 自动感应吸尘器

第 3 章 关于我

第 4 章 自动点号机

第 5 章 天才演奏家弹奏音符

第 6 章 时钟

第 7 章 电子贺卡 e-card

第 8 章 月亮变化

第 9 章 打棒球

第 10 章 在线测验大考验

第 11 章 画圆求面积

第 12 章 打字练习大考验

第 13 章 认识台湾地区拼图

第 14 章 想象力超链接

第 15 章 数学大冒险

第 16 章 迷宫闯关大考验

1 八大行星连连看

简介

本章将先介绍 Scratch、下载并安装 Scratch 2.0，再开始堆砌和搭建程序指令积木，设计“八大行星连连看”程序。当单击绿旗，程序开始执行时，八大行星不停地重复运转，当每颗行星被点一下时自动移到距离太阳的正确位置。

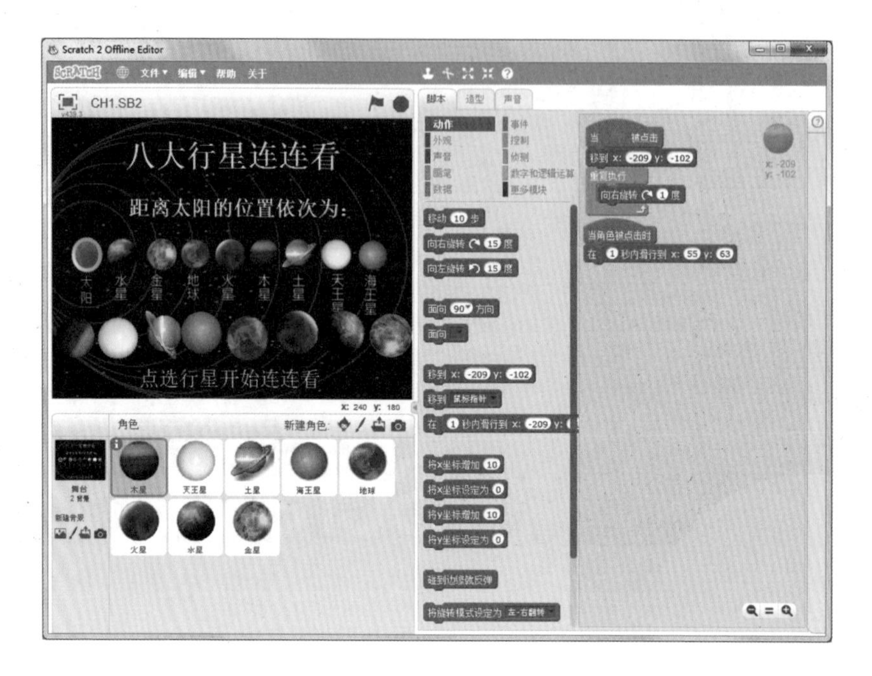

本章学习目标

完成本章节练习，将可学习到下列功能：

- 了解 Scratch 的安装和操作。
- 熟悉 Scratch 界面的操作。
- 了解 Scratch 设计流程与指令积木的操作。
- 能够编辑 Scratch 角色与舞台背景。
- 能够编辑 Scratch 指令积木。
- 了解角色与舞台的坐标关系。
- 能够设计 Scratch 八大行星动画程序。

1.1 Scratch 简介

Scratch 是美国麻省理工学院（MIT）所开发的程序设计语言，学习者可以利用程序创造交互式的故事、动画、游戏、音乐或艺术等。Scratch 是一套免费的软件，目前已被世界 150 多个国家翻译成 60 多种语言，并且能够在 Windows、Mac 或 Linux 等操作系统上执行。Scratch 项目完成后，就加入了在线社群，将创意作品上传到 MIT Scratch 云端平台，与全世界分享。

1.2 Scratch 下载安装及设置成简体中文版

本节将下载、安装 Scratch 并设置成简体中文版，以及设置程序区积木的字体大小。

1.2.1 下载 Scratch

Scratch 2.0 包含网页版（Website）和线下版编辑器（Offline editor）。

网页版（Website）

连接到 Scratch 网站，可以进行在线编辑。

提示

网页版与线下版的功能相同，只是用户登录网页版时会看到添加的“书包”（Backpack）功能。

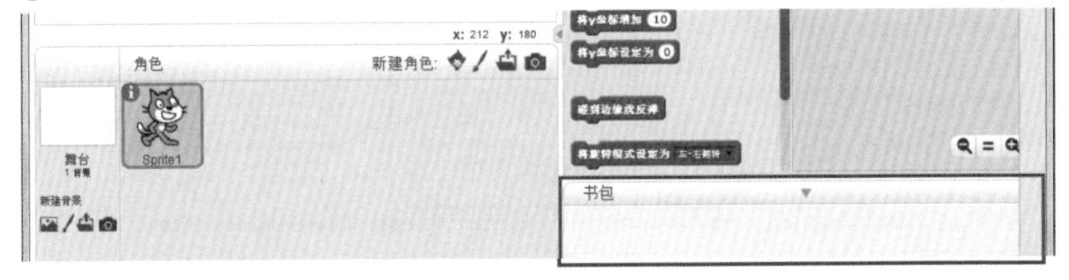

线下版编辑器（Offline editor）

下载 Scratch 程序，安装到计算机上，再用它编辑程序。

提示

若要将 Scratch 1.4 升级成 Scratch 2.0，则不必删除 Scratch 1.4，直接安装 2.0 版本即可。两种版本可以同时启动。

下载 Windows 线下版编辑器

1. 开启浏览器，在网址栏输入【https://scratch.mit.edu/scratch2download/】，再按【Enter】键。
2. 先安装【Adobe AIR】，再安装【Scratch 线下版编辑器】。

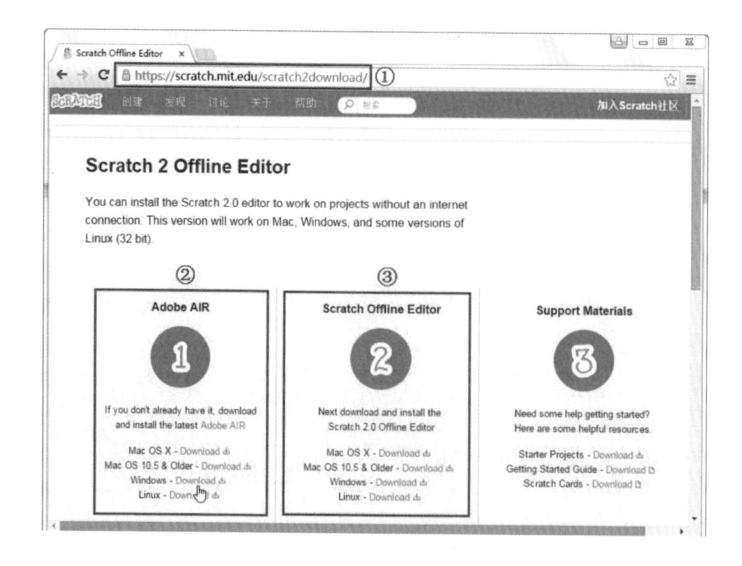

提示

请在【Adobe AIR】和【Scratch 线下版编辑器】提示信息下面，根据自己所使用的操作系统版本（Mac OS X、Mac OS 10.5 或较旧版本、Windows 或 Linux）单击对应的【Download】下载。

3. 在 Adobe AIR 窗格中，单击【Windows -Download】下载。

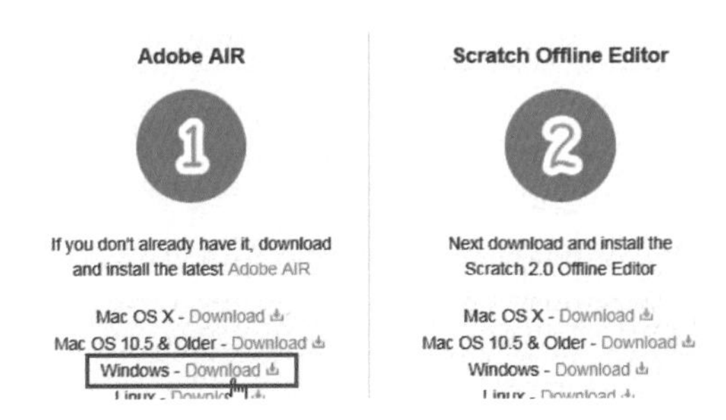

4. 单击【立即下载】按钮下载“Adobe AIR Installer”。下载完成后，用鼠标双击【AdobeAIR Installer.exe】，再单击【运行】按钮进行安装，安装完成后，单击【完成】按钮。

5. 在 Scratch 线下版编辑器中，单击【Windows -Download】下载“Scratch -439.3.exe”，下载完成后单击【Scratch-439.3.exe】或【在文件夹中显示】开始安装。（改编者注：我们改编时已经选用了最新的 V439.3 版本了，原书为 V430 版。）

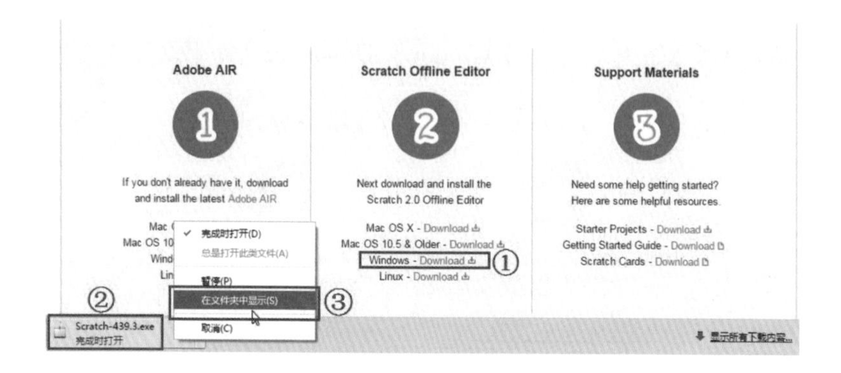

> **提示**
>
> Scratch 线下编辑器的程序文件名以及功能会随着版本的不同而调整，本书以 V439.3 为版本。

6. 下载完成后，在“收藏夹 > 下载”文件夹中会多出一个“Scratch-439.3”文件。

1.2.2 安装 Scratch 2.0 的简体中文版

1. 用鼠标双击【Scratch-439.3】。

2. 单击【运行】按钮进入安装步骤。

3. 单击【继续】按钮开始安装程序。

4. 安装完成后，启动 Scratch 2.0 并且在桌面添加 Scratch 2.0 快捷方式。

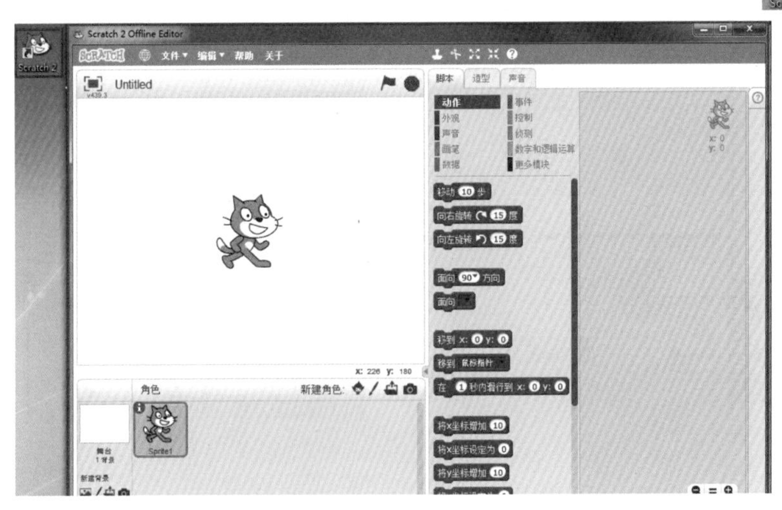

5. 在 Scratch 2.0 主画面选择 【语言 > 简体中文】。

6. 同时按住 Shift 和 ，单击【set font size】，设置程序区积木的字体大小。

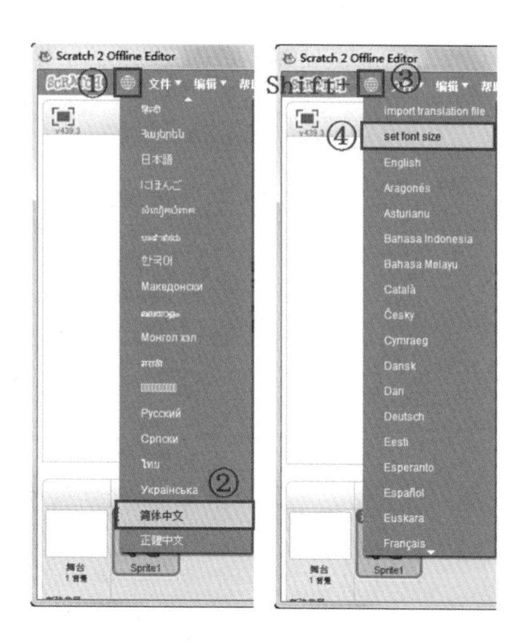

1.3 Scratch 窗口环境

Scratch 2.0 主要操作窗口分为角色区、程序区、积木区、舞台以及功能按钮和新建背景几个区域。

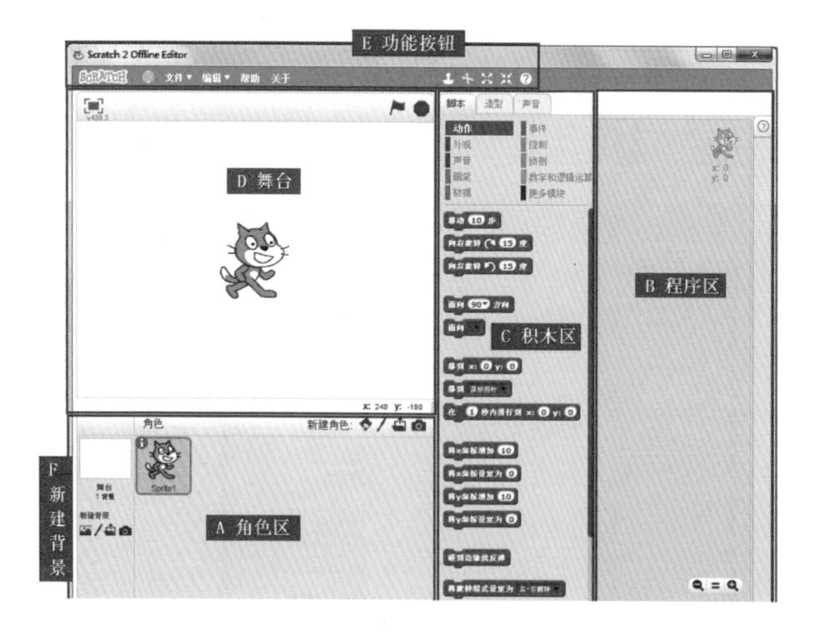

A. 角色区

显示项目所有的角色。

A1：Sprite1 蓝色框，表示当前选取的角色。

A2：在角色区新建角色的方式有以下四种。

❖ 从角色库中选取角色。

❖ 绘制新角色。

❖ 从本地文件中上传角色。

❖ 拍摄照片当作角色。

B. 程序区

包含脚本、造型及声音三个标签页。

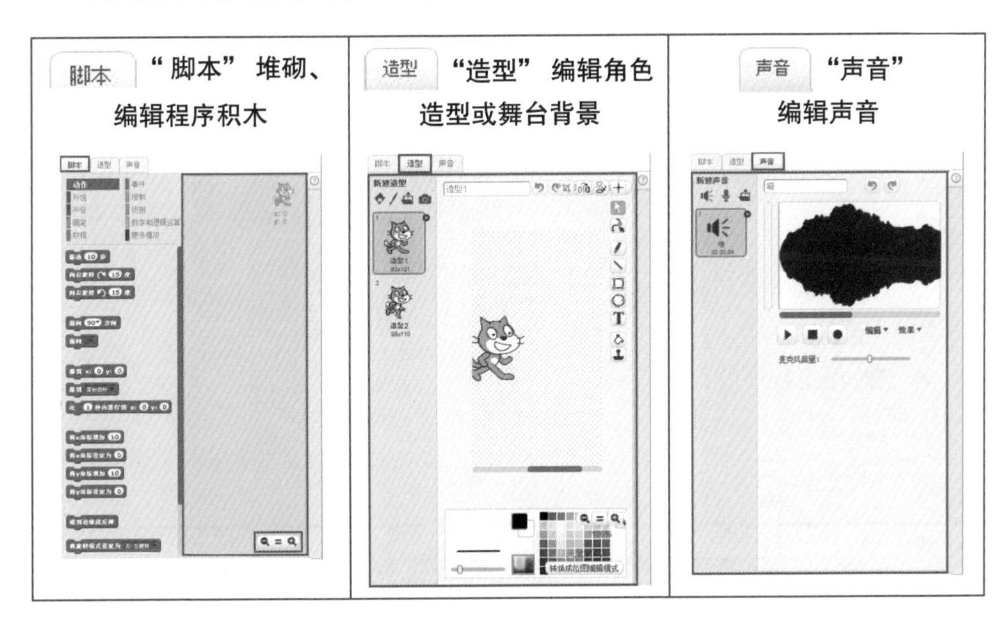

调整程序指令积木的大小。

❖ 缩小、 = 还原、 放大指令积木。

C. 积木区

有十大类程序指令，用十种颜色区分，每一类都有不同的程序积木。

改编者注：简体中文版的 Scratch 中把“积木”翻译为“模块”，比如下图中的“更多模块”。它们要表达的意思是一样的，只是“积木”更加形象，而模块更加专业一些。本书我们针对的多是青少年和编程的初学者，所以在书中的文字，我们还是用“积木”一词。

D. 舞台

角色执行程序结果的区域。

D1：舞台信息。

❖ 第一课 显示舞台打开的项目名称。

❖ x: -240 y: -81 显示当前鼠标的 XY 坐标。

D2：窗口模式，调整舞台大小。

❖ v439.3 切换全屏幕、V439.3 显示当前版本号。

❖ 小舞台。

D3：执行程序或停止。

❖ 执行程序。

❖ 停止程序的执行。

E. 功能按钮

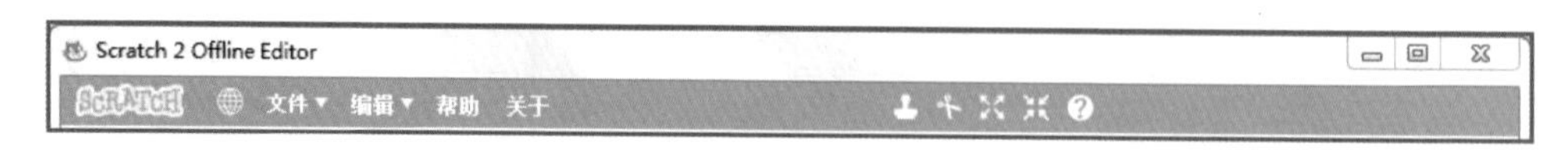

E1：标题栏。

Scratch 2 Offline Editor 显示当前的 Scratch 版本。

E2：菜单。

❖ SCRATCH 连接到 Scratch 网站。

- ❖ 语言。
- ❖ 文件▼ 新建项目、打开、保存、另存为、分享到网站、检查更新、退出。
- ❖ 编辑▼ 撤销删除、小舞台布局模式、加速模式。
- ❖ 帮助 指令积木和操作的帮助提示。
- ❖ 关于 关于 Scratch 的在线求助。

E3：浮动工具栏，编辑舞台角色。

- ❖ 复制角色、删除角色、放大角色、缩小角色、指令积木帮助（注：简体中文翻译为“功能块帮助”）。

F. 新建背景

新建舞台背景。

- ❖ 选择背景。
- ❖ 绘制新背景。
- ❖ 从本地文件中上传背景。
- ❖ 拍摄照片当作背景。

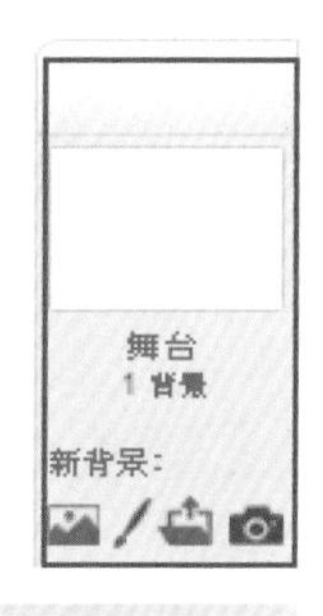

1.4 脚本规划

在设计“八大行星连连看”之前先规划与八大行星相关的舞台、角色、动画情景及 Scratch 指令积木相关的脚本。

1.4.1 “八大行星连连看”脚本的规划

舞台	角色	动画情景	Scratch 指令积木
舞台 1 八大行星说明画面	金星、木星、水星、火星、土星、地球、天王星、海王星	▪ 八大行星不停运转	▪ 控制 重复执行 ▪ 动作 旋转
舞台 2 八大行星连连看	金星、木星、水星、火星、土星、地球、天王星、海王星	▪ 当行星被单击一下	▪ 事件 角色被单击一下
		▪ 移到距离太阳的正确位置	▪ 动作 移到 XY 坐标

*脚本规划之前建议参考附录 C 的创意规划表格，将个人想法填入“我的创意规划”。

1.4.2 编辑角色

在堆砌和搭建指令积木前，首先要从本地文件中上传角色与背景图片文件。先从本书提供的范例文件夹中添加八大行星的角色文件，然后添加、删除与缩放角色。

编辑舞台角色的工具

复制角色	删除角色	放大角色
缩小角色	指令积木帮助	

单击 按钮，在“舞台”小猫身上点一下，删除小猫角色。

提示

用鼠标右键单击“角色”或“舞台”的“小猫”角色，再单击“删除”命令，也可以删除该角色。

1.4.3 新建角色

新建角色: 新建角色的方式

- ❖ 从角色库中选取角色：从 Scratch 内建图库中选择角色造型。

- ❖ 绘制新角色：在造型区绘制新的角色造型。

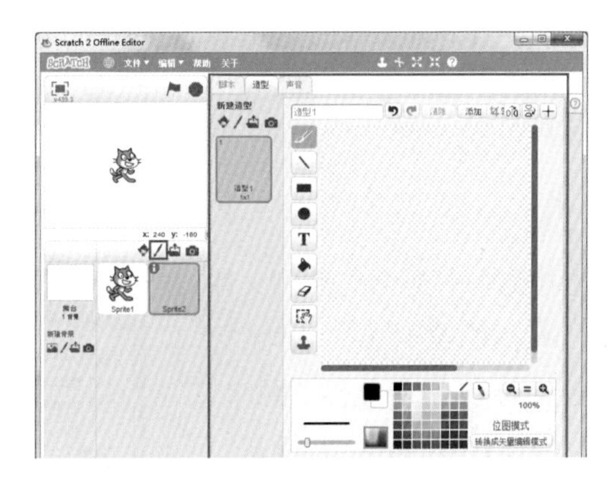

- ❖ 从本地文件中上传角色：从电脑中上传新的角色文件。

❖ 拍摄照片当作角色：用 Webcam（网络摄影机）拍照保存，新建角色。

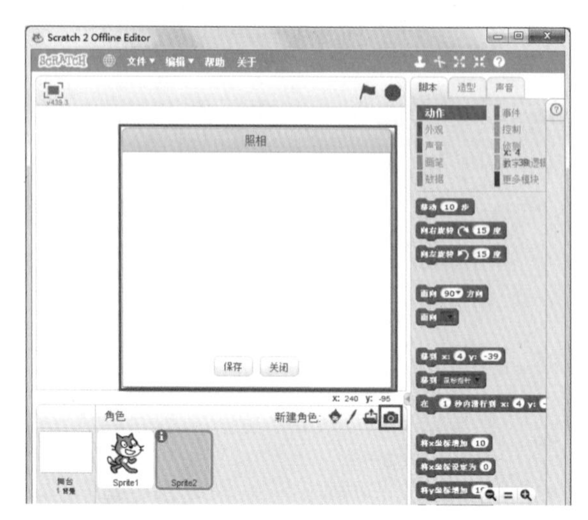

1. 在“新建角色”组中，单击【从本地文件中上传角色】按钮。

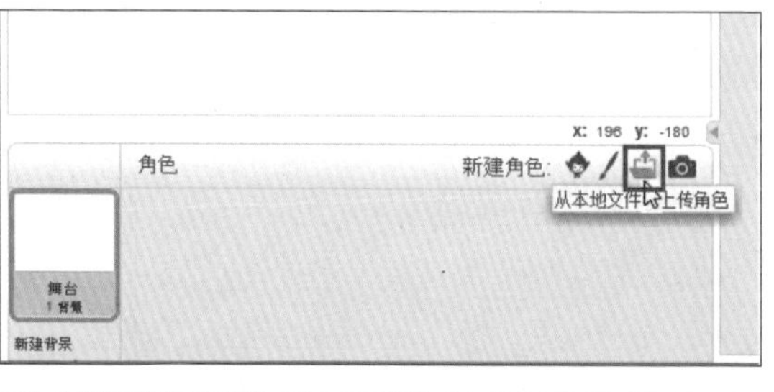

2. 找到本书提供的范例文件所在的文件夹，用鼠标双击【/范例文件/图库/CH1】，选取 8 个行星，再单击【打开】按钮以打开文件。

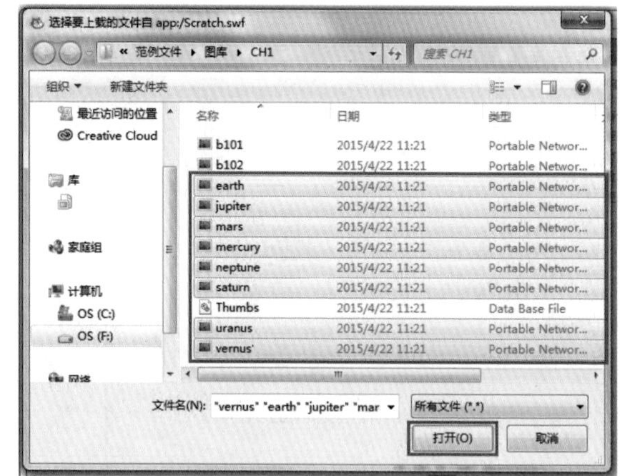

> **提示**
>
> 按住【Ctrl】键不放再点下一张图片，同时选取多张图片；或拖曳全部图片，以此来选取多张图片。

3. 角色区多了 8 个角色。

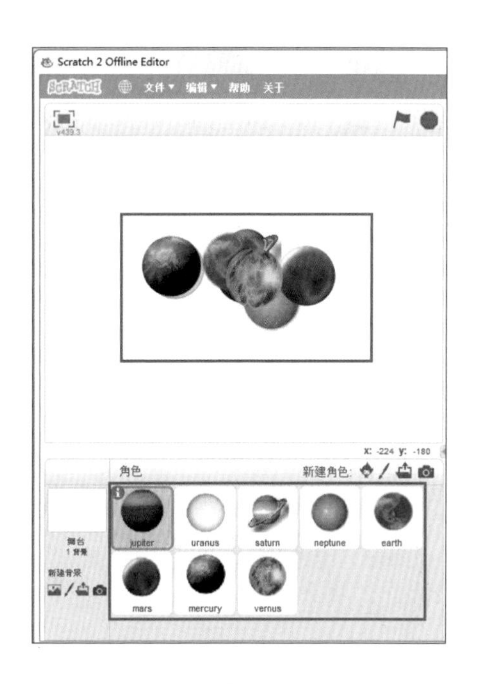

1.4.4 缩放角色与调整位置

1. 按照角色区的顺序，拖曳舞台上角色的位置。

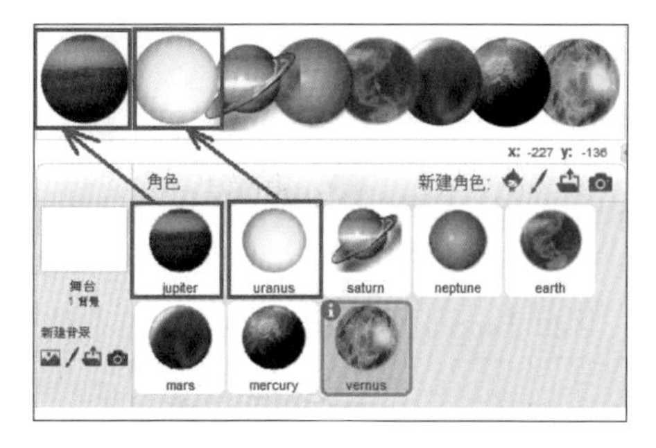

2. 单击 【缩小角色】按钮，然后连续单击“木星”（jupiter）角色，可以缩小“木星”。

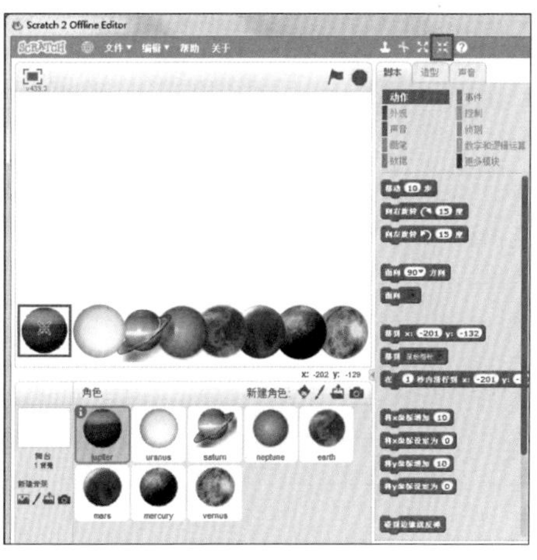

技巧

连续单击 【缩小角色】或 【放大角色】可以不断地将角色缩小或放大。

3. 重复步骤 2，单击 【缩小角色】或 【放大角色】，调整每个角色的大小。

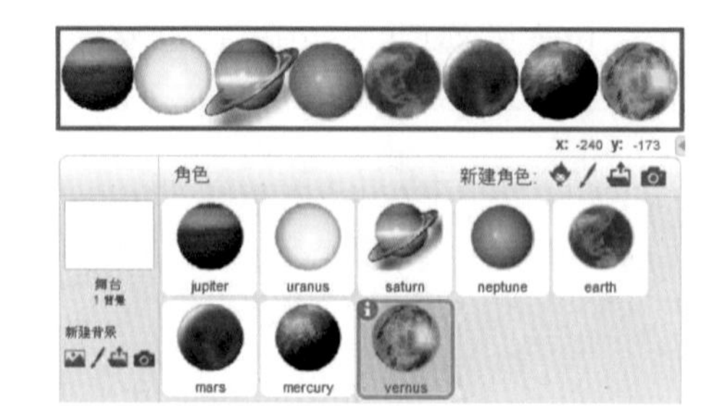

提示

选择“木星”（jupiter），再单击【造型】标签，如果发现未显示木星图标，就重新单击【导入】按钮。

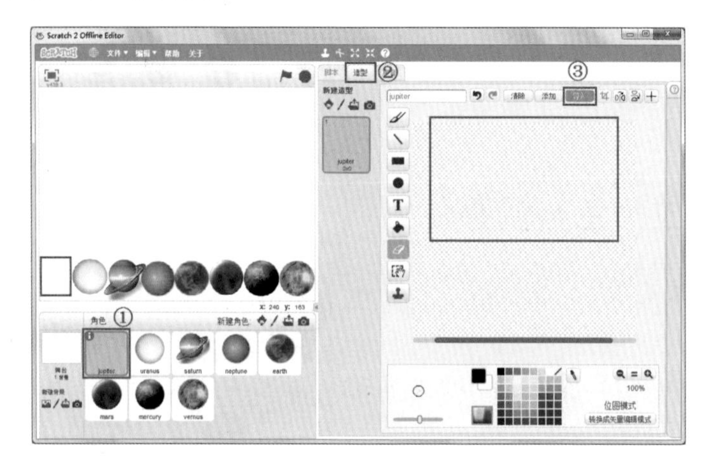

单击【jupiter】，再单击【打开】按钮。

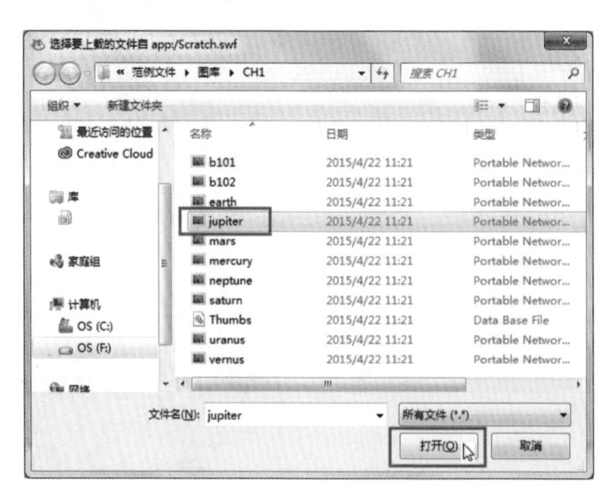

4. 单击 转换成矢量编辑模式 按钮，转换成矢量编辑模式。

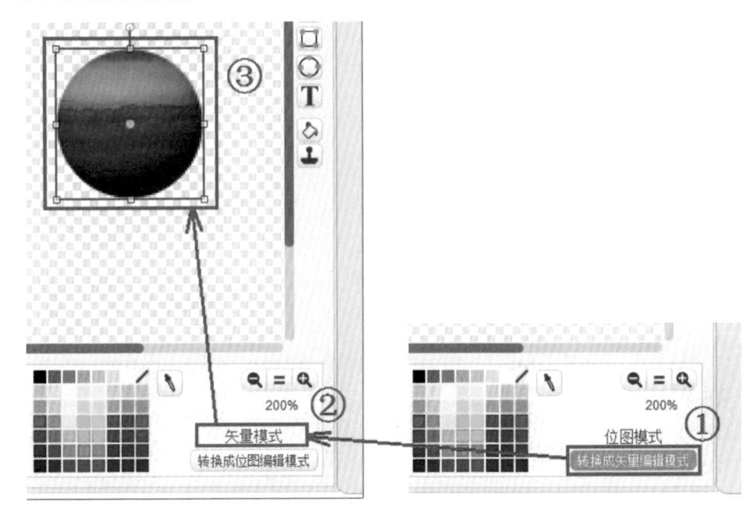

提示

转成矢量模式时是以一颗行星为绘图单位作为基本组件，有蓝色外框和控制点。

5. 利用 设置造型中心，在 jupiter 中心点一下。

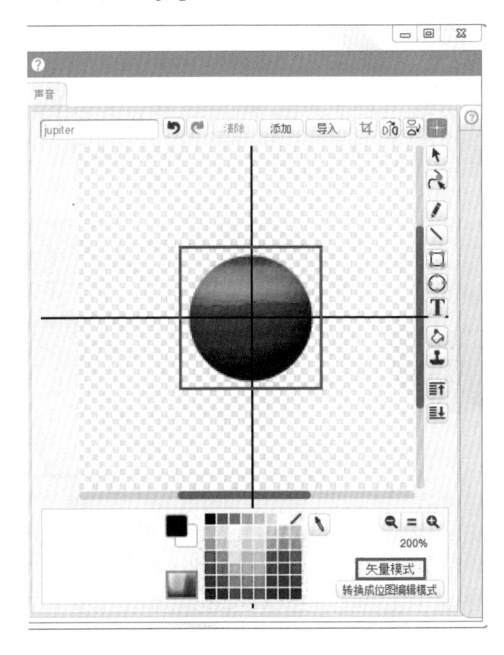

6. 仿照步骤 4~5 将每个行星 转换成矢量编辑模式 并利用 设置造型中心。

1.5 更改角色名称与信息

更改角色信息

❖ 单击角色左上方的 ⓘ 更改角色信息。

❖ 单击 ◀ 返回角色区。

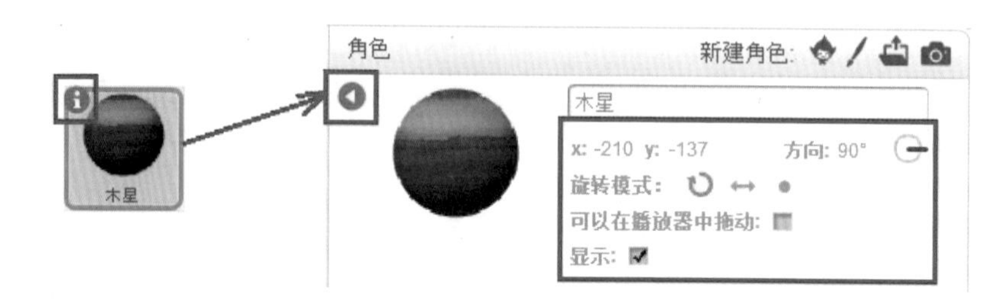

❖ x: -210 y: -137 代表木星的舞台坐标位置。

❖ 方向: 90° 面向 90 度。

❖ 旋转模式: 木星 360°旋转， ↔ 木星左右旋转， ● 木星固定不旋转。

❖ 可以在播放器中拖动: 未勾选，代表在播放器中不能拖动。

❖ 显示: ☑ 代表目前木星会显示在舞台。

1. 选择【jupiter】，单击角色左上方的 ⓘ，输入【木星】。
2. 单击 ◀ 返回角色区。

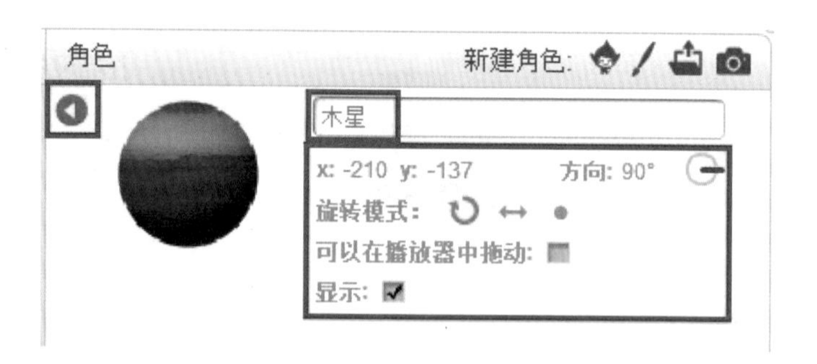

提示

Scratch 2.0 允许角色使用中文命名。

3. 重复步骤1，将其他行星，按序更改为【天王星】、【土星】、【海王星】、【地球】、【火星】、【水星】、【金星】。

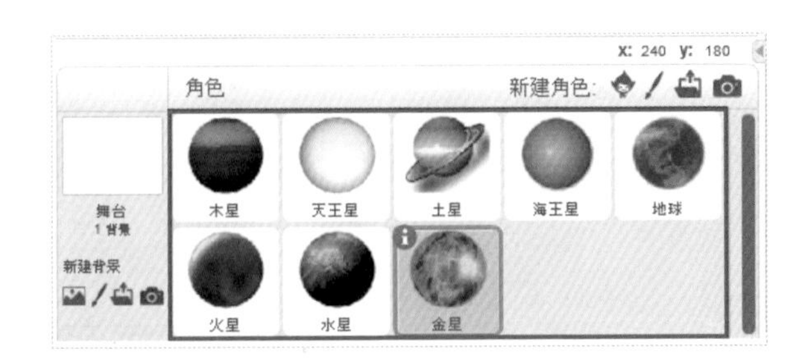

1.6 新建舞台背景

新背景: 新建舞台背景的方式

❖ 选择背景：从 Scratch 内建的背景库中选择背景。

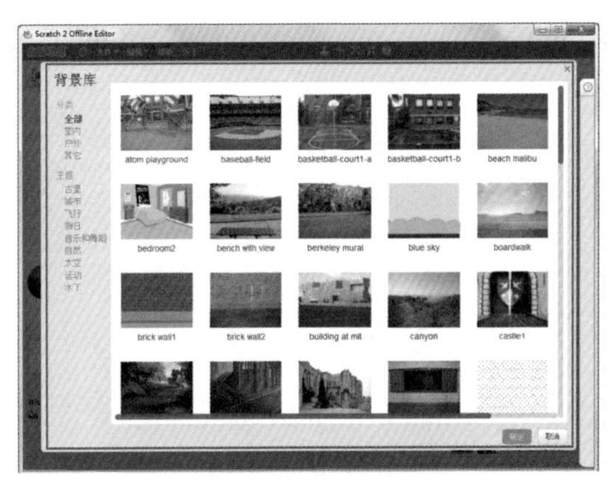

❖ 绘制新背景：用绘图工具绘制新的背景。

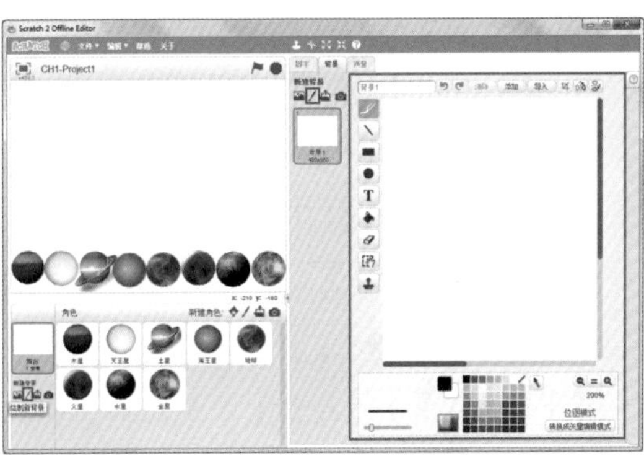

❖ 从本地文件中上传背景：把保存在电脑或设备中的背景图片上传。

❖ 拍摄照片当作背景：用网络摄影机（Webcam）拍摄背景。

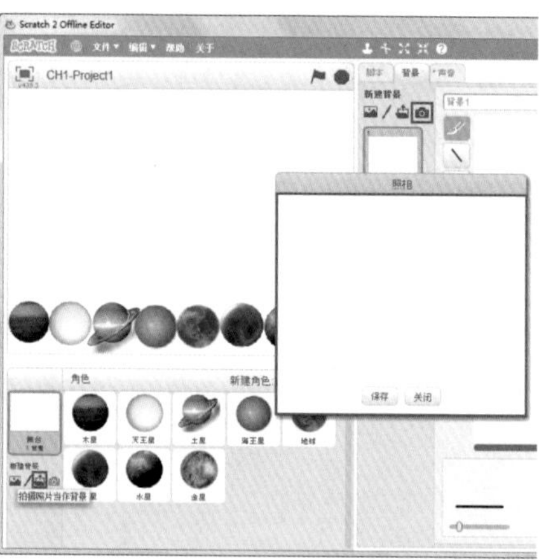

上传舞台背景

1. 在“舞台区”单击【从本地文件中上传背景】，找到本书提供的范例文件存放的文件夹，用鼠标双击【/范例文件/图库/CH1】，选取【b101.png】或【b102.png】，再单击【打开】按钮。

技巧

舞台下方的【从本地文件中上传背景】与舞台【背景】标签页的【从本地文件中上传背景】作用是相同的。

2. 选择【背景1】，单击 按钮，将空白背景删除。

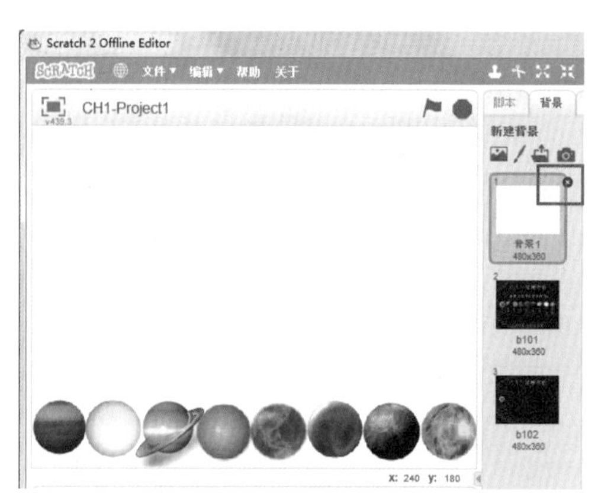

3. 选择【b101】舞台，显示第一个 背景图片。

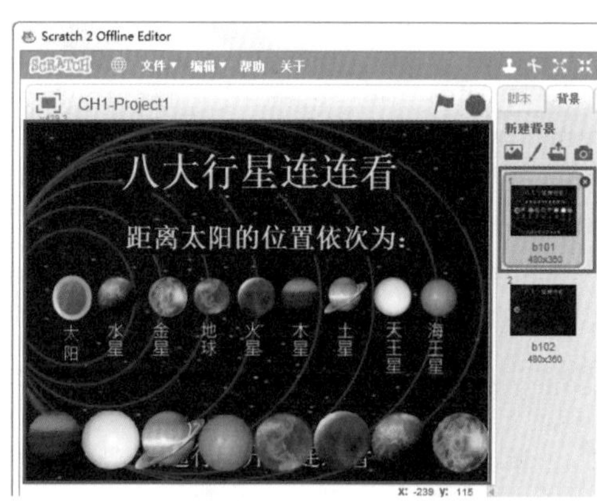

1.7 单击绿旗开始执行程序

本节将设计“八大行星连连看”程序，设计流程如下：

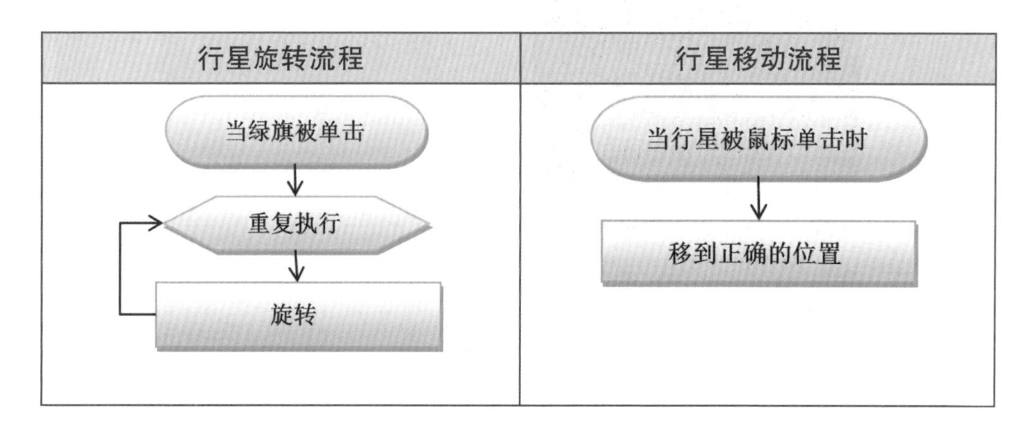

1.7.1 重复执行

Scratch 程序从 事件 开始执行，控制程序开始的"事件"包括当绿旗被单击、当角色被单击、当键盘按键按下或由计时器、视频操作或音量值等指令积木开始时。本节将学习"当绿旗被单击"与"当角色被单击"。

当绿旗被单击	当角色被单击	重复执行
当 被点击	当角色被点击时	重复执行
单击绿旗后，按序执行下面每一行指令积木	单击角色后，按序执行下面每一行指令积木	重复执行内层指令积木，永不停止

提示

堆砌和搭建指令积木时，先选择"积木区"的指令积木类型，再将指令积木拖曳到"程序区"，按照不同的逻辑思维方式堆砌，让行星运转，并在"舞台"查看程序的执行结果。

1. 单击"角色区"的 木星【木星】角色，再单击 脚本 标签。

2. 单击 事件，拖曳 当 被点击 到 脚本 。

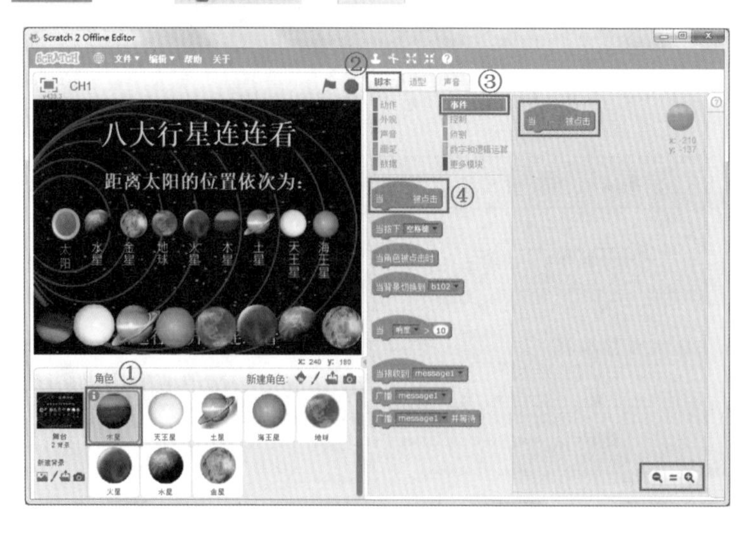

提示

调整指令积木大小：缩小、还原、放大。

3. 单击 控制，拖曳 。

技巧

当指令积木堆砌接近上一个积木时，会出现一条白色框线。

4. 单击 动作，拖曳 向右旋转 15 度 到程序区 重复执行 的内层。

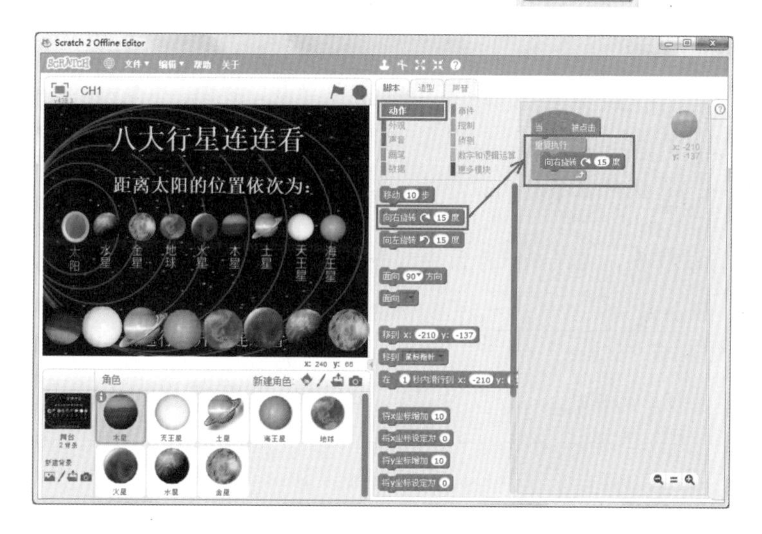

技巧

向右旋转 15 度 角色旋转一圈是360度，大家可以更改为1~359度，调整木星的旋转速度，如果设置旋转360度又回到原点是不会转动的。

提示

如果输入“负数”就会变成“向左”旋转。

5. 单击 ，检查舞台“木星”是否重复执行，一直在旋转。

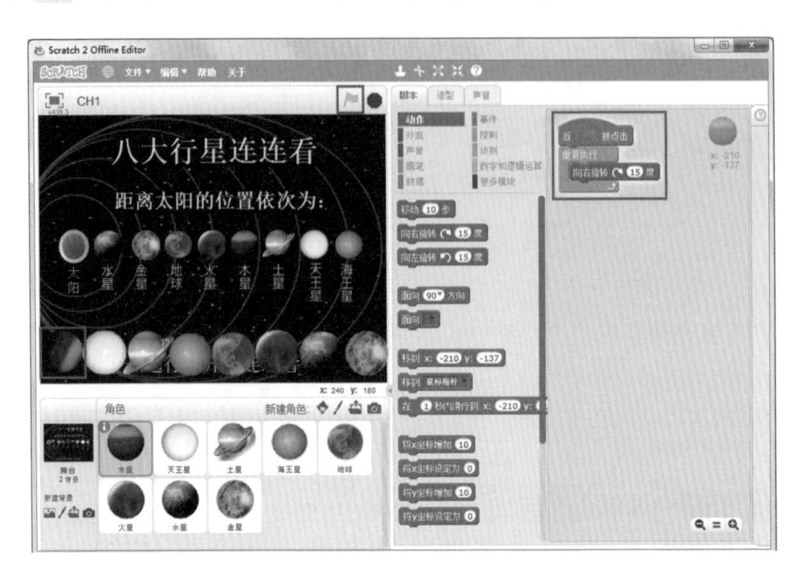

技巧

在舞台单击 执行程序时，程序的指令积木出现亮黄色外框 当 被点击 重复执行 向右旋转 15 度 ，表示正在执行该程序。直接在程序区块双击指令积木，也可以启动程序的执行。

提示

单击 停止程序的执行。

1.7.2　复制程序指令积木

1. 用鼠标右键单击 当 被点击 ，再选择【复制】命令。

2. 将“复制的程序”拖曳到“天王星”点一下。

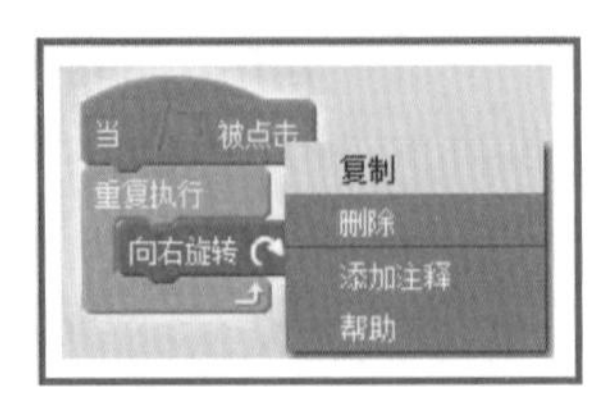

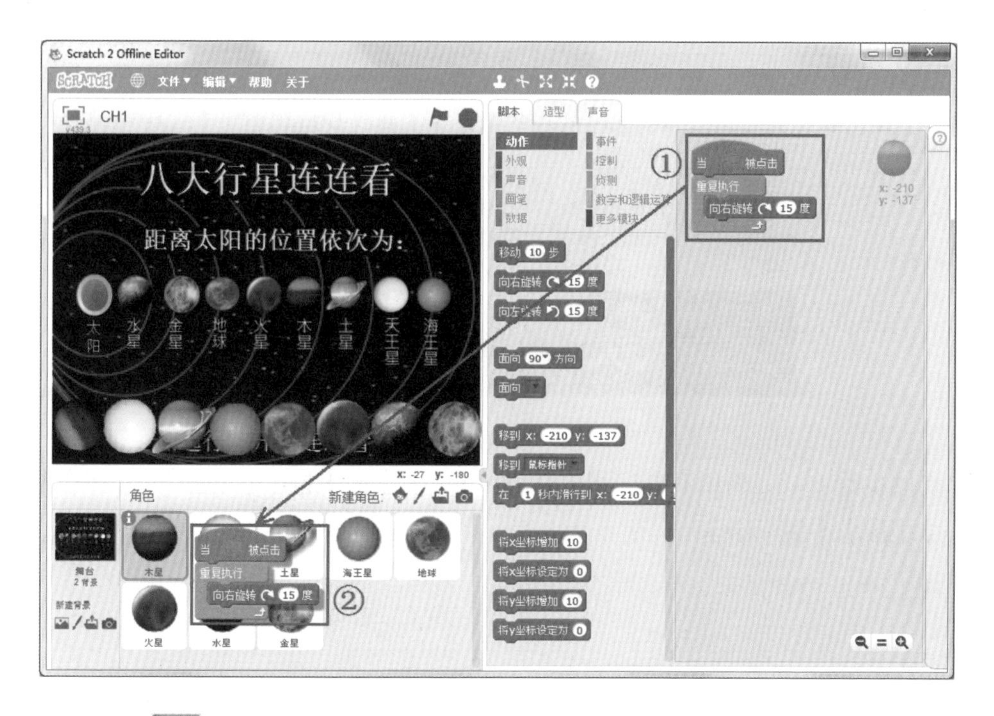

3. 单击 “天王星”，检查是否添加了相同的程序。

提示

复制指令积木的颜色会随着积木类型而变化，大家可以借助颜色来判断“复制”的指令积木是否正确。

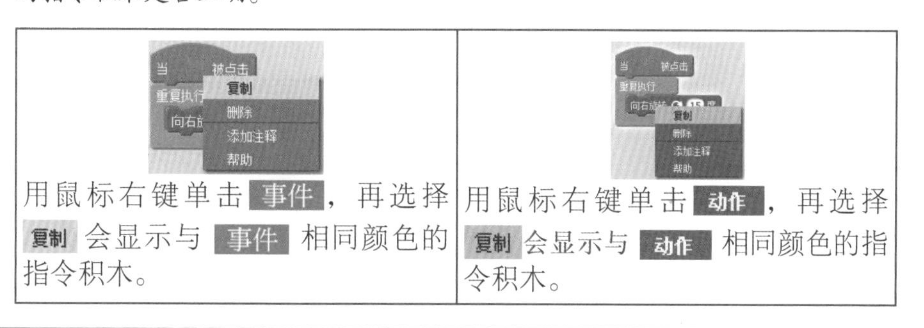

用鼠标右键单击 事件，再选择 复制 会显示与 事件 相同颜色的指令积木。	用鼠标右键单击 动作，再选择 复制 会显示与 动作 相同颜色的指令积木。

提示

若想还原已删除的程序指令积木，选择菜单命令【编辑 > 撤销删除】来还原。

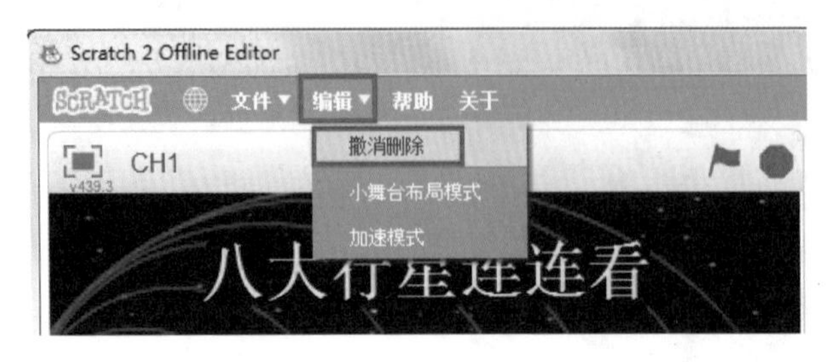

4. 仿照步骤1～3，将所有程序积木复制到【水星】、【火星】、【土星】、【金星】、【地球】、【海王星】。
5. 单击 ，检查是否8个行星都在运转。

提示

若旋转速度太快，选择【15】度，改为【1】度。

1.8 角色移动与坐标

1.8.1 行星位置

1. 启动浏览器，连接因特网，输入关键词【八大行星位置】。
2. 查询八大行星的位置。

提示

1. 每个行星到太阳的距离由近到远依次为：（1）水星、（2）金星、（3）地球、（4）火星、（5）木星、（6）土星、（7）天王星、（8）海王星。
2. 在因特网查询数据，请判断并验证数据的正确性，建议查询“.edu”教育机构的数据或“维基百科”的数据。

1.8.2 角色坐标

按照每颗行星到太阳的距离由近到远排列，拖曳每个行星到正确的位置。

角色起始位置

角色在舞台上的坐标会显示在 移到 x: -209 y: -102 中，当角色移动时，“X: Y:” 坐标的值随之变动。

1. 选择【木星】，然后单击 动作，拖曳 移到 x: -209 y: -102 到 当 被点击 下方。

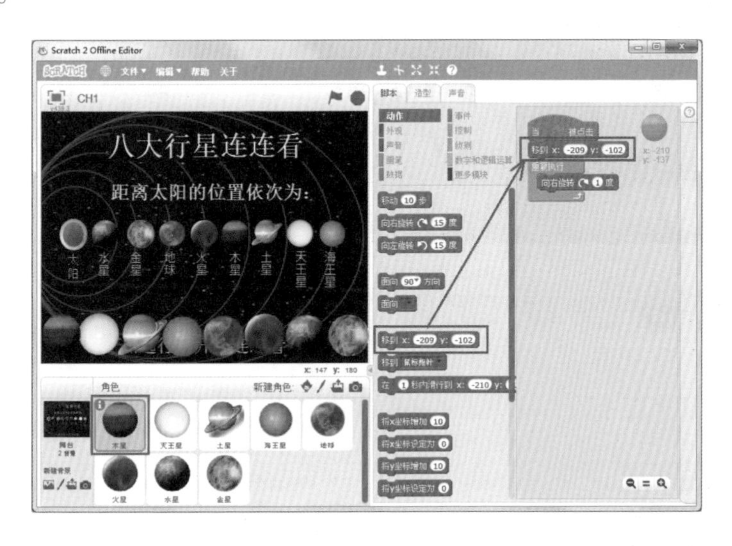

> **技巧**
>
> 移到 x: -209 y: -102 显示“木星”当前在舞台的坐标，当单击绿旗开始执行时，木星会自动移到此坐标位置。

2. 仿照步骤 1，按序选择每颗行星，拖曳“移到 XY”坐标位置。

角色移动位置

1. 单击 事件，拖曳 当角色被点击时 。

2. 拖曳舞台的“木星”到距太阳第五远的位置。

技巧

移到 x: -209 y: -102 显示“木星”在舞台的起始坐标，如果移动木星的位置到第五远，则积木区的 XY 坐标值也会跟着改变 移到 x: 55 y: 63 。

3. 单击 动作 ，拖曳 在 1 秒内，滑行到 x: 55 y: 63 。

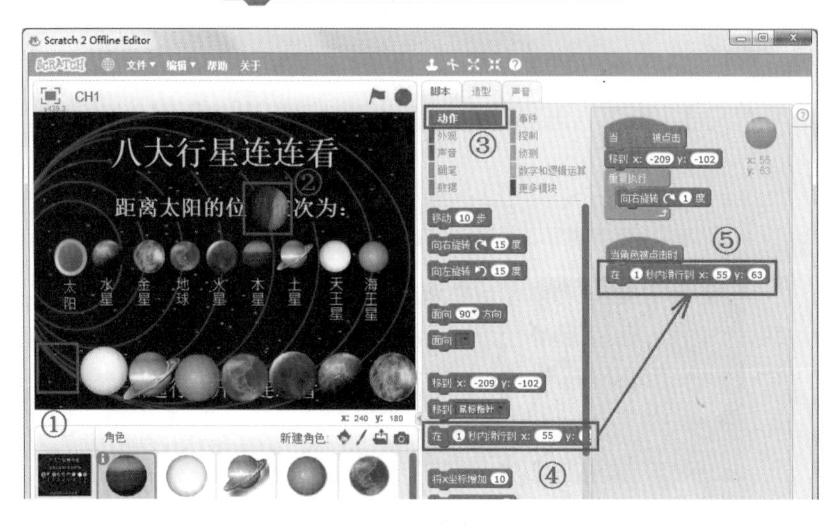

4. 单击 切换至小舞台或单击 还原舞台大小。

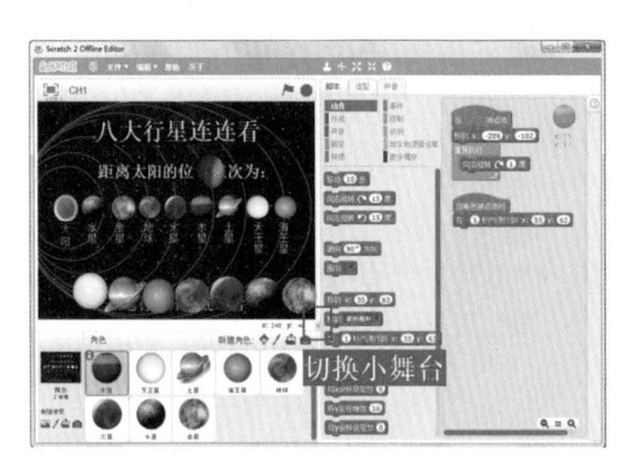

5. 单击 ，检查“木星”是否在 x: -209 y: -102 ；再单击“木星”，检查木星是否移动到 x: 55 y: 63 。

6. 仿照步骤 1~5 将每颗行星拖曳到距离太阳的正确位置。

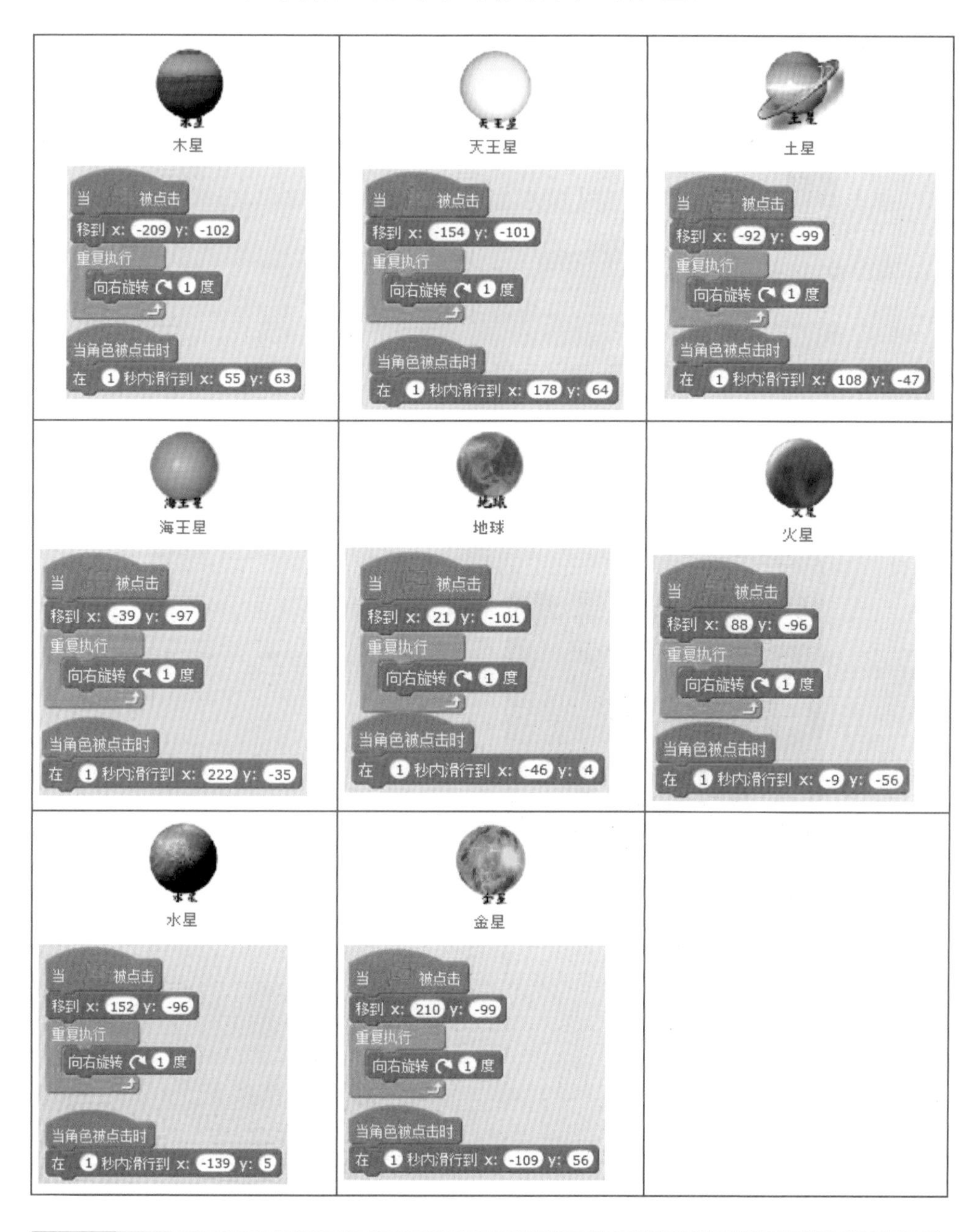

技巧

XY 坐标值不一定要跟上面完全相同，只要按照距离由近到远排列即可。

1.9 切换舞台背景

程序开始执行后先看到的是“八大行星说明首页”，等待 3 秒之后，切换到“连连看”背景。

1. 单击 【舞台】，再单击【脚本】。
2. 单击 事件，拖曳 当 被点击 。
3. 单击 外观，拖曳 2 个 将背景切换为 b102 。
4. 单击 ，再单击【b101】。
5. 单击 控制，拖曳 等待 1 秒，输入【3】。
6. 单击 全屏幕，再单击 查看全部程序的执行结果。

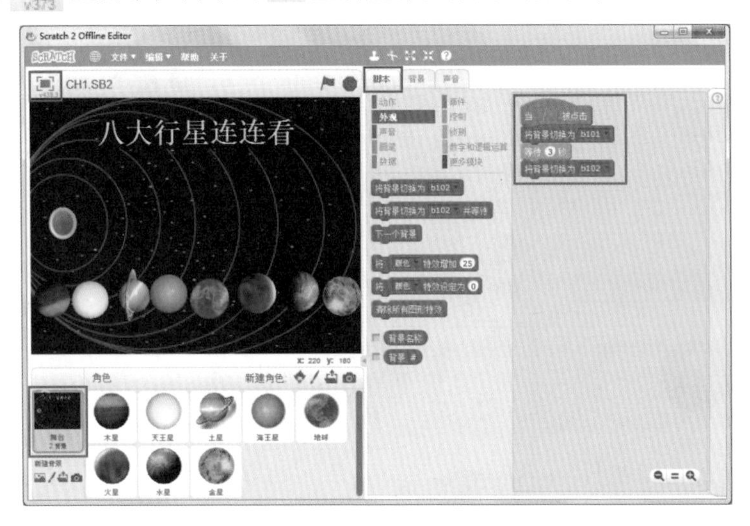

提示

单击 离开全屏幕。

7. 选择菜单命令【文件 > 保存或另存为】。

8. 单击【桌面】，在“文件名”中输入文件名后单击【保存】按钮。

提示

保存路径也可以设置为【计算机 > 本机驱动器 C: 或 D:】或自己选定的路径等。

技巧

1. 保存之后，Scratch 舞台上方会显示文件名。
2. 保存之后，桌面会增加一个“文件名 .sb2”的文件图标。
3. Scratch 保存后称为项目文件“.sb2”，此项目必须在安装了 Scratch 2.0 版本的计算机才能够打开。

提示

如果保存后的桌面没有小猫图标，请用鼠标右键单击，选择【重命名】，再输入【ch1.sb2】（加入扩展文件名“.sb2”）。

课后练习

一、选择题

1. ( ) 下列关于 Scratch 叙述哪一个是“错误”的？
   (A) Scratch 是美国麻省理工学院开发的 (B) Scratch 是付费软件
   (C) Scratch 保存的扩展名为“.sb2”
   (D) Scratch 可以直接在官方网站创建新的项目
2. ( ) 下列哪一个“无法”新建背景？
   (A) 从本地文件中上传背景 (B) 从角色库中选择角色
   (C) 拍摄照片当作背景 (D) 从背景库中选择背景
3. ( ) 下列哪一个区可以预览程序执行的结果？
   (A) 角色区 (B) 造型区 (C) 积木区 (D) 舞台
4. ( ) 下列哪一个可以缩小角色？(A) (B) (C) (D)
5. ( ) 在指令积木中，哪一个“参数值”可以让行星的运转速度最快？
   (A)1 (B)10 (C)100 (D)360
6. ( ) 下列指令积木中哪一个“无法”启动程序开始执行？
   (A) 重复执行 (B) 当 被点击 (C) 当角色被点击时 (D) 当按下 空格键
7. ( ) 下列哪一个可以执行“通过单击绿旗”控制的程序？
   (A) (B) (C) (D)
8. ( ) “已删除”的指令积木如何“救回”？ (A)【编辑 > 加速 模式】
   (B)【编辑 > 撤销删除】(C) 单击 撤销 (D) 单击 重做
9. ( ) 下列哪一个指令积木用来设置舞台“背景”？
   (A) 移到 x: 55 y: 63 (B) 等待 1 秒 (C) 当 被点击 (D) 将背景切换为 b102
10. ( ) Scratch 角色旋转方式包括哪些？
   (A) 向左旋转 15 度 (B) 向右旋转 15 度 (C) 固定 (D) 以上皆是

二、实践题

1. 请将行星的运转 向右旋转 15 度 改成【-15 度】，检查行星运转与“向右旋转 15 度”有何差异。

2. 请将行星的运转 向右旋转 15 度 改成 向左旋转 15 度 ,检查行星运转与“向右旋转 15 度”有何差异。

2 自动感应吸尘器

简介

本章将介绍 Scratch 与程序设计语言的概念。运用程序设计语言的设计流程，设计一个自动感应吸尘器。当吸尘器开关被单击时，程序开始执行，吸尘器自动运转，碰到地板上的头发或饼干屑，全部吸干净。

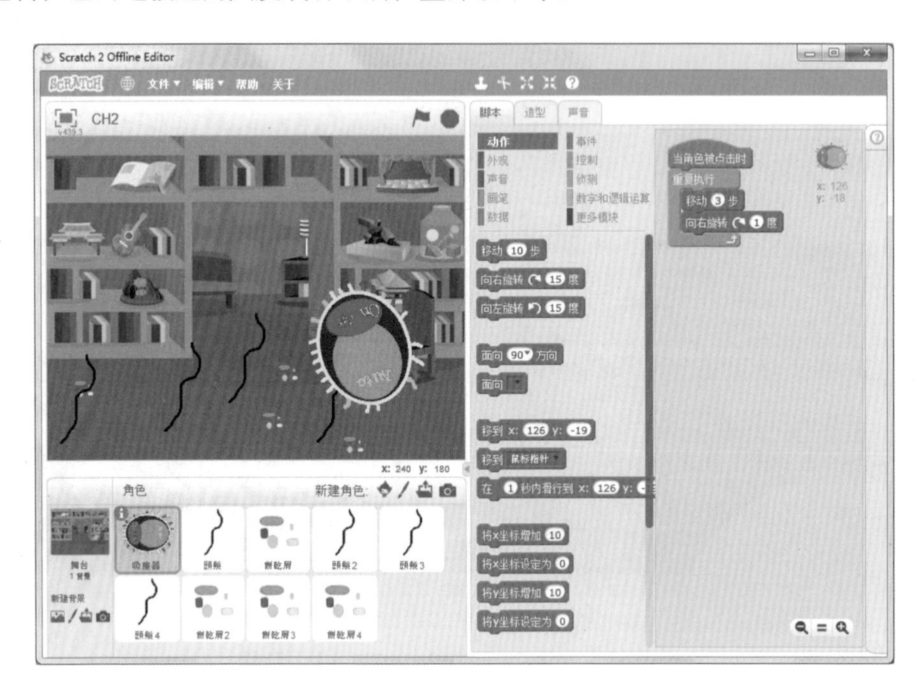

本章学习目标

完成本章节练习，将可学习到下列功能：

- 理解程序设计语言的概念。
- 理解程序设计语言的控制流程。
- 能够将程序设计语言的流程控制应用到 Scratch 程序设计中。
- 能够应用碰到侦测方式。
- 能够使用流程图来表达创意想法。
- 能够设计个性化自动感应吸尘器。

2.1 脚本规划与流程设计

设计“自动感应吸尘器”之前，先规划与吸尘器相关的舞台、角色、动画情景以及 Scratch 指令积木相关的脚本。

2.1.1 自动感应吸尘器脚本的规划

舞台	角色	动画情景	Scratch 指令积木
舞台 1 室内地板	吸尘器	▪ 当按下开关 ▪ 吸尘器自动开始移动并旋转	▪ 事件 当角色被单击时 ▪ 控制 重复执行 ▪ 动作 移动、旋转
	地板上的垃圾	▪ 碰到吸尘器 ▪ 隐藏	▪ 事件 当绿旗被单击 ▪ 控制 如果、重复执行 ▪ 侦测 碰到 ▪ 外观 隐藏

*脚本规划前建议使用本书附录C中提供的表格，将个人想法填入“我的创意规划”。

2.1.2 自动感应吸尘器的流程设计

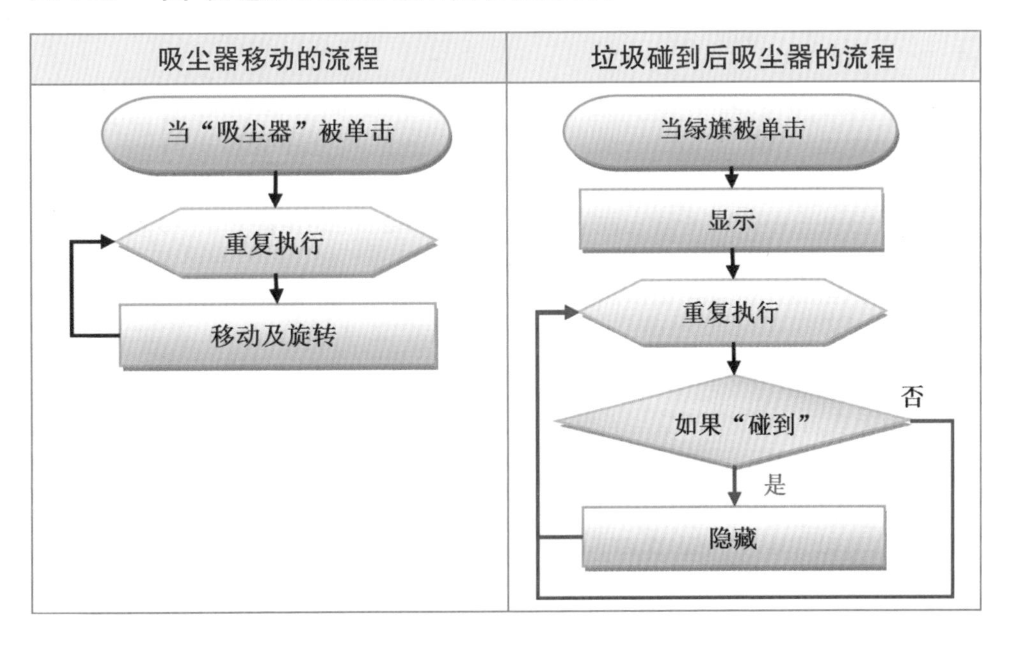

2.2 Scratch 与程序语言

Scratch 程序设计语言执行程序的流程主要结构包括顺序（sequence）、选择（condition）以及循环（repetition）结构。

2.2.1 顺序结构

执行顺序结构时，从“第一行”指令积木开始，由上而下按序执行，直到最后一行指令积木结束。

顺序结构流程控制

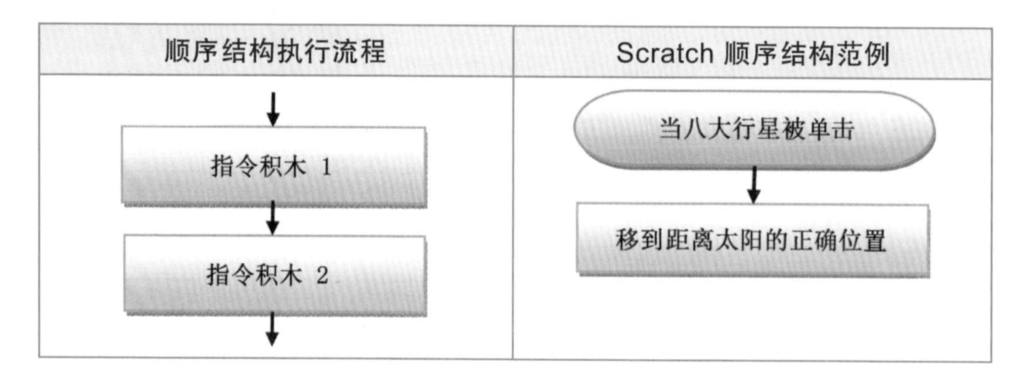

顺序结构执行流程	Scratch 顺序结构范例
指令积木 1 指令积木 2	当八大行星被单击 移到距离太阳的正确位置

2.2.2 选择结构

选择结构按照特定“条件”的判断结果，决定不同的执行流程，分为单一条件判断、双条件判断与嵌套条件判断。Scratch 与选择结构相关的指令积木包括下列三种。

单一条件判断选择结构

❖ 如果 <条件> 那么

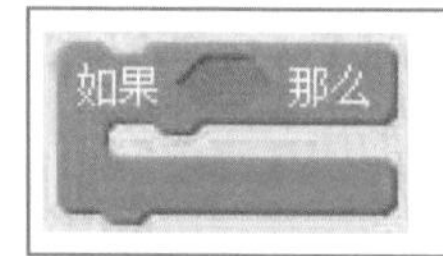	如果 <条件> 成立，执行 <那么> 下一行指令积木。 如果 <条件> 不成立，执行 <如果那么> 下一行指令积木。

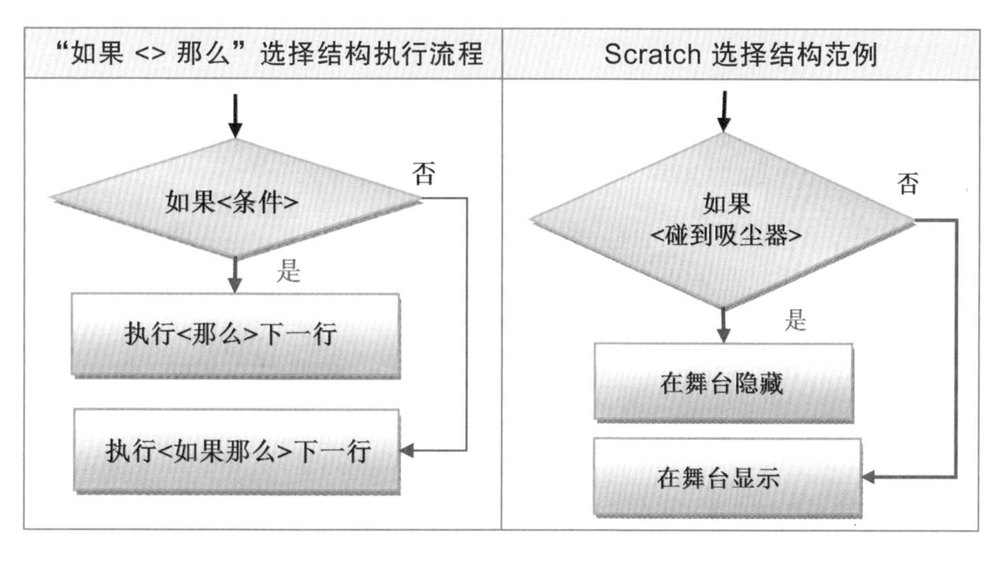

双条件判断选择结构

❖ 如果 < 条件 > 那么 ~ 否则 ~

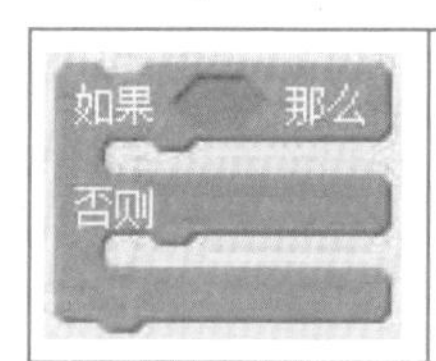	如果 < 条件 > 成立，执行 < 那么 > 下一行指令积木。 如果 < 条件 > 不成立，执行 < 否则 > 下一行指令积木。

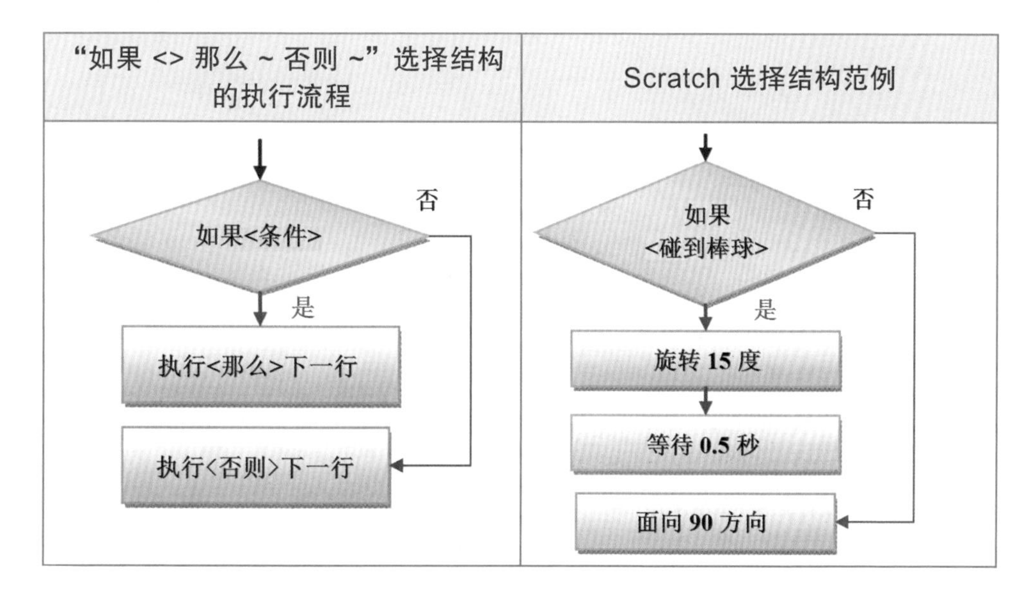

嵌套条件判断选择结构

❖ 多个“如果 < 条件 > 那么”选择结构指令积木堆砌

Scratch 选择结构的堆砌范例包括“如果 < 条件 > 那么”内层再接另一个“如果 <条件>那么”或“如果 < 条件 > 那么”下方再堆砌另一个“如果 < 条件 > 那么”等。

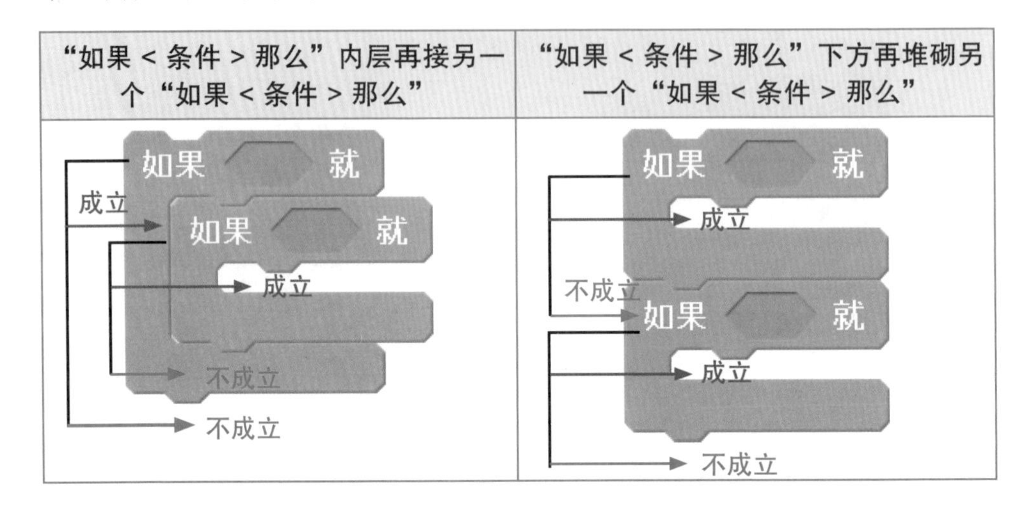

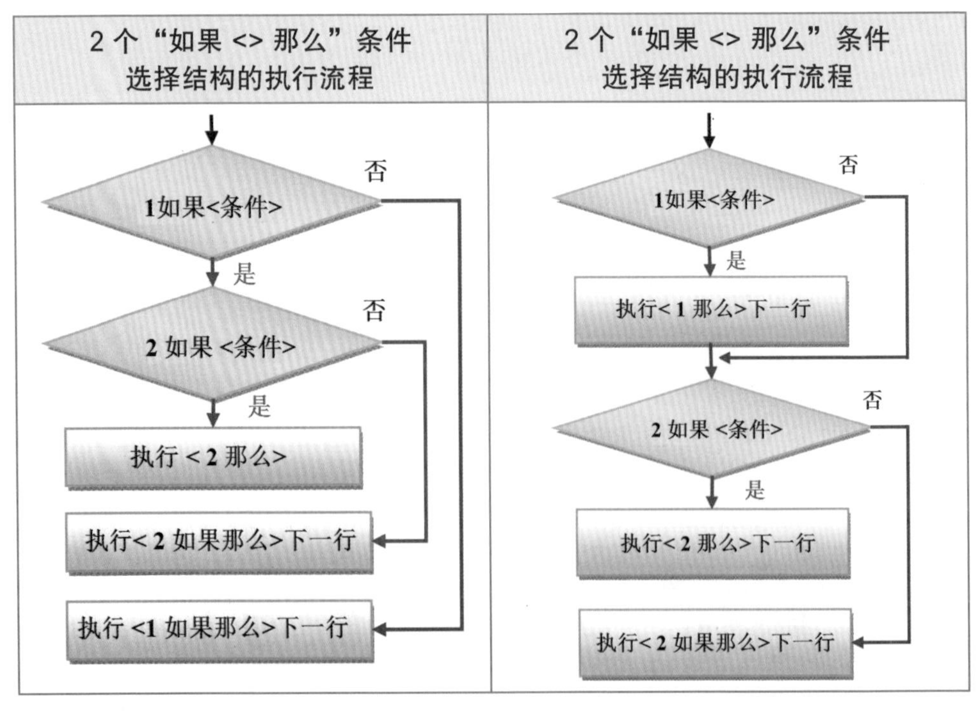

2.2.3 循环结构

循环结构流程控制会反复执行内层指令积木的语句模块，直到特定“条件”出现才停止执行。Scratch 循环结构指令积木包括以下几种。

计次循环结构

❖ 循环 *N* 次

	重复执行 10 次内层指令积木。

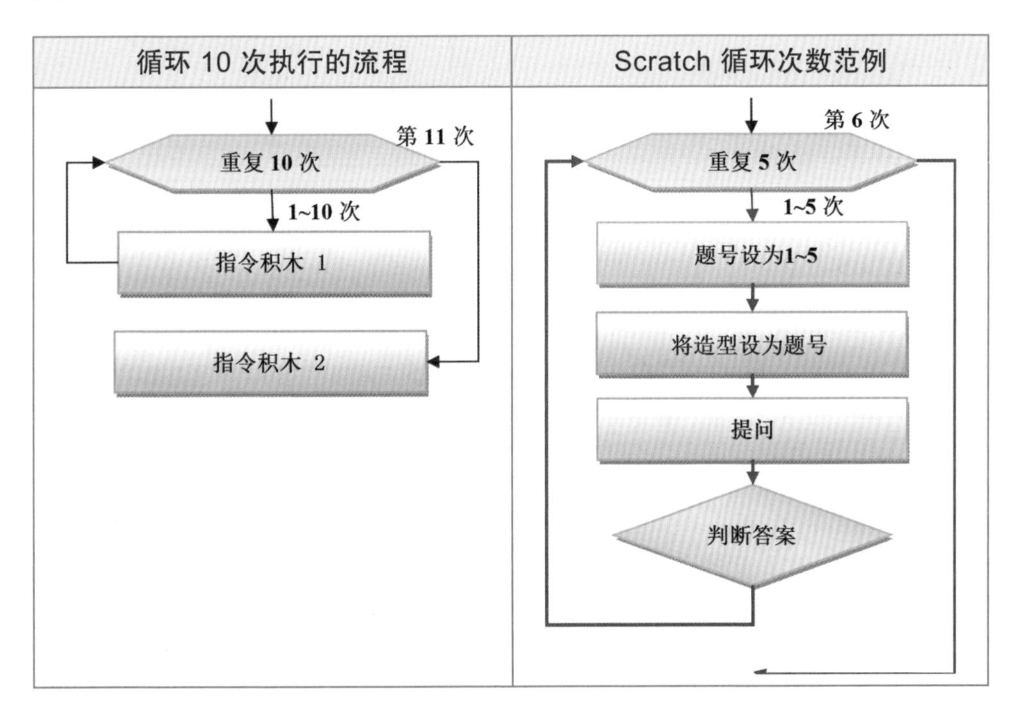

循环执行结构

❖ 重复执行

	重复执行内层指令积木，永不停止。

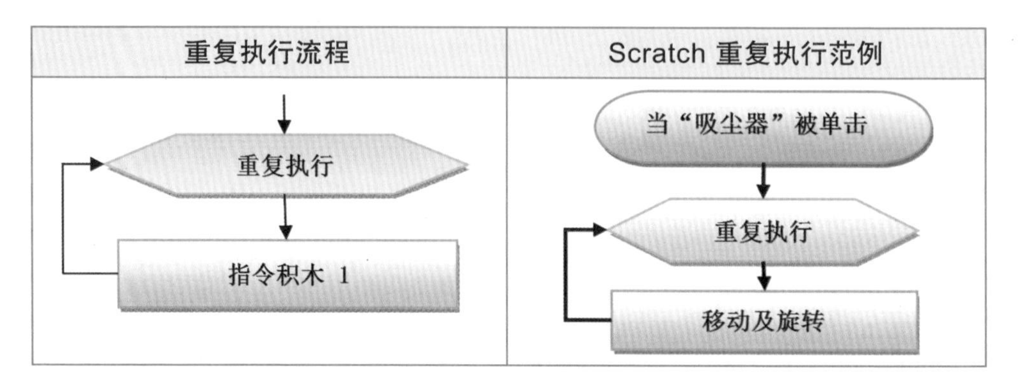

条件式循环结构

❖ 直到“条件成立”前都重复执行

	直到 < 条件 > 成立才跳出循环执行下一行指令积木，否则重复执行循环内层的指令积木。

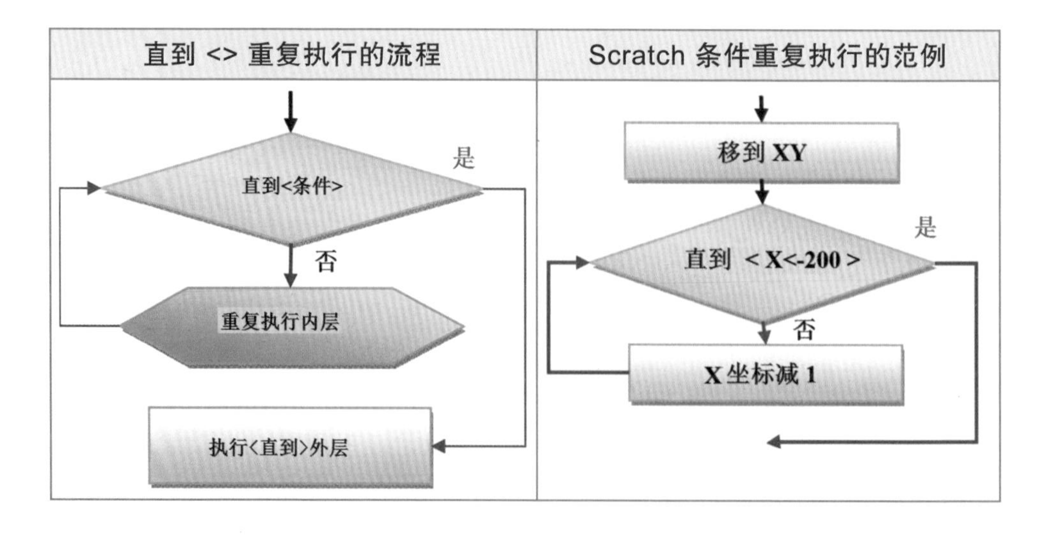

2.3 绘图工具

Scratch 中的图形分为位图与矢量图。

位图以一个像素为单位。 矢量图以绘制的图形为单位。

2.3.1 初识绘图工具

位图工具栏 矢量图工具栏

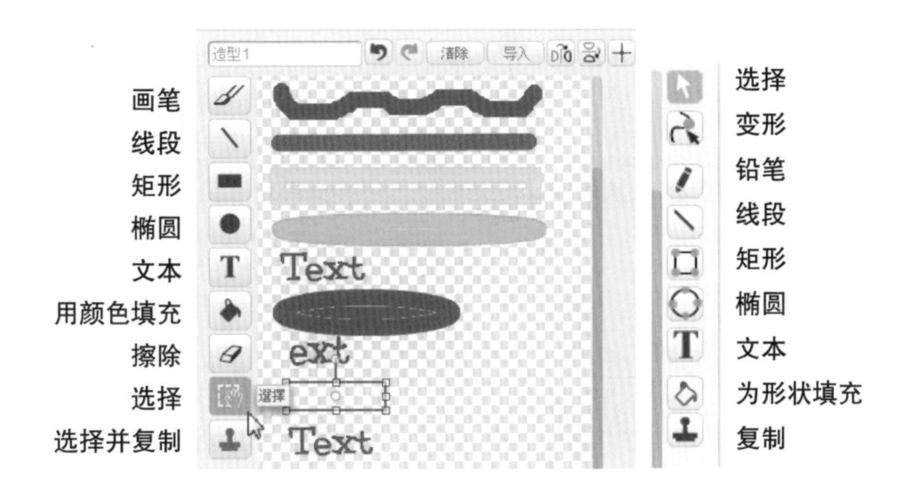

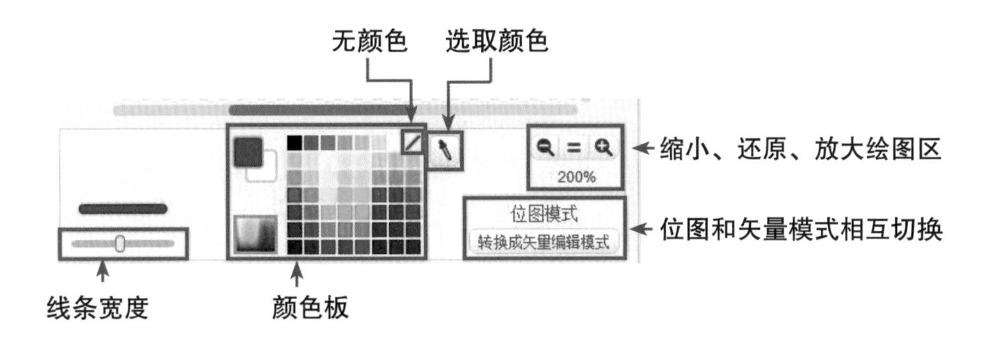

2.3.2 画位图角色

画“吸尘器”及地板上的“头发”或“饼干屑”角色。

画位图吸尘器角色

1. 用鼠标单击【开始 > 所有程序 > Scratch 2.0】，启动 Scratch 2.0。

提示

1. 可在“桌面”上双击【Scratch 2.0】。
2. 如果启动的 Scratch 2.0 不是中文版，单击 【语言】，选择简体中文。
3. 同时按住 Shift 及 ，选择【set font size】命令可以设置程序区积木的字体大小。

2. 鼠标右键单击“角色 1”小猫，单击【删除】命令将猫咪删除。

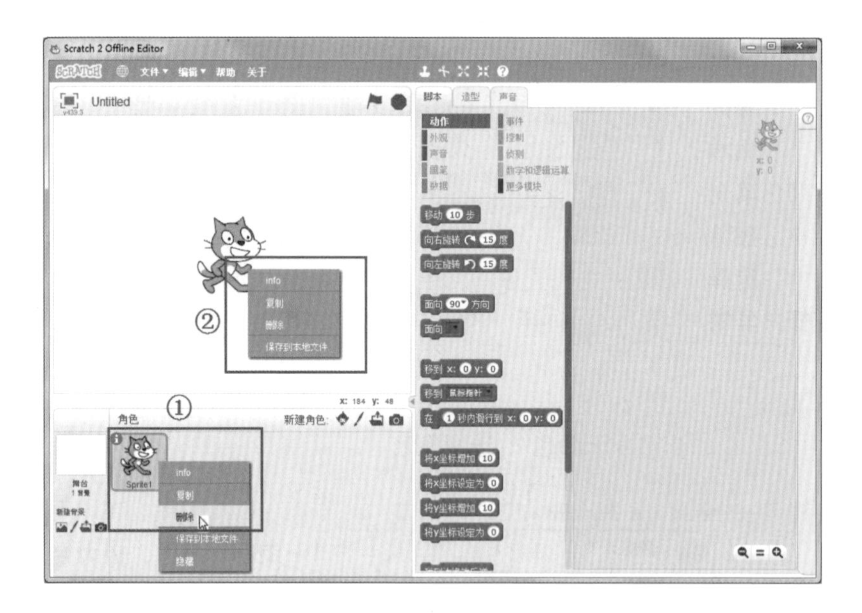

3. 在“角色区”单击 【绘制新角色】。

4. 选择 【椭圆】工具，再选择 及 。

5. 在 处按住鼠标，从“左上方”拖曳到“右下方”绘制一个椭圆。

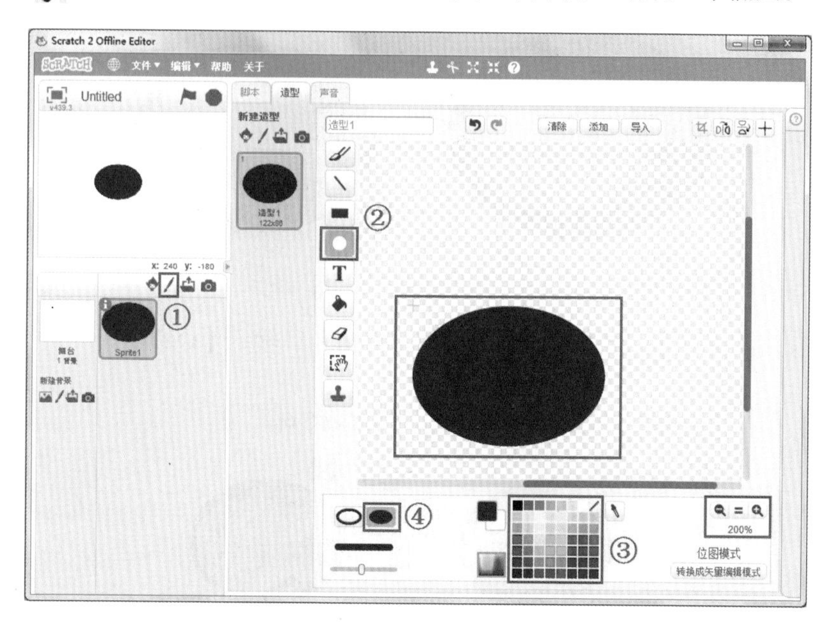

提示

1. 舞台切换：单击 切换小舞台，单击 还原大舞台。
2. 是绘图的中心。
3. （ 缩小、 还原、 放大绘图区）表示按200%显示当前绘图区大小。

6. 重复步骤3~5，画吸尘器盖子及开关。

提示

如果要回到上一步骤，就选择 撤销、 重做或 清除 全部图形。

多元观点

画完会出现“控点”，拖曳控点放大、缩小或旋转。

缩放　　　　旋转

7. 单击 T【文本】，选择“文本颜色”、“字体”后输入【On】。

8. 单击【选择】，在“On”上点一下，旋转 90°。

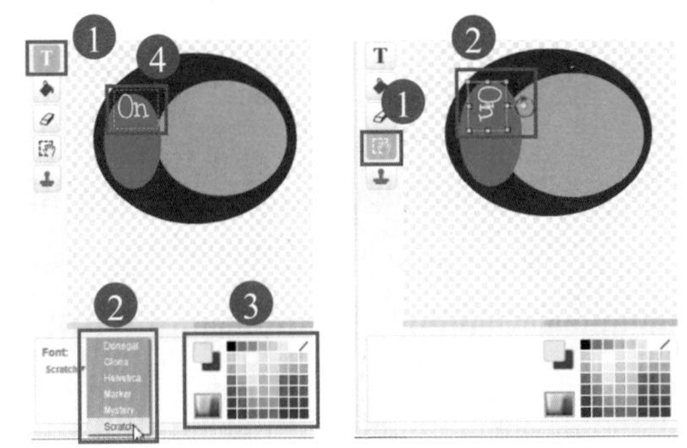

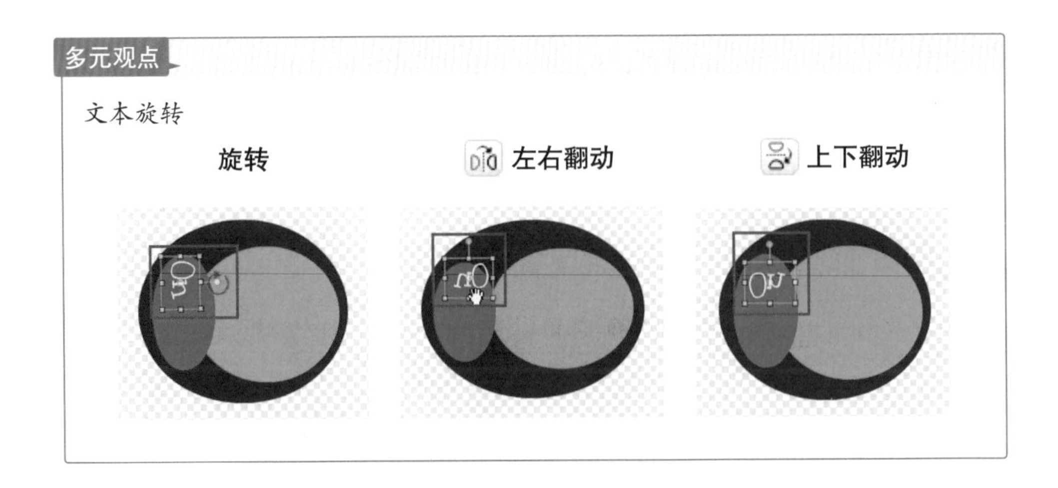

9. 重复步骤7~8，输入【Off】。

10. 单击 【设置造型中心】，在“On”上点一下。

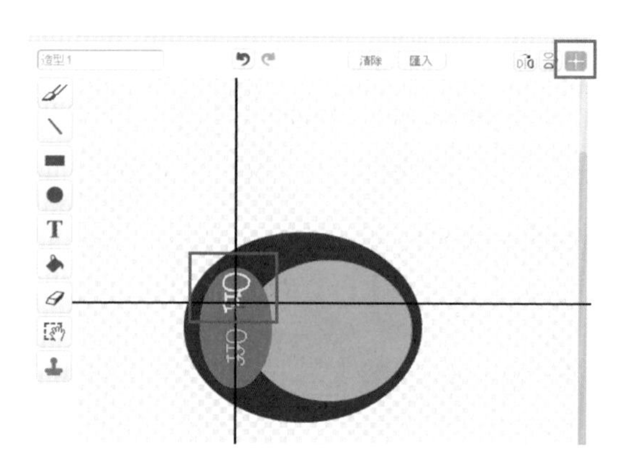

技巧

1. 将吸尘器的中心点设置在“On”处。
2. 角色造型只能输入“英文”。

提示

如果设置造型中心功能无法使用，请先保存，然后关闭Scratch，再重新启动。

多元观点

利用 或其他绘图工具，设计个性化的吸尘器。

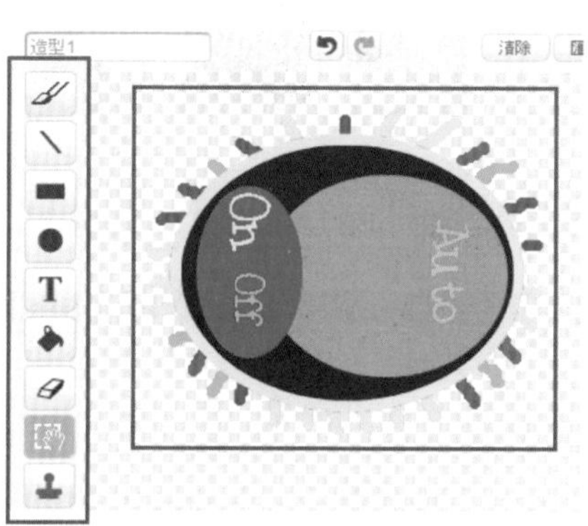

画位图垃圾角色

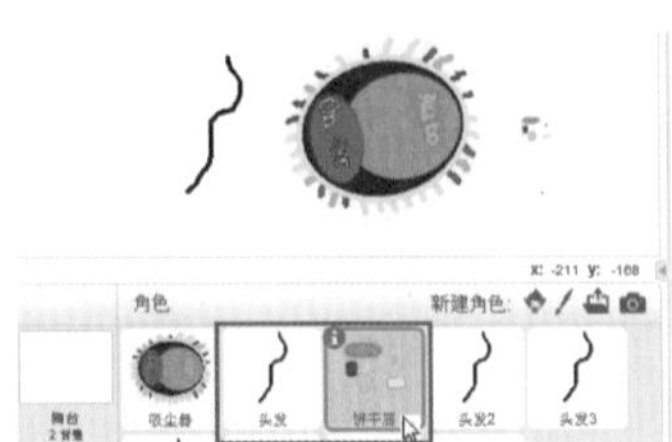

1. 仿照上面的步骤 4~10，在“角色区”单击【绘制新角色】，画地板上的 2 种垃圾角色。
2. 选择【sprite1】，单击 将角色名称改为【吸尘器】，再单击 回到角色区。
3. 选择【sprite2】与【sprite3】，单击 将角色名称改为【头发】和【饼干屑】，再单击 回到角色区。

2.3.3 从内建范例添加舞台背景

从 Scratch 内建背景库添加舞台背景。

在“舞台”单击 【从背景库中选择背景】，选择【room1】，再单击【确定】按钮。

技巧

舞台下方的 【从背景库中选择背景】与舞台【背景】标签页的【从背景库中选择背景】是相同的。

提示

选择【背景1】，单击 将空白背景删除。

2.4 当角色被单击

当吸尘器被单击，开始重复执行移动及旋转。

1. 选择“角色区” 【吸尘器】角色，再单击 脚本 。
2. 单击 事件，拖曳 当角色被点击时 到 脚本 。
3. 单击 控制，拖曳 重复执行 。
4. 单击 动作，拖曳 向右旋转 15 度 到程序区 重复执行 的内层，选择【15】，输入【1】。
5. 拖曳 移动 10 步，选择【10】后输入【3】。

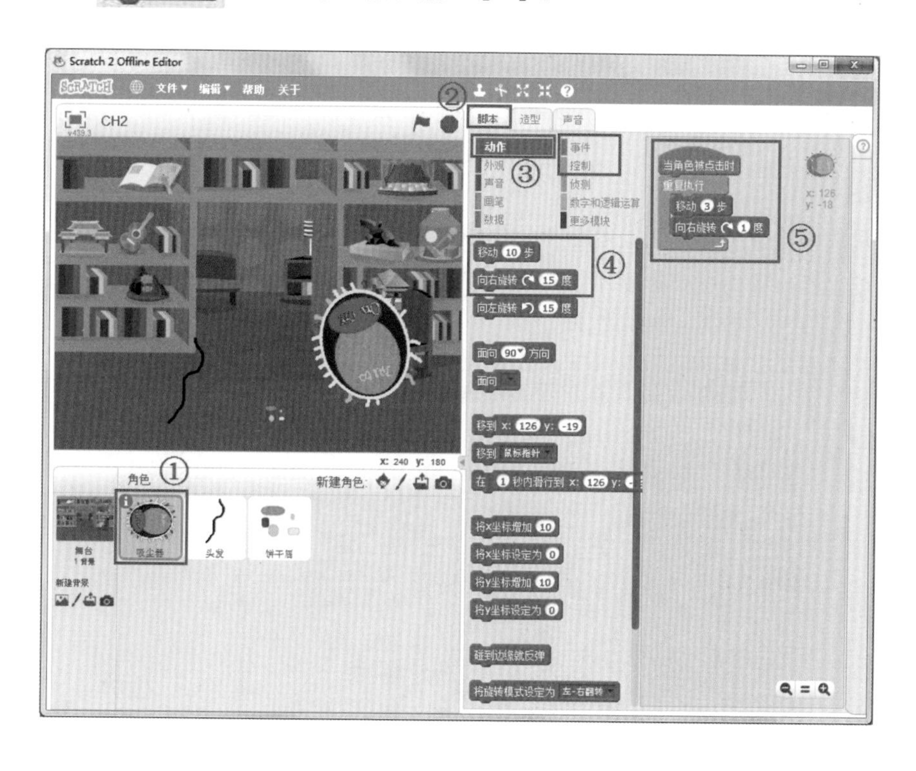

技巧

移动 10 步 角色往舞台右方移动10步。移动 -10 步 角色往舞台左方移动10步。“正数”表示往右移动，“负数”表示往左移动。数值越大，速度越快。

提示

单击 ?，在指令积木上点一下，显示指令积木帮助。

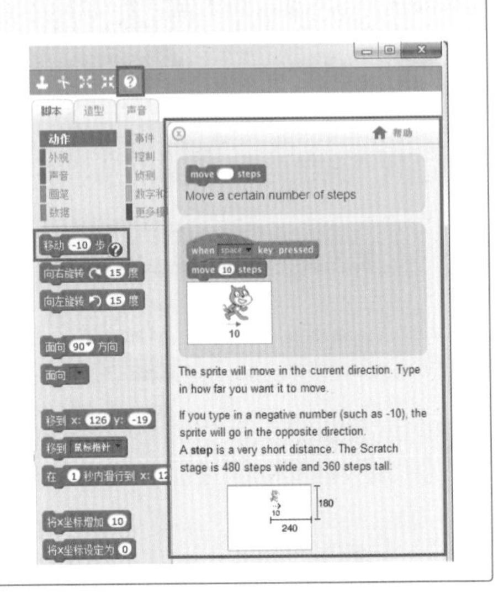

6. 单击 ，在吸尘器的 On 上单击一下，查看“吸尘器”是否重复执行移动和旋转。

提示

1. 用鼠标单击一下角色，才会开始执行吸尘器指令积木。
2. 吸尘器的造型中心设置在“On”上，因此，单击一下“On”开始执行。

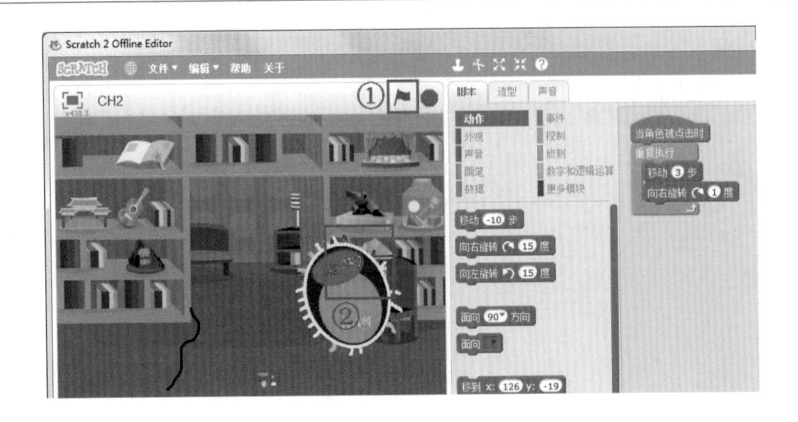

2.5 如果检测到“碰到”

如果“头发”碰到“吸尘器”，就永久隐藏。

2.5.1 设置“头发”程序

“如果 <> 那么”执行方式

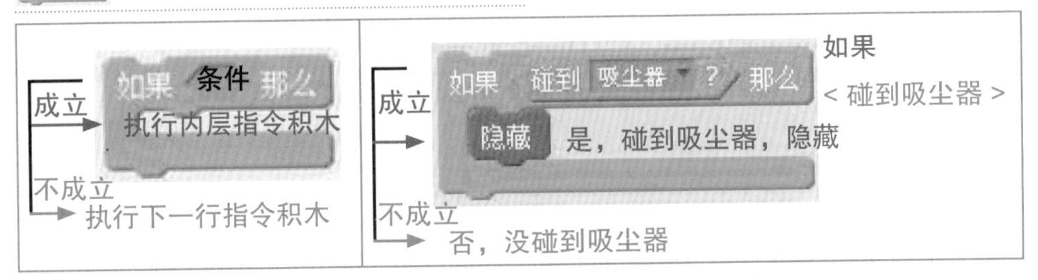

1. 选择【头发】角色，再单击 脚本 。
2. 单击 事件 ，拖曳 当 被点击 。
3. 单击 控制 ，拖曳 重复执行 与 如果 那么 。
4. 单击 侦测 ，拖曳 碰到 ? 到如果 < 条件 > 位置。
5. 单击 ▼，选择【吸尘器】。
6. 单击 外观 ，拖曳 隐藏 。

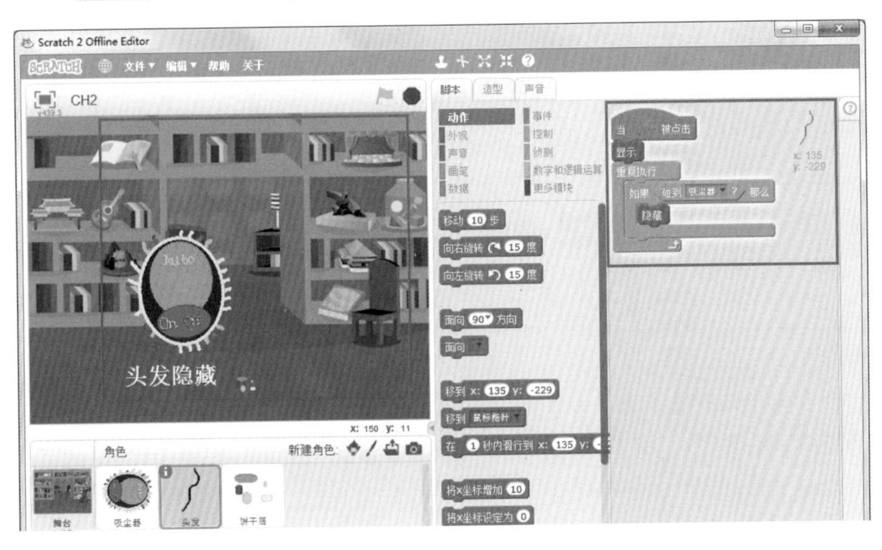

7. 单击 ，在吸尘器的 On 上单击一下，检查“吸尘器”碰到头发，头发是否永久隐藏。

8. 单击 外观，拖曳 显示 到 当 被点击 下方。

技巧

1. 当程序开始执行时，“头发”显示。

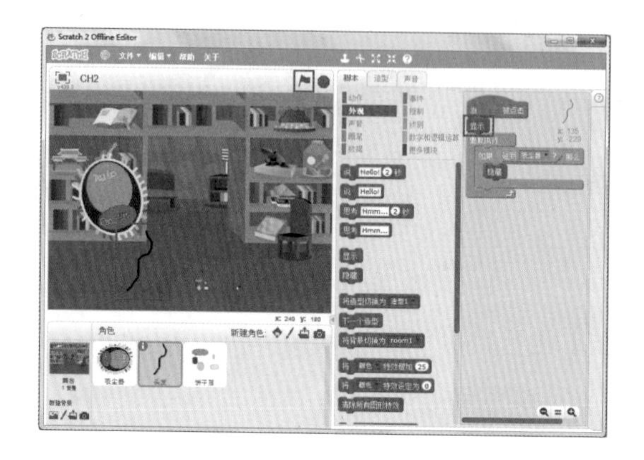

2. 如果头发无法隐藏并显示在吸尘器上层，就在吸尘器的  下方拖曳 移至最上层 指令积木。

2.5.2 复制角色和指令积木

“饼干屑”与“头发”碰到“吸尘器”都要隐藏，将“头发”程序指令积木复制到“饼干屑”。

复制指令积木

用鼠标右键单击 当 被点击 ，再选择【复制】命令，之后将指令积木移到“饼干屑”再单击一下。

技巧

在指令积木中选择【复制】命令，只能复制指令积木。

同时复制角色及其指令积木

地板上有很多头发和饼干屑，同时复制角色及其指令积木。

1. 用鼠标右键单击"头发"角色，再选择【复制】命令，自动产生"头发2"、"头发3"、"头发4"等角色。

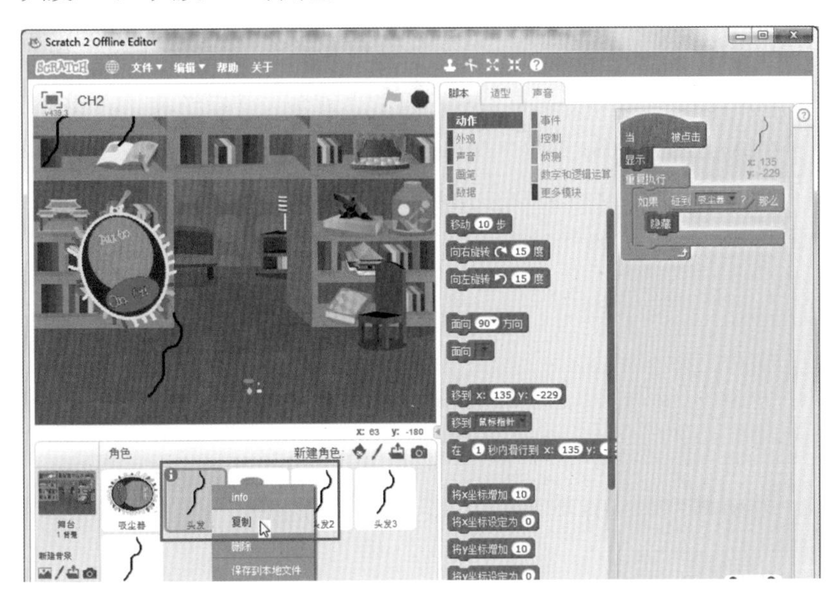

技巧

在角色区单击鼠标右键，选择【复制】命令，会同时复制"角色"及其"角色的指令积木"，并且将"角色名称"按序改为"角色名称1"、"角色名称2"、"角色名称3"……

2. 仿照步骤1，复制"饼干屑"角色及其指令积木。
3. 选择菜单命令【文件 > 保存或另存为】。

课后练习

一、选择题

1. (　) 如果　那么 属于下列哪一类指令积木？

(A) 动作　(B) 外观　(C) 事件　(D) 控制

2. (　) 执行程序时，从“第一行”指令积木开始，从上到下按序执行，直到最后 一行指令积木结束，属于下列哪一种程序设计语言结构?

(A) 顺序　(B) 重复　(C) 选择　(D) 循环

3. (　) 下图的流程控制属于下列哪一种程序设计语言结构？

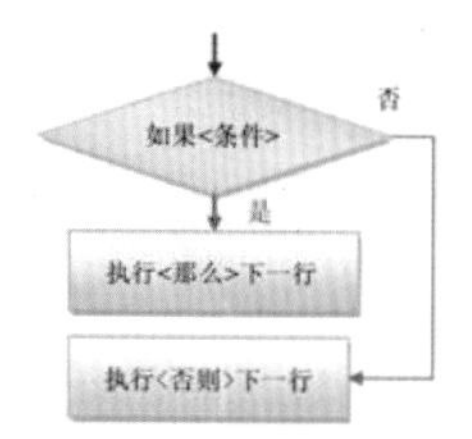

(A) 顺序　(B) 重复　(C) 选择　(D) 循环

4. (　) 如果 碰到 吸尘器 ? 那么 隐藏 左图 Scratch 会执行下列哪一种程序设计语言结构？

(A) 顺序　(B) 重复　(C) 选择　(D) 循环

5. (　) 下列哪一个指令积木会让程序永远“重复执行”？

(A) 

(B) 

(C) 

(D) 

6. (　) 下图的流程控制属于下列哪一种指令积木？

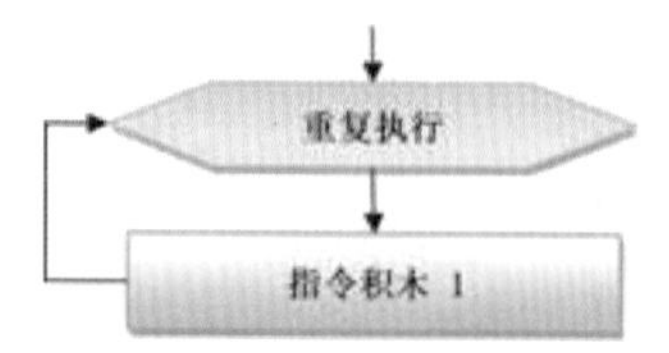

延伸练习

7. (　) 下列哪一个绘图工具可以将图形“用颜色填充”？

(A) (B) T (C) (D)

8. (　) 下列叙述哪一句是正确的？

(A) 在指令积木上单击鼠标右键，可以同时复制角色及其指令积木

(B) 用鼠标右键单击指令积木再选择【复制】命令时，原指令积木相同位置“不会”再产生另一组相同的指令积木

(C) 用鼠标右键单击角色再选择【复制】命令时，角色名称都“相同”

(D) 用鼠标右键单击角色，可以同时复制角色及其指令积木

9. (　) 程序执行时，“直到 <条件> 成立，跳出循环执行下一行指令积木，否则重复执行循环内层的指令积木”，不执行下列哪一种程序设计语言结构？

(A) 顺序　(B) 重复　(C) 选择　(D) 循环

10. (　) 下列哪一个指令积木可以让角色移动？

(A) 移到 x: 0 y: 0　　(B) 向左旋转 ↺ 15 度

(C) 移动 10 步　　(D) 向右旋转 ↻ 15 度

二、实践题

1. 请将吸尘器的移动改成【向左移动 3 步】，如何设计程序？
2. 如果“隐藏”后的“头发”或“饼干屑”在“等待 3 秒”后重新“显示”，如何设计程序？

3 关于我

简介

本章将应用 Scratch 移动或旋转等“动作”类型的指令积木设计一个“关于我”的程序。“我的专长”包括上下、左右重复滑动、360°旋转、飞檐走壁移动以及跟着鼠标的指针移动等。程序开始时先从长相相同的两个角色开始对话，再由单击一下“About Me”按钮角色切换下一个专长播放。

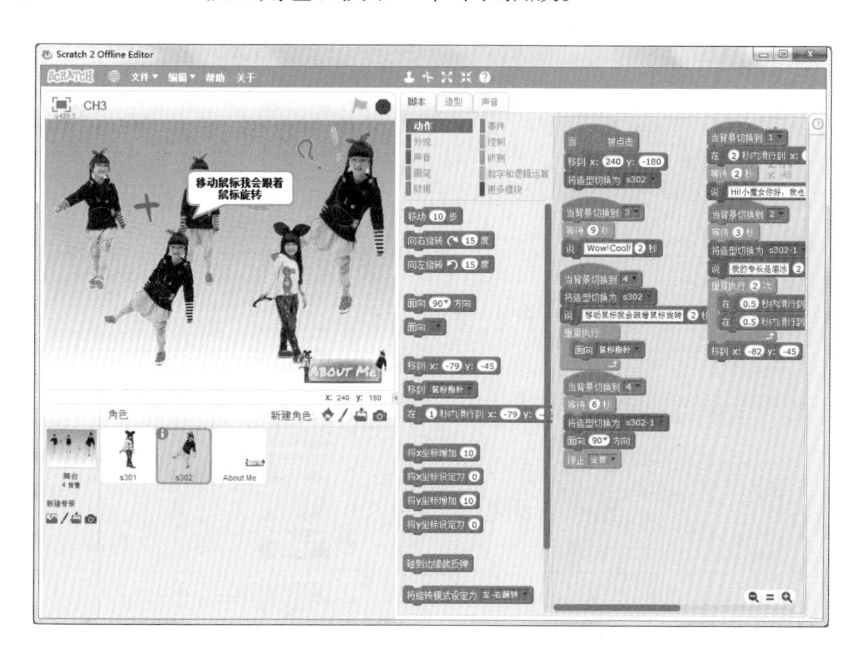

本章学习目标

完成本章节练习，将可学习到下列功能：

- 能够规划“关于我”的程序设计脚本及流程。
- 能够理解舞台背景、角色与造型之间的关联。
- 在“关于我”的动画设计中，应用舞台背景、角色与造型设置功能。
- 理解并能够应用 Scratch“动作”指令积木。
- 能够应用不同的“事件”启动程序的执行。

3.1 脚本规划与流程设计

设计程序前先规划四个舞台背景、两个角色、两种造型、五种动作变化以及“About Me”角色按钮相关的动画内容及其 Scratch 指令积木相关的脚本。

3.1.1 “关于我”脚本规划

舞台	角色	动画情景	Scratch 指令积木
舞台 1	About Me	▪ 切换造型特效 ▪ 被单击则切换背景	▪ 事件 当绿旗被单击、当角色被单击时 ▪ 控制 重复执行、等待 1 秒 ▪ 外观 切换一个背景、造型
	角色 1 造型 1 角色 2 造型 1	▪ 移到舞台中央 ▪ 开场、问好	▪ 事件 当绿旗被单击、当背景切换到 1 ▪ 动作 1 秒内滑行到 XY ▪ 外观 切换造型、说
舞台 2	角色 1 造型 2	▪ 切换造型 ▪ 左右旋转	▪ 事件 当背景切换为 2 ▪ 外观 切换造型、说 ▪ 控制 重复执行 ▪ 动作 旋转、左右旋转方式
	角色 2 造型 2	▪ 等待角色 1 ▪ 切换造型 ▪ 左右移动	▪ 事件 当背景切换为 2 ▪ 控制 等待 ▪ 外观 切换造型、说 ▪ 控制 重复执行 ▪ 动作 1 秒内滑动到 XY
舞台 3	角色 1 造型 1	▪ 360°旋转 ▪ 飞檐走壁移动 ▪ 移到舞台四个顶点坐标	▪ 事件 当背景切换为 3 ▪ 外观 切换造型、说 ▪ 控制 重复执行 ▪ 动作 旋转、周围旋转方式
	角色 2 造型 1	▪ 等待角色 1 ▪ 说 :「Wow! Cool!」	▪ 事件 当背景切换为 3 ▪ 控制 等待 ▪ 外观 切换造型、说
舞台 4	角色 2 造型 2	▪ 跟着鼠标的指针旋转	▪ 事件 当背景切换为 4 ▪ 外观 说、切换造型 ▪ 动作 面向鼠标指针、面向 90°方向

* 脚本规划前建议使用本书附录C中提供的表格，将个人想法填入“我的创意规划”。

3.1.2 "关于我"程序的流程设计

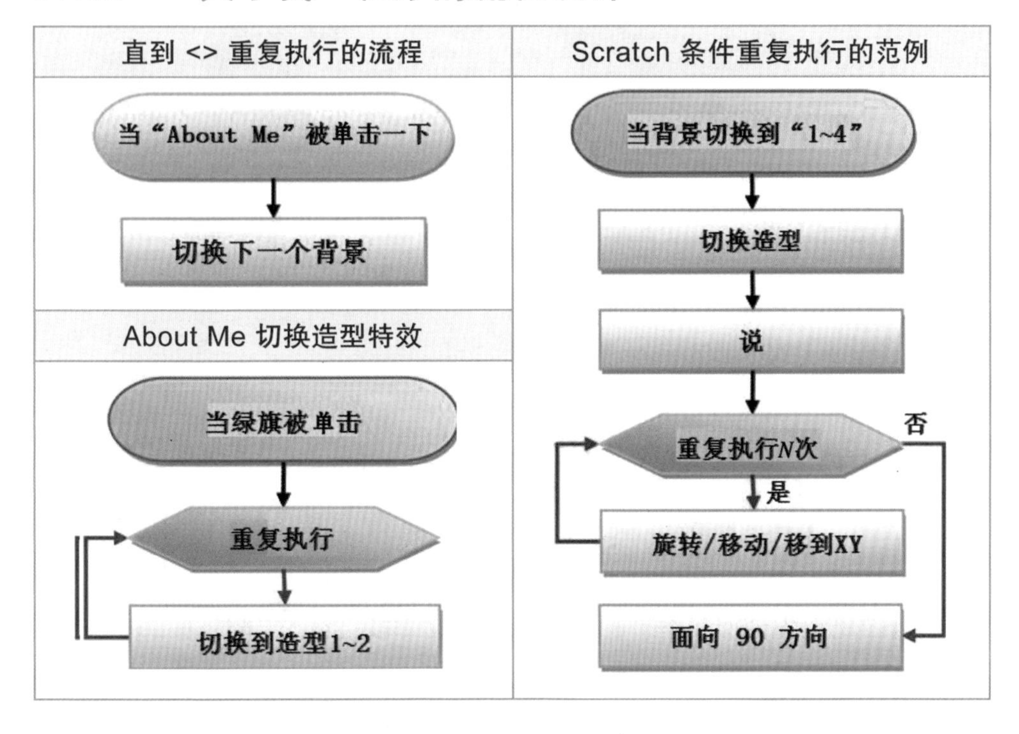

3.2 编辑背景与造型

3.2.1 舞台与背景及角色与造型之间的关联

认识舞台背景与角色造型

1. 舞台代表"地点(Where)"、不同的背景、不同地点场景。在"舞台"新建背景，代表不同背景变化。
2. 角色代表"人、事、物等不同对象（Who）"。在"新建角色"中同时新增两个角色，代表两个不同的角色，执行各自独立的指令积木。
3. 造型代表"同一角色的变化"。如果同一角色新增了造型，就代表一个角色两种造型变化，执行同一个角色的指令积木。

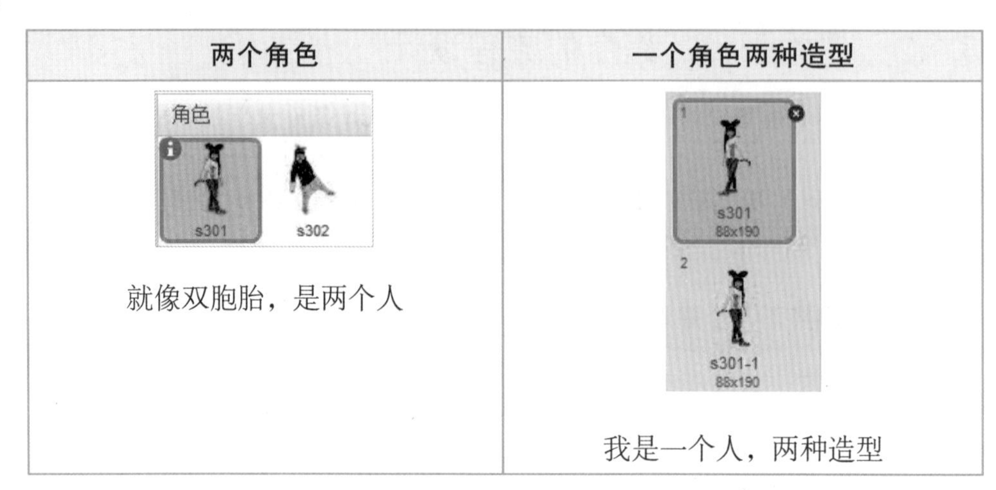

两个角色	一个角色两种造型
就像双胞胎，是两个人	我是一个人，两种造型

3.2.2 从本地文件中上传角色及造型

从图库文件夹中选择角色文件。

1. 选择菜单命令【开始 > 所有程序 > Scratch 2.0】启动 Scratch，将猫咪角色删除。
2. 在“新建角色”中，单击【从本地文件中上传角色】。打开本书提供的范例文件所在的文件夹，用鼠标双击【/ 范例文件 / 图库 /CH3】，选取【s301】、【s302】角色图片，再单击【打开】按钮。

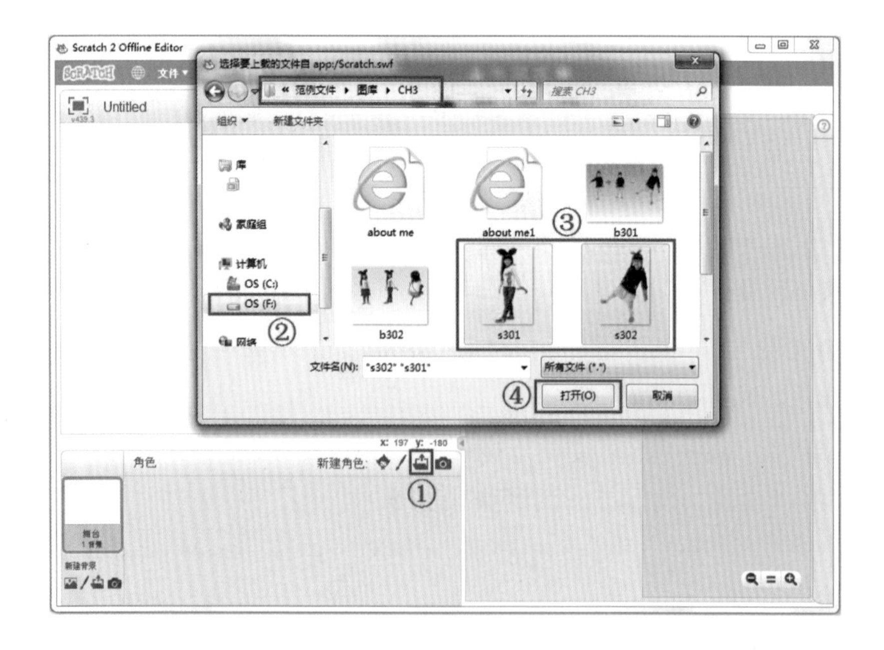

提示

如果想选取 Scratch 内建的角色图片，单击 【从角色库中选择角色】。

多元观点

如果您有自备图片，先使用图像处理软件去除背景，再缩小成 150~200 像素，另存为“.png”格式的文件，即可上传为造型。

3. 单击【s301】，选择【造型】，再单击 转换成矢量编辑模式 。

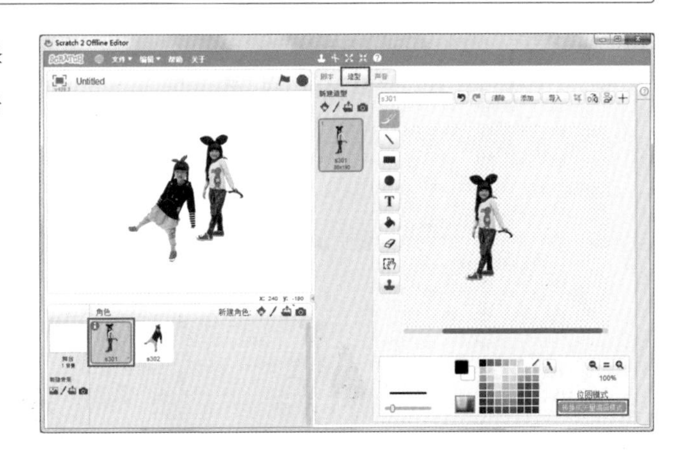

4. 单击 【设置造型中心】，在“角色中心”单击一下。

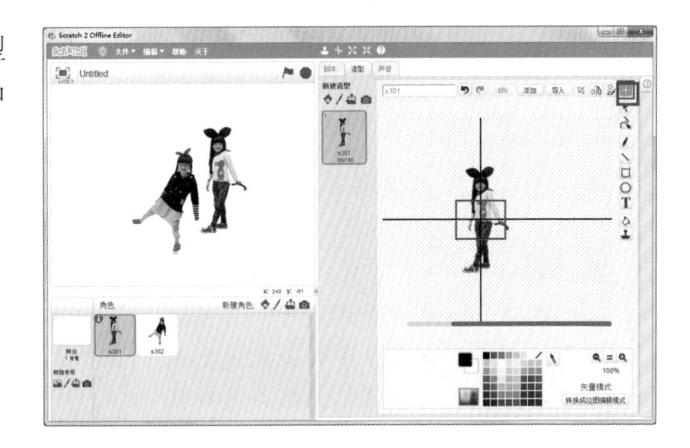

技巧

“造型中心”就是角色的中心位置，造型中心位置影响角色的移动和旋转。

提示

1. 如果造型图片消失，单击 导入 按钮，选择【s301 > 打开】。
2. Scratch 2.0 仍在开发中，如果发现造型图片会消失，就单击【导入】；如果没有消失，就直接单击转换成矢量图。

5. 重复步骤 3~4，选择【s302】，单击 转换成矢量编辑模式 与 ＋。
6. 利用 【放大角色】、 【缩小角色】来调整角色大小和位置。

3.2.3 编辑角色造型信息

角色造型信息

1. 单击【s301】，再选择【造型】，用鼠标右键单击【s301】，再选择【复制】。

提示

用鼠标右键单击角色造型，再选择【保存到本地文件】将角色造型图片导出到本地计算机上保存并默认为".svg"文件。导出文件可以在 Scratch 中通过【新建角色 > 从本地角色文件上传角色】再上传进来或在【造型】处导入。

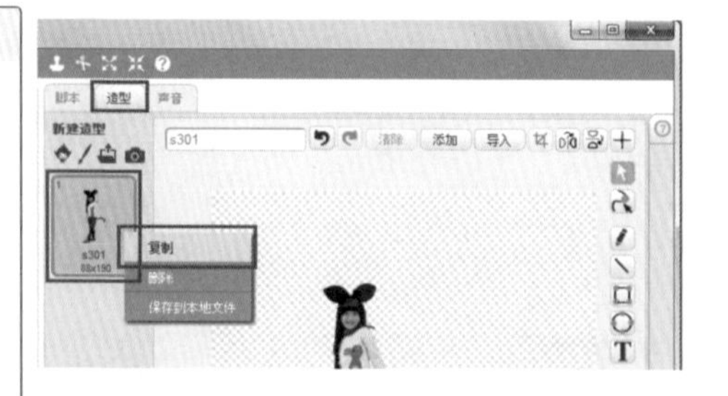

2. 选择复制的新造型，输入【s301-1】，单击 左右翻转。

3. 仿照步骤 1~2，复制【s302】造型，更改造型名称为【s302-1】，单击 左右翻转。

4. 在新建角色中，单击【绘制新角色】，再单击 切换到小舞台，然后单击 转换成矢量编辑模式 。

5. 利用绘图工具 、 、 与 导入 设计一个“About Me”的角色。

6. 设计完成，用鼠标右键单击造型，选择【复制】，得到另一个造型，再单击 。

7. 单击 ，输入角色名称【About Me】。

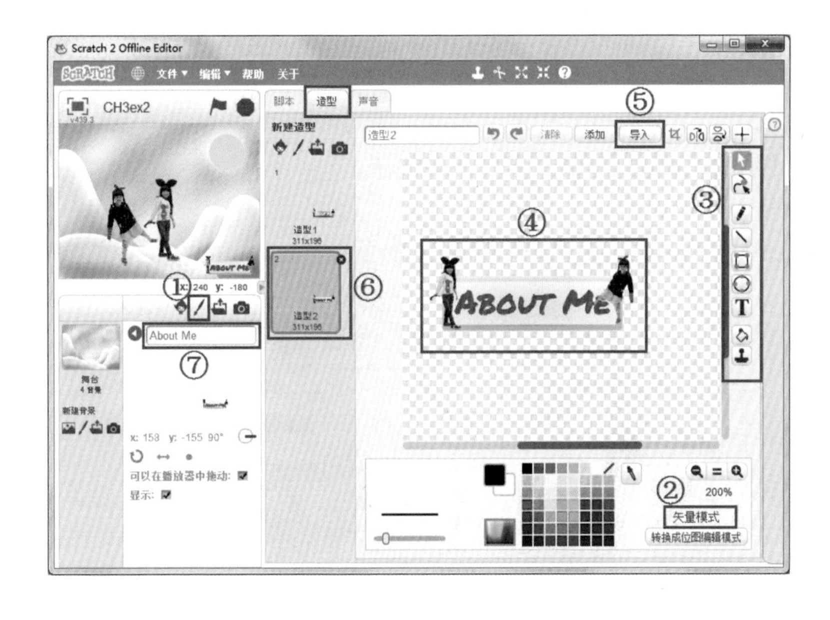

3.2.4 编辑舞台背景

找到本书提供的范例文件所在的文件夹，从中上传两个舞台背景文件，再复制其中一个背景，然后从背景范例新建一个背景。

舞台背景信息

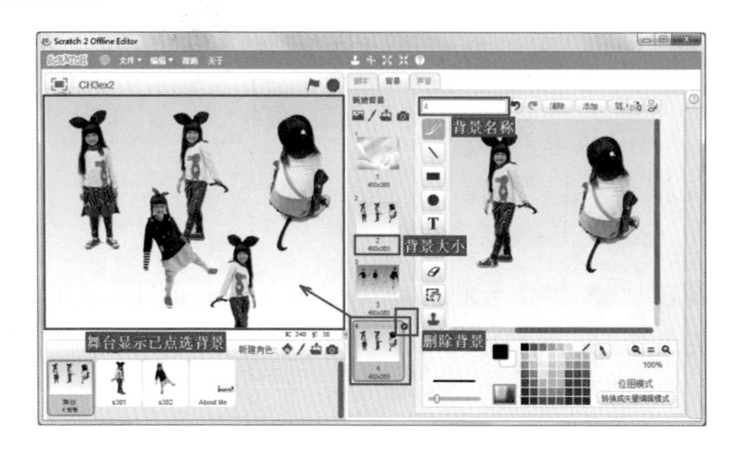

1. 在【舞台】中，单击 【从本地文件中上传背景】。
2. 找到本书提供的示范文件所在的文件夹，用鼠标双击【/ 范例文件 / 图库 / CH3】。
3. 选取【b301、b302】，单击【打开】按钮。

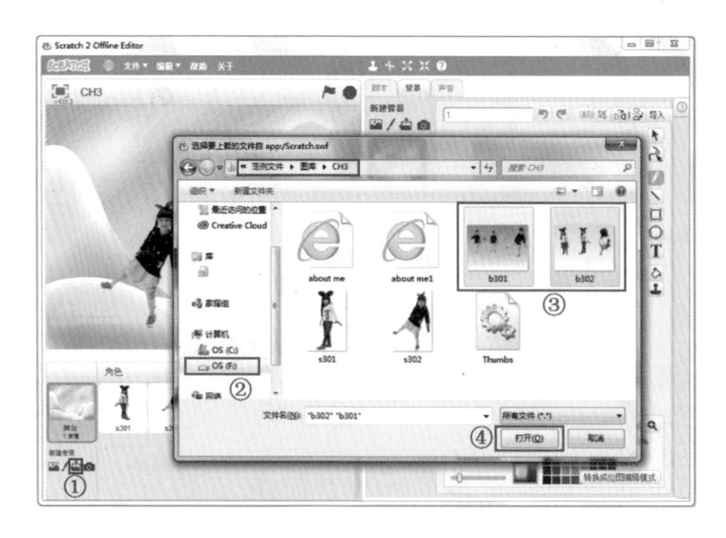

4. 用鼠标右键单击【b302】，再选择【复制】，得到另一个背景【b2】。
5. 在【舞台】的【新建背景】中单击【从背景库中选择背景】，再选择【slopes > 确定】。
6. 按住【slopes】不放，拖曳到“1”的位置放开，调整背景顺序。
7. 按序调整背景位置，再更改背景名称为“1”、“2”、“3”、“4”。

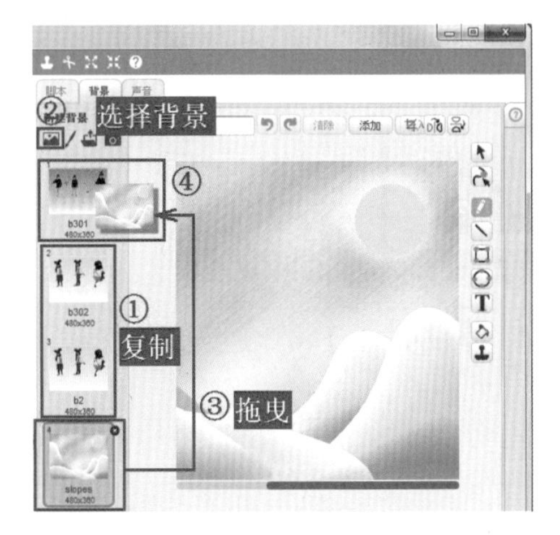

多元观点

如果您有自备背景图片，就先使用图像处理软件处理一下，再缩小成宽 480 像素、高 360 像素，然后另存为“.png”文件，就可以上传到背景了。

3.3 角色控制舞台背景

当绿旗被单击，切换到第一个背景；当“About Me”角色被单击时，切换到下一个背景。

3.3.1 角色控制舞台背景

1. 单击 【About Me】，再单击 事件，拖曳 当角色被点击时 到程序区。
2. 单击 外观，拖曳 将背景切换为 4，再单击 ▼，选择【下一个背景】。
3. 单击 事件，拖曳 当 被点击。

4. 单击 外观，拖曳 将背景切换为 4，再单击 ▼，选择【1】。

5. 单击 ⚑，检查是否为第一个背景，单击【About Me】按序切换背景 2~4。

3.3.2 角色造型特效

设计【About Me】等待 1 秒切换造型。

1. 拖曳 重复执行 到 将背景切换为 1 下方。

2. 单击 外观，拖曳 2 个 将造型切换为 造型2，选择【造型 1】。

3. 拖曳 2 个 等待 1 秒 到 将造型切换为 造型1 与 将造型切换为 造型2 下方。

4. 单击 ⚑，检查【About Me】是否切换造型。

3.4 舞台坐标

角色在舞台移动时，坐标也随着变化，我们先来认识舞台坐标。

坐标用来表示角色的位置：水平方向为“X 坐标”，X 坐标轴的宽度范围在 -240 ~ 240 之间；垂直方向为“Y 坐标”，Y 坐标轴的高度范围在 -180 ~ 180 之间。正中心点的坐标为（X：0，Y：0）。试着把 X 轴想象成小魔女往右或往左，Y 轴想象成往上或往下。因此往右边和往上都为“正数”，往左边和往下都为“负数”。

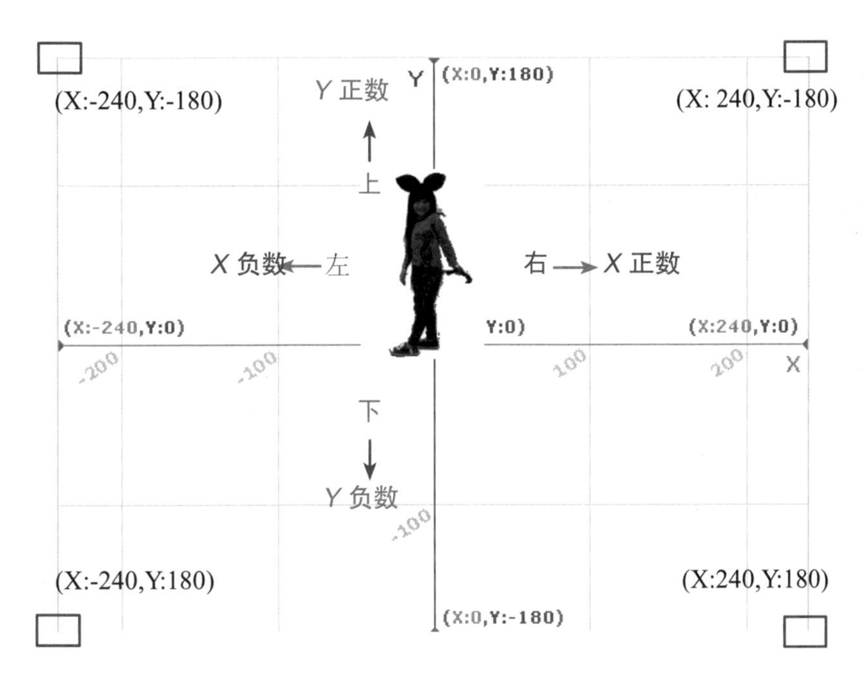

3.5 背景控制开始执行程序

由 4 个背景控制程序开始执行。

当背景切换指令执行方式

	当背景切换为“背景 1”，开始执行下方每一行指令积木。

3.5.1 设置起始位置与造型

单击绿旗开始执行时将角色移到舞台左边，切换到背景1后再移到舞台中央。

1. 先将2个角色拖曳到舞台边缘。
2. 选择 s301【s301】角色，拖曳 当 被点击 与 移到 x: -240 y: -180。
3. 拖曳 将造型切换为 s301-1，选择【s301】。
4. 选择 s302【s302】角色，拖曳 当 被点击、移到 x: 240 y: -180 与 将造型切换为 s302-1，再选择【s302】。

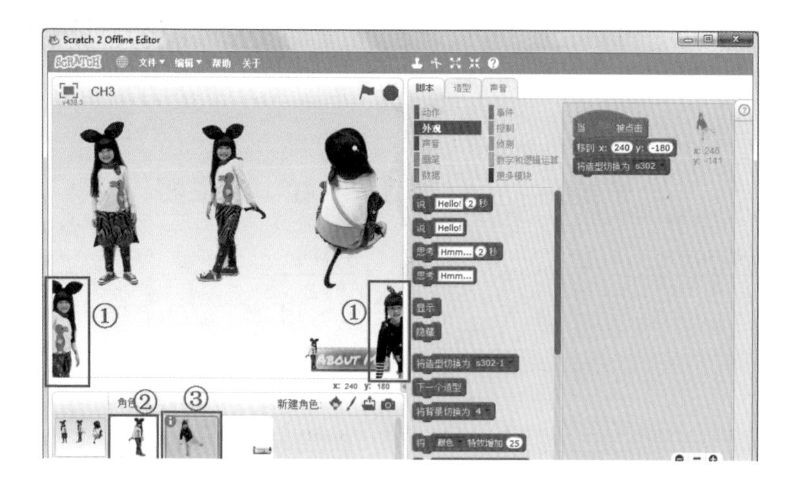

技巧

移到 x: 240 y: -180 “XY坐标”随着“角色位置”移动而变化。(-240，-180)是舞台最左下方，(240，-180)是舞台最右下方。

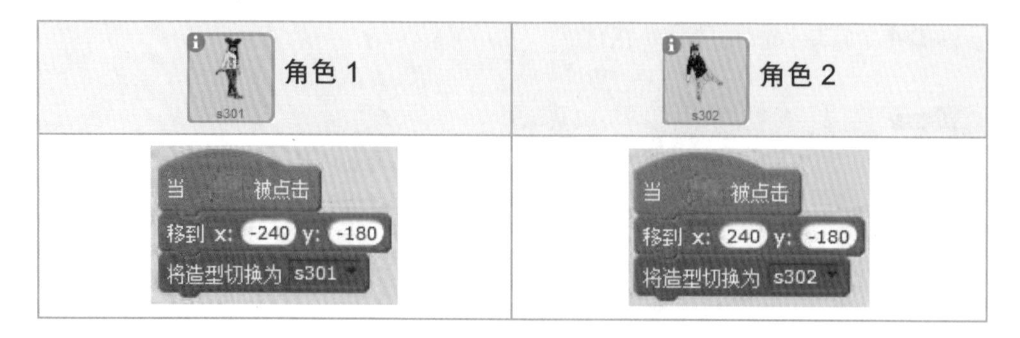

s301 角色 1	s302 角色 2
当 被点击 移到 x: -240 y: -180 将造型切换为 s301	当 被点击 移到 x: 240 y: -180 将造型切换为 s302

3.5.2 背景控制开始执行程序

1. 将 2 个角色拖曳到舞台中央。
2. 选择 【s301】角色，拖曳 当背景切换到 4 ，单击 ，再选择【1】。
3. 拖曳 在 1 秒内，滑行到 x: 79 y: -50 ，输入【2】。

技巧

秒数越大，滑行速度越慢。

4. 选择 【s302】角色，重复步骤 2~3。
5. 单击 ，检查背景、角色造型及位置是否更改了。

提示

利用 缩小或放大指令积木，或单击 切换小舞台。

6. 选择 【s301】，拖曳 说 Hello! 2 秒 ，选择“Hello!”，输入【大家好，我是 Scratch 小魔女】。
7. 选择 【s302】，拖曳 等待 1 秒 ，输入【2】秒。
8. 拖曳 说 Hello! 2 秒 ，输入【Hi! 小魔女你好，我也是小魔女】。

技巧

在背景 1 中， 角色 1 说 2 秒“大家好，我是 Scratch 小魔女”，因此， 角色 2 得等待 2 秒再说。

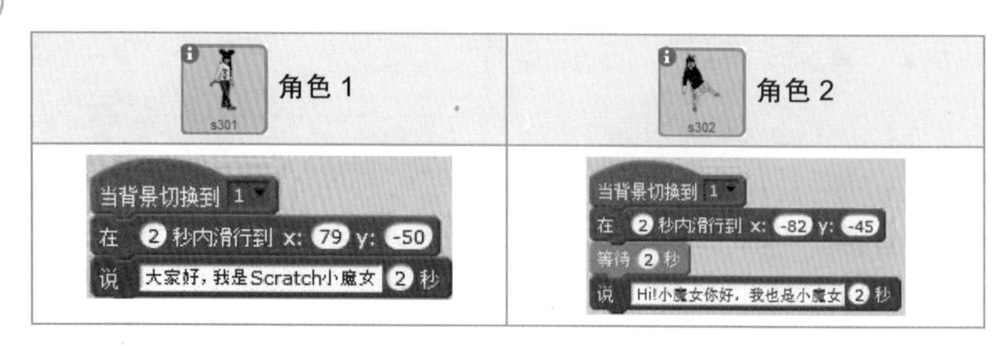

9. 单击 ，检查背景、角色造型、位置及说话时间是否正确。

3.6 角色移动与旋转

角色将随着 4 个背景变换不同移动或旋转方式。每个背景切换时，也更换不同角色造型。

3.6.1 旋转方式

控制角色旋转的方法

（1）拖曳 动作 指令积木。

（2）从“角色信息”设置。

控制旋转方法	360 °旋转	左右旋转	固定不旋转
从 动作 指令积木	将旋转模式设定为 任意	将旋转模式设定为 左-右翻转	将旋转模式设定为 不旋转
从 角色信息	旋转 360°旋转	↔ 左右旋转	• 固定不旋转
s301 s301 x: 79 y: -50 方向: 90° 旋转模式: 可以在播放器中拖动: 显示:			

3.6.2 左右旋转 180°

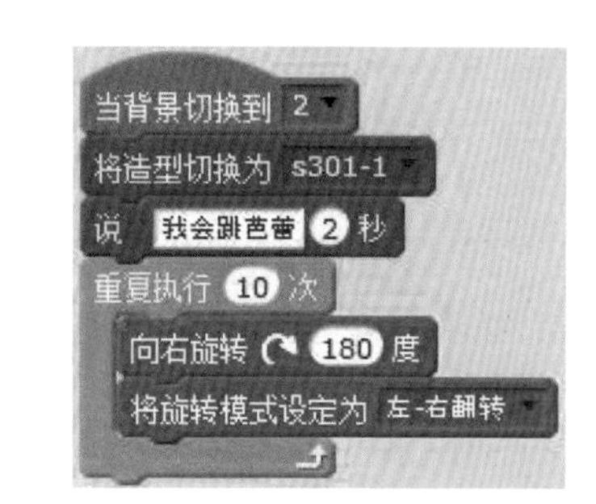

1. 选择 s301【s301】，拖曳 当背景切换到 4 ，单击 ▼ ，选择【2】。

2. 拖曳 将造型切换为 s301-1 与 说 Hello! 2 秒 ，输入【我会跳芭蕾】。

3. 拖曳 重复执行 10 次 向右旋转 15 度 ，然后输入旋转角度【180】，拖曳 将旋转模式设定为 左-右翻转 。

3.6.3 左右移动

左右移动时，X 值改变，Y 坐标则固定不变。

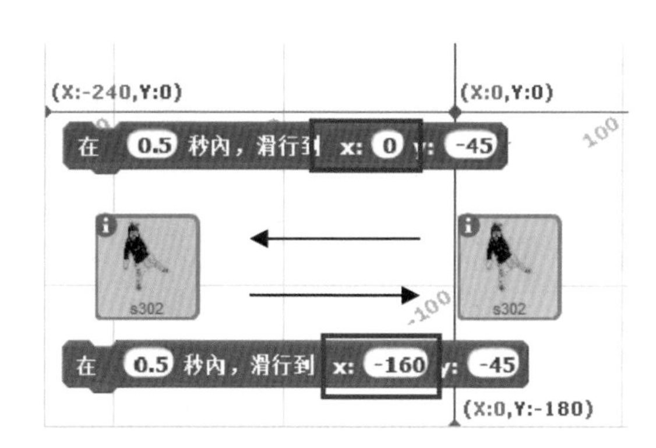

选择 s302【s302】，仿照前面的内容，拖曳角色 2 指令积木。

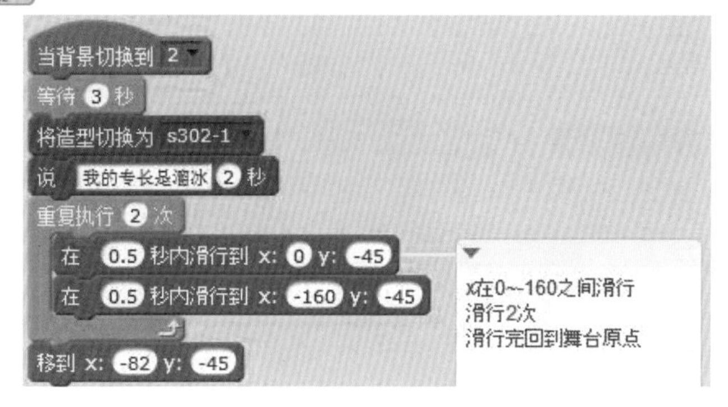

提示

用鼠标右键单击程序区，选择【添加注释】可以编写指令积木注释；用鼠标右键单击程序区，选择【cleanup】会自动排列指令积木。

3.6.4 面向 90°旋转

让角色 360°旋转时，造型中心设置的位置影响旋转的方式。

设置造型中心

	造型中心在上方		造型中心在中央
	旋转方式（由脚往右 360°旋转）		旋转方式（由头及脚往右 360°旋转）

1. 选择 角色 1，设置“背景 3”、“造型 S301” 及 “说 : 我会空翻”。

2. 拖曳 重复执行 10 次，输入【36】次。

3. 拖曳 将旋转模式设定为 任意 与 向右旋转 15 度，输入【10】度。

> **多元观点**
>
> 只要旋转次数（36 次）乘以度数（10°）是 360°就可以回到原点。旋转度数（1°）越小，重复次数（360 次）越大，速度就越慢。大家可以按照自己的设计调整“旋转角度”与“重复次数”。

角色 1

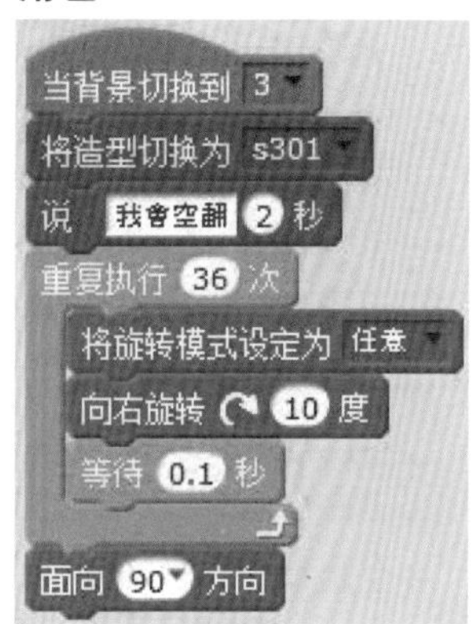

4. 拖曳 等待 1 秒 并输入【0.1】，再拖曳 面向 90 方向。

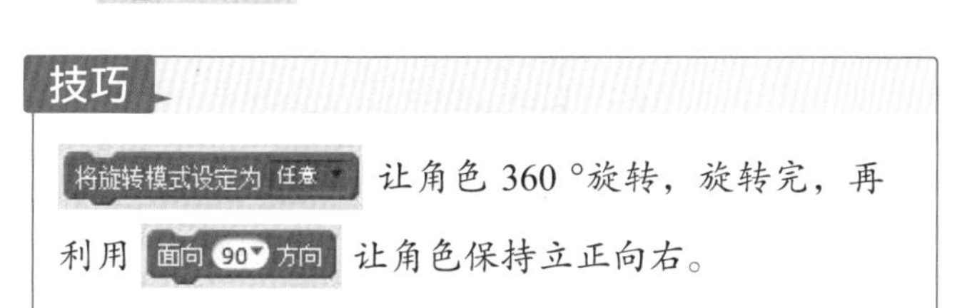

> **技巧**
>
> 将旋转模式设定为 任意 让角色 360 °旋转，旋转完，再利用 面向 90 方向 让角色保持立正向右。

3.6.5 碰到边缘就反弹

“背景 3”让“角色 1”再滑行到舞台 4 个顶点并旋转，碰到舞台边缘自动反弹。

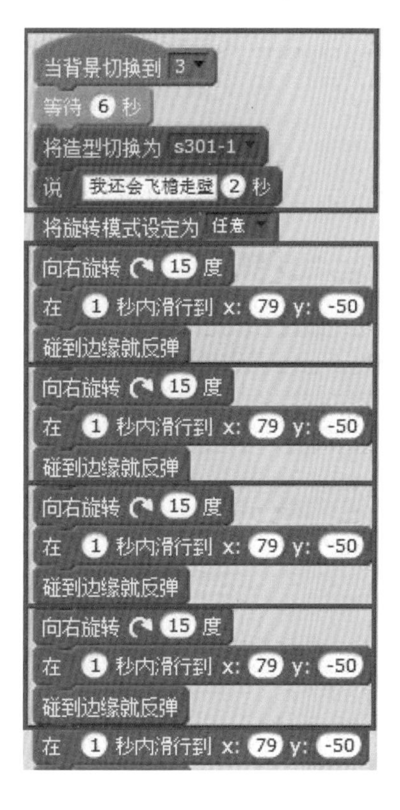

1. 选择 角色 1，设置“背景 3”、“造型 s301-1”及“说：我还会飞檐走壁”。
2. 拖曳 等待 1 秒 ，输入【6】秒。

> **技巧**
>
> “角色 1”背景 3 共执行 6 秒，包括旋转 10° 36 次，每次等待 1 秒，共 3.6 秒，以及说 2 秒，因此等待 6 秒。

3. 拖曳 将旋转模式设定为 任意 。

4. 拖曳 4 个 向右旋转 ↻ 15 度 与 5 个 在 1 秒内滑行到 x: 79 y: -50 。
5. 拖曳 4 个 碰到边缘就反弹 到每个 在 1 秒内滑行到 x: 79 y: -50 下方。
6. 将前 4 个 XY 坐标改为(X:240,Y:-180)、(X:-240,Y:180)、(X: 240,Y:180)、(X:-240,Y:-180)。

提示

4 个坐标为舞台 4 个顶点坐标。

7. 选择【1】秒，改为【0.5】秒。
8. 拖曳 面向 90▾ 方向 。
9. 单击 ⚑ ，检查背景的切换与旋转移动时间是否正确，并保存。

```
当背景切换到 3▾
等待 6 秒
将造型切换为 s301-1▾
说 我还会飞檐走壁 2 秒
将旋转模式设定为 任意▾
向右旋转 ↻ 15 度
在 0.5 秒内滑行到 x: 240 y: -180
碰到边缘就反弹
向右旋转 ↻ 15 度
在 0.5 秒内滑行到 x: -240 y: 180
碰到边缘就反弹
向右旋转 ↻ 15 度
在 0.5 秒内滑行到 x: 240 y: 180
碰到边缘就反弹
向右旋转 ↻ 15 度
在 0.5 秒内滑行到 x: -240 y: -180
碰到边缘就反弹
在 0.5 秒内滑行到 x: 79 y: -50
面向 90▾ 方向
```

3.6.6 面向鼠标指针

背景 3，角色 2 等待角色 1 的表演时间共 9 秒，再说：“Wow!Cool!”。

背景 4，角色 2 面向鼠标指针，并停止执行程序。

面向鼠标指针

	角色方向随着鼠标指针改变。

1. 选择 【s302】，设置"背景 3"、"等待 9 秒"及"说 : Wow!Cool!"。
2. 设置"背景 4"、"造型 s302"及"说 : 移动鼠标我会跟着鼠标旋转 2 秒"。
3. 拖曳 重复执行，再拖曳 面向 到"重复执行"内部，单击 ▾，再选择【鼠标指针】。

还原角色方向

1. 选择 【s302】，设置"背景 4"、"等待 6 秒"、"造型 s302-1"。
2. 拖曳 面向 90▾ 方向 和 停止 全部▾。
3. 单击 切换到全屏幕，再单击 ，移动鼠标时，检查角色是否面向鼠标指针，6 秒后停止所有程序执行。
4. 单击【文件 > 保存】。

提示

单击 离开全屏幕，单击 停止程序执行。

课后练习

一、选择题

1. (　　) 下列哪一个绘图工具的功能是"复制"？

(A) (B) (C) (D)

2. (　　) 下列关于角色"造型"的叙述哪一个是"错误的"？

(A) 绘图工具可以输入"中文"

(B) 造型绘图分成位图与矢量图

(C) 造型名称可以使用"中文"

(D) 造型区图片可以通过单击鼠标右键调出"保存到本地文件"

3. (　　) 下列关于舞台"背景"的叙述哪一个是"错误的"？

(A) 绘图工具可以输入"中文"

(B) 背景绘图分成位图与矢量图

(C) 背景名称可以使用"中文"

(D) 背景区图片可以通过单击鼠标右键调出"保存到本地文件"

4. (　　) 下列哪一个绘图工具是用来设置角色"造型中心"的？

(A) (B) (C) (D)

5. (　　) 下列关于"舞台"、"角色"与"造型"的叙述哪一个是"错误的"？

(A) 造型与角色执行相同指令积木

(B) 舞台的程序区可以拖曳指令积木

(C)2 个角色可以导入相同的造型图片

(D) 一个角色只能导入一种造型

6. (　　) 右图"切换造型流程"属于哪一种程序设计语言结构?

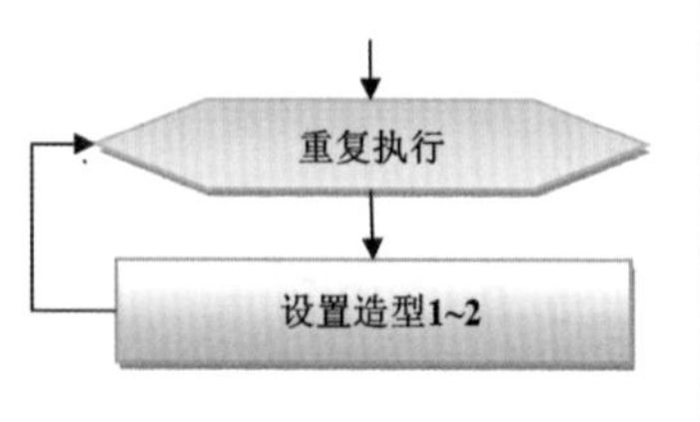

(A) 顺序 (B) 重复 (C) 条件选择 (D) 循环

7. (　　) 角色造型图片"保存到本地文件"时默认的"扩展名"是什么?

(A).SB2 (B).PNG (C).SPRITE (D).SVG

延伸练习

8. (　) Scratch 舞台的宽度和高度是多少？

(A)240、180 (B)480、360 (C)800、600 (D)1024、768

9. (　) 下列 2 个指令积木的执行结果为何？ 在 0.5 秒内滑行到 x: 0 y: -45

在 0.5 秒内滑行到 x: -160 y: -45

(A) 角色上下移动　(B) 角色随机移动

(C) 角色左右移动　(D) 角色垂直移动

10. (　) 下列哪一个指令积木可以设置“角色随着鼠标指针改变方向”？

(A) 面向 90▾ 方向　(B) 将旋转模式设定为 任意▾

(C) 面向 鼠标指针▾　(D) 碰到边缘就反弹

二、实践题

1. “当背景切换为 2”时，若将【s302】角色“水平滑动”更改为“上下滑动”，应该如何操作？执行结果与本章的范例有何差异？

2. “当背景切换为 3”时，若将【s301】角色的“造型中心”设置在“头部”，应该如何操作？执行结果与本章的范例有何差异？

4 自动点号机

简介

本章将介绍面向对象程序设计以及常数与变量的概念。应用面向对象程序设计的事件广播与程序设计语言的变量概念以及侦测角色坐标来设计自动点号机程序。当单击角色按钮时，广播开始。当点号机接收到开始消息时，在全部号码间随机移动、选号，并把已选出的号码显示在最上层并“说”出选中的号码，再针对选中的号码显示颜色特效。

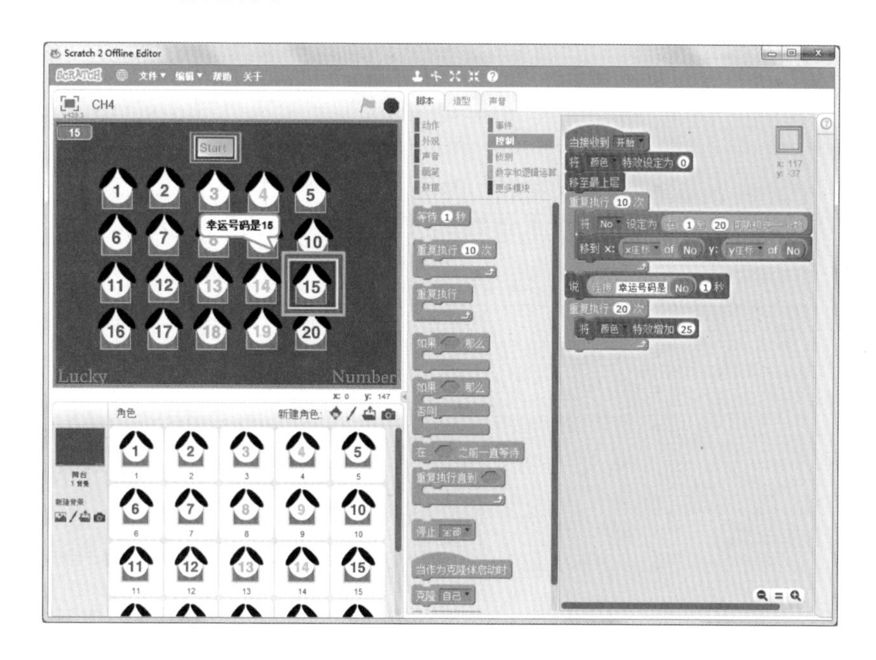

本章学习目标

完成本章节练习，将可学习到下列功能：

- 能够理解图层与分组的概念。
- 能够理解面向对象程序设计的概念。
- 能够把广播和接收广播应用于程序设计中。
- 能够理解常数与变量的概念。
- 能够将变量应用在程序设计中。
- 能够在程序设计时应用侦测角色坐标的功能。

4.1 脚本规划与流程设计

设计程序前先规划一个舞台背景、20 个号码角色、点号机角色相关的动画内容以及 Scratch 指令积木相关的脚本。

4.1.1 自动点号机脚本规划

舞台	角色	动画情景	Scratch 指令积木
舞台 1	1~20 号码	▪ 1~20 号角色，共 20 个	▪ 显示在舞台
	开始	▪ 设置开始显示的位置 ▪ 单击一下开始、广播开始	▪ 事件 当绿旗被单击、当角色被单击时 ▪ 动作 1 秒内移到 XY ▪ 外观 显示
	点号机	▪ 设置开始显示的位置 ▪ 移到最上层 ▪ 点号机随机重复选号 *N* 次 ▪ 为“点号机选出的号码”设置一个变量 ▪ 点号机移到选出的号码位置 ▪ 说：“幸运号码是 *N*” ▪ 重复颜色特效闪烁号码	▪ 事件 当绿旗单击、当接收到开始 ▪ 外观 移到最上层 ▪ 控制 重复 *N* 次、重复执行 ▪ 数据 新建一个变量、设置变量值 ▪ 数字和逻辑运算 1 到 *N* 之间随机选一个数 ▪ 侦测 侦测号码的 XY 坐标 ▪ 动作 移到号码的 XY 坐标 ▪ 外观 说幸运号码是 *N*、颜色特效

* 脚本规划前建议使用本书附录 C 中提供的表格，将个人想法填入“我的创意规划”。

4.1.2 自动点号机选号的流程

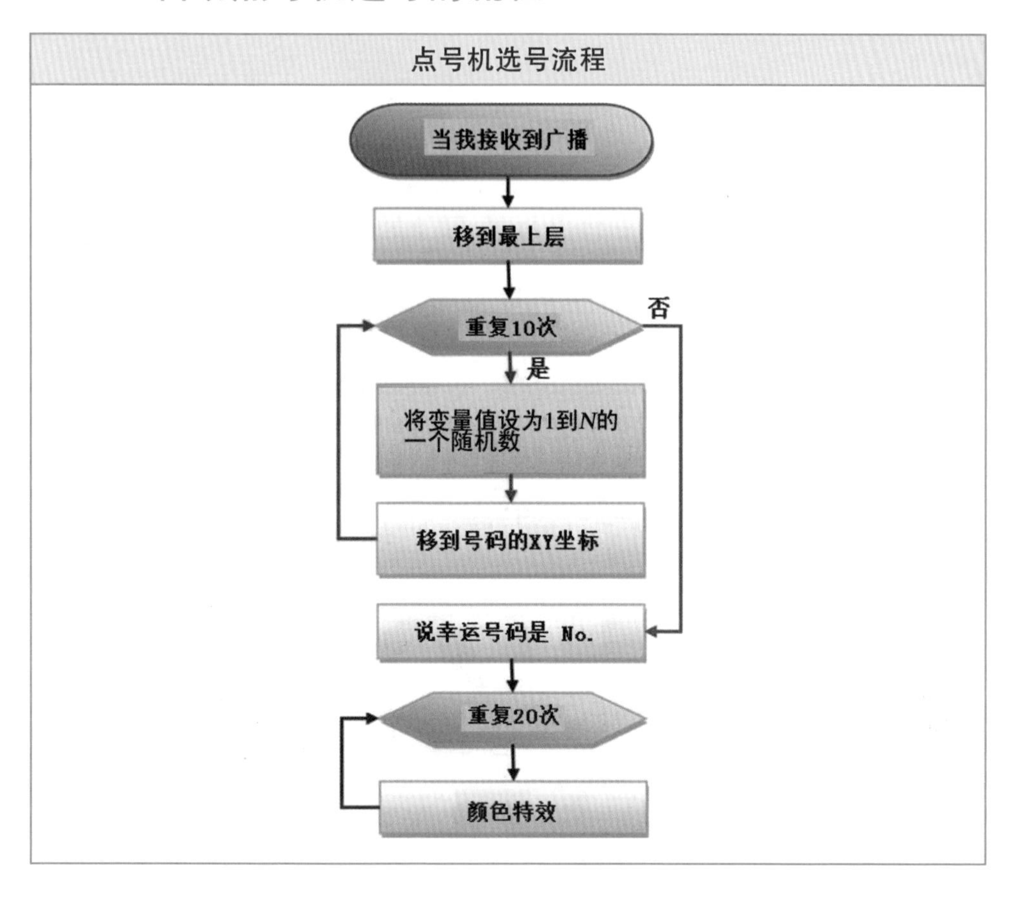

4.2 矢量图、图层与分组

幸运号码为 1~20 号，共 20 个号码。只要画 1 号即可，其余号码利用角色区复制角色及其造型。设计完成“号码”后再设置“图层”与“分组”。

4.2.1 绘图图层与分组

用 Scratch 完成背景或角色造型绘图时，先画的图或文字会放在最下方，第二次画的会放在倒数第二层，按照绘图的顺序从下往上堆砌。画好的绘图组件可以通过单击 上移一层或单击 下移一层来调整图层顺序。

上移一层与下移一层

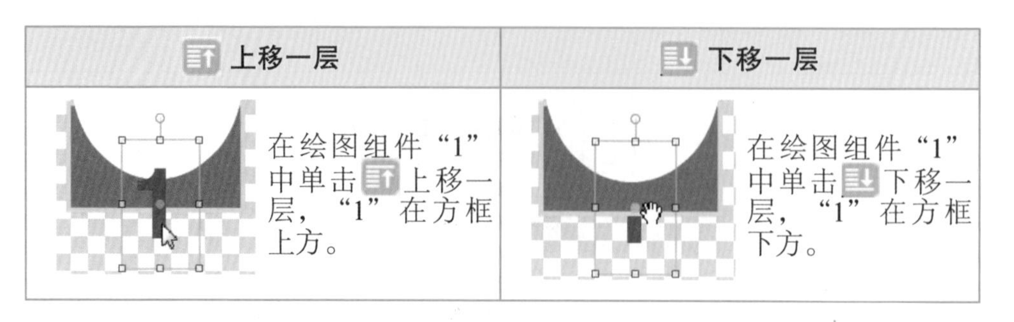

上移一层	下移一层
在绘图组件“1”中单击上移一层，“1”在方框上方。	在绘图组件“1”中单击下移一层，“1”在方框下方。

分组与取消分组

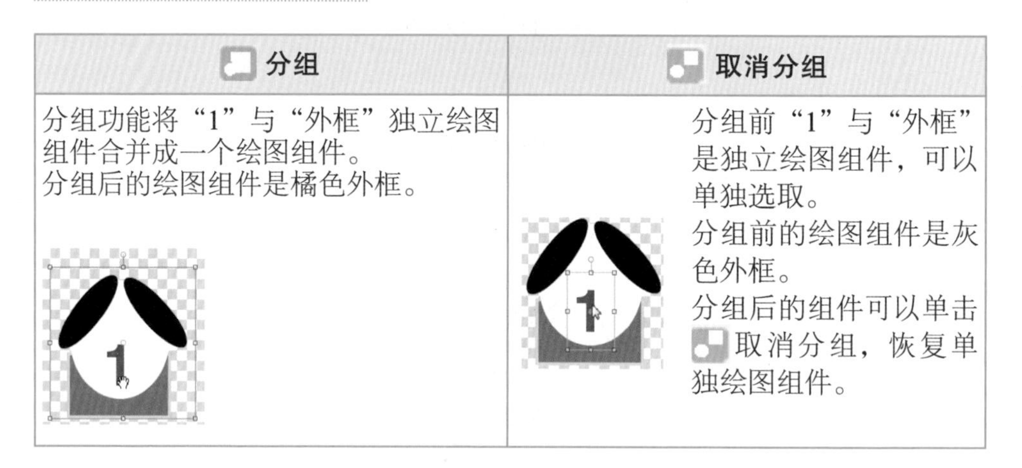

分组	取消分组
分组功能将“1”与“外框”独立绘图组件合并成一个绘图组件。 分组后的绘图组件是橘色外框。	分组前“1”与“外框”是独立绘图组件，可以单独选取。 分组前的绘图组件是灰色外框。 分组后的组件可以单击取消分组，恢复单独绘图组件。

4.2.2 画角色矢量图

绘制“1号”角色

1. 单击【开始 > 所有程序 > Scratch 2.0】启动 Scratch，将猫咪角色删除。
2. 新建角色，单击 绘制新角色，再单击 切换小舞台，选择 转换成矢里编辑模式。
3. 利用绘图工具 【文本】、【矩形】、椭圆、【为形状填充】、【设置造型中心】等绘图功能设计号码“1”的角色。

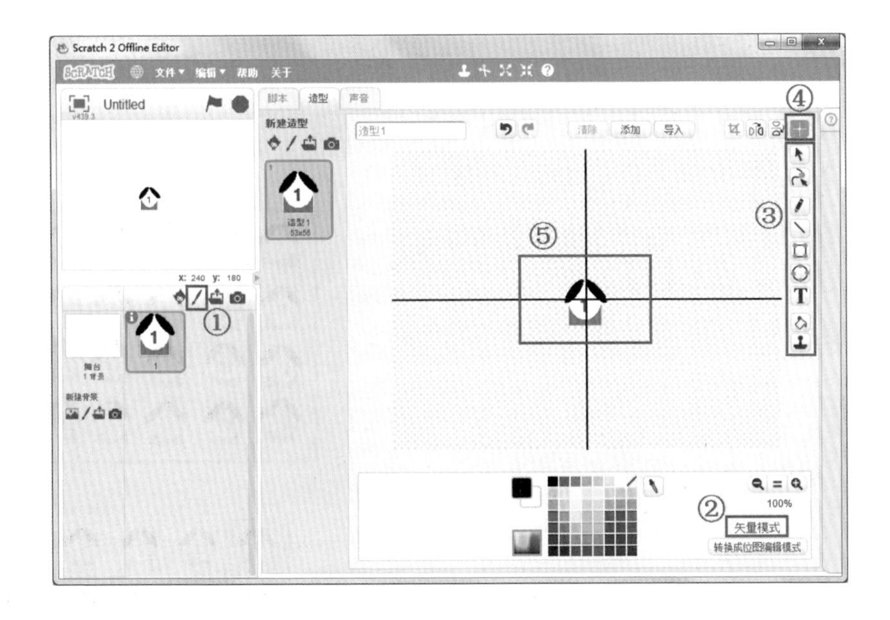

4. 绘制完成，单击 选择工具，按住【Ctrl】键不放，选择“1”与“绘图的所有组件”，再单击 分组。

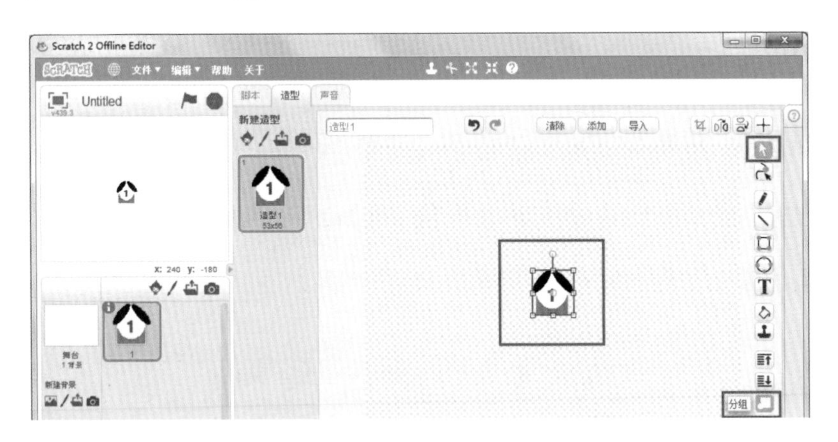

5. 单击 ，然后输入角色名称【1】。

复制角色与编辑造型

1. 用鼠标右键单击【1】角色再单击【复制】命令,复制后的新角色会自动命名为【2】。
2. 选择【2】角色，选择【造型】，单击 T 文本工具，输入【2】。
3. 重复步骤 1~2,设计号码“2~20”的角色。

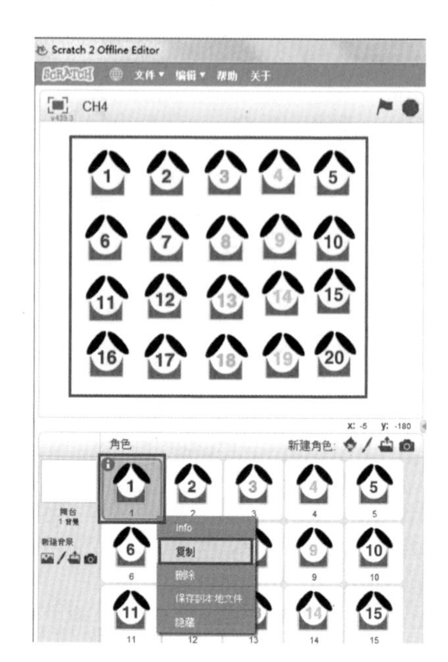

提示

号码“1~20”也可以按照实际情况增减号码的数量。

4. 设计完的号码“1~20”随机或按序排列在舞台上。
5. 保存。

绘制“点号机”角色

“点号机”角色大小与“号码”大小类似，复制“1”角色进行编辑。

1. 用鼠标右键单击【1】角色,再选择【复制】命令,更改角色名称为【点号机】。
2. 单击 🔍，放大绘图区。

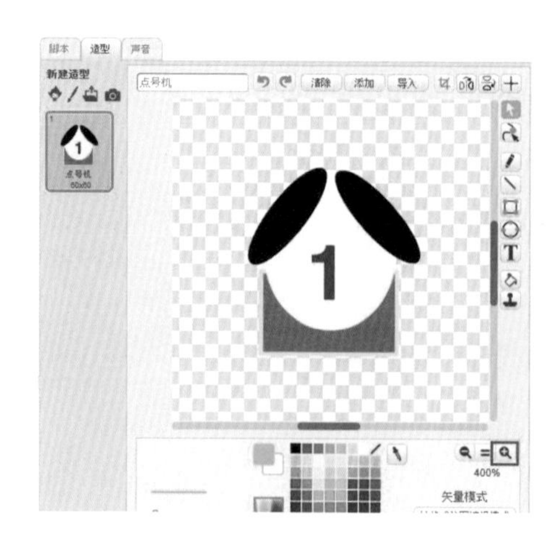

3. 选择【造型】，单击 矩形工具，在“1”角色上画点号机外框。

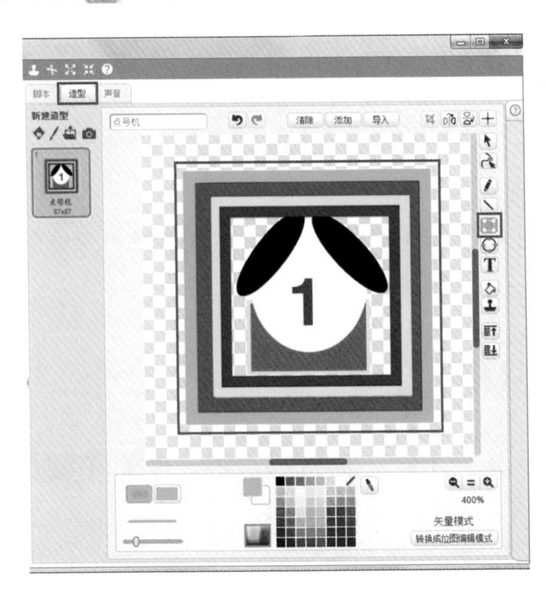

4. 设计完成就将“1”角色删除，再单击 设置造型中心，单击 进行分组。。

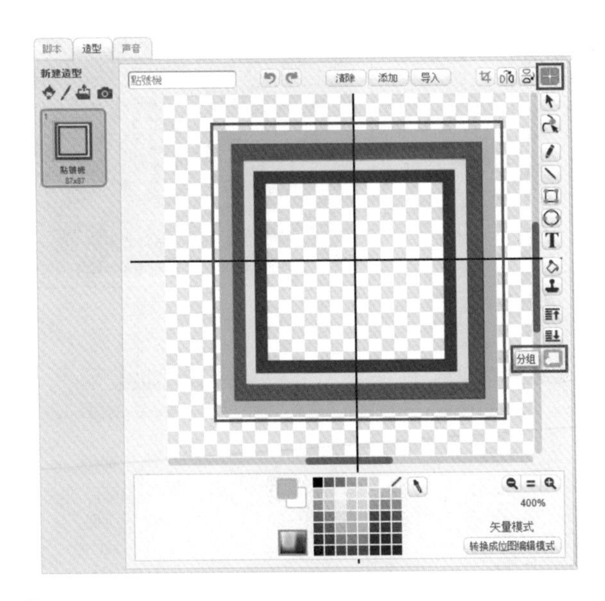

技巧

“点号机”选完幸运号码之后会有特效功能，建议为“点号机”绘制不同颜色的外框。

绘制“开始”角色

利用前面的方法画一个 Start “开始”角色。

提示

1. “开始”角色只能输入“Start”英文。
2. 本书提供的范例文件所在的文件夹中含有所有角色以及造型。

4.2.3 绘制矢量图舞台背景

在【舞台】中单击【绘制新背景】工具，选择 转换成矢量编辑模式 。

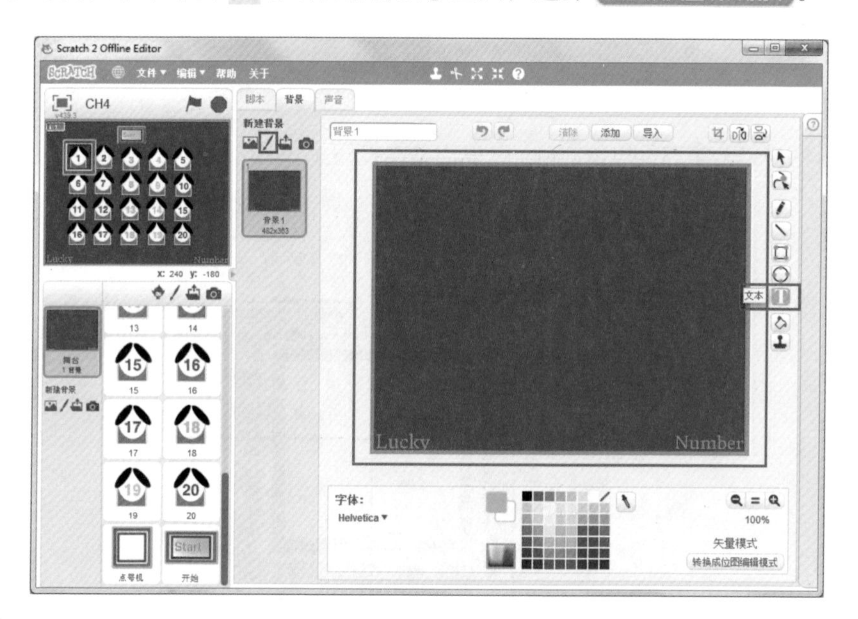

提示

单击 删除空白背景。

4.3 Scratch 与面向对象程序设计

这里介绍 Scratch 程序设计语言与面向对象程序设计。

4.3.1 面向对象程序设计

在第 1 章“八大行星连连看”中，针对“八大行星”拖曳 当角色被点击时 在 1 秒内滑行到 x: 55 y: 63 “当角色被单击时”、“在 1 秒内滑行到 XY”的指令积木，从面向对象程序设计的观点来看，八大行星的指令积木就称为“事件”，“当角色被单击时”事件发生时才启动程序执行“在 1 秒内滑行到 XY”，这就是面向对象程序设计的概念。首先我们要认识面向对象程序设计的组成要素。面向对象程序设计包括对象与类、属性、方法与事件三种概念。

（1）Scratch 对象与类

凡是生活中的物品都可归类为对象（如计算机、手机、鼠标等）都可称为对象。对象如果具备相同的特性就可归纳为同一“类”。从面向对象程序设计的观点来看，Scratch 角色区中的每一个角色（例如 :1~20 号）或舞台背景都是对象，而每一个角色都属于“角色区”类，舞台背景则属于“舞台”类。

（2）Scratch 属性

对象的特性称为属性，比如 Scratch 角色包括造型、声音、图片或文字等，这些都是该角色的属性。

（3）Scratch 方法与事件

在方法与事件中，面向对象程序设计按照“消息传递”来启动程序。当对象收到消息的请求时，它就必须采取适当的方法来响应消息，完成动作。例如，Scratch 角色利用 广播 message1 “广播”传递消息，当其他角色“接收到广播” 当接收到 message1 时启动事件开始执行程序。执行程序的“方法”由 动作 外观 声音 画笔 数据 控制 侦测 数字和逻辑运算 更多模块 指令积木所组成，而启动程序执行的“事件”则是由 事件 指令积木所组成。

4.3.2 面向对象程序设计的特性

面向对象程序设计的特性包括封装性、继承性和多态性。

（1）封装性

将整个对象的数据和处理程序封装起来就称为封装性。Scratch 项目程序保存后成为项目文件（.sb2），此项目必须在安装了 Scratch 2.0 版本的计算机才能够打开。Scratch 项目文件如果经过编译程序转换成可执行文件（.exe）就能够直接执行，而不需要安装 Scratch 程序。编译程序执行编译的过程就是实现具体的封装——将对象的数据和处理程序封装在一起。

（2）继承性

对象拥有类中的部分或全部特性称为继承性。Scratch 的“克隆”指令积木 克隆 自己 具有继承性，当程序执行“克隆自己”时，会在相同“坐标”复制（克隆）一个跟“原角色”一模一样的克隆体角色。

（3）多态性

将消息发送给不同类的对象，每一个对象可以根据其类的特性做出恰当的回应称为多态性。Scratch 的“广播”指令积木 广播 message1 具有多态性，角色利用 广播 message1 “广播消息”给其他角色或舞台，当角色或舞台接收到广播 当接收到 message1 时开始执行程序指令积木。

4.4 广播与自动点号机的设计流程

当“开始”角色被单击时，广播开始。

广播流程的传递方式

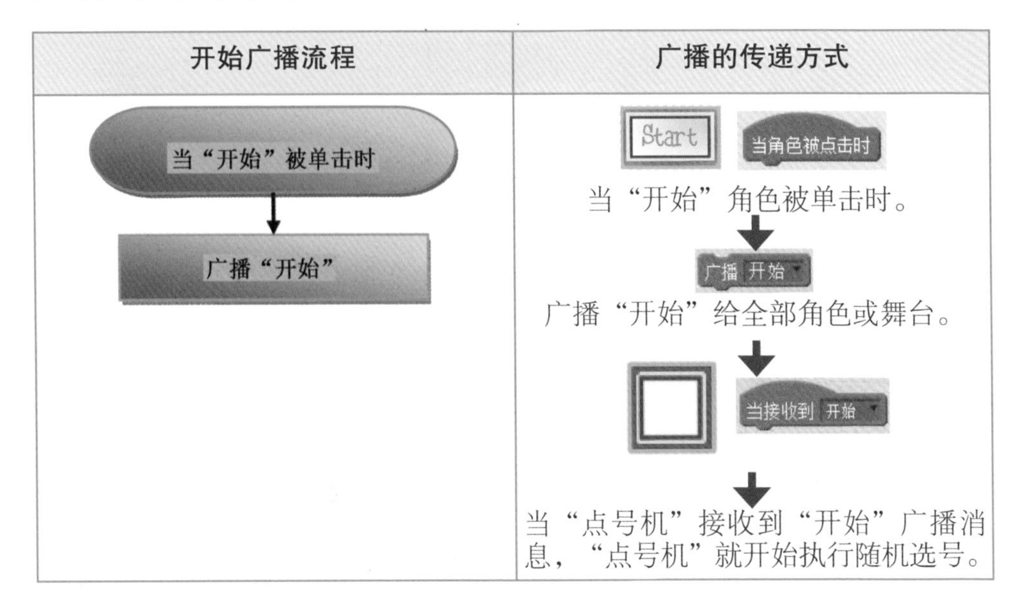

开始广播流程	广播的传递方式
当“开始”被单击时 ↓ 广播“开始”	Start　当角色被点击时 当“开始”角色被单击时。 ↓ 广播 开始 广播“开始”给全部角色或舞台。 ↓ 当接收到 开始 ↓ 当“点号机”接收到“开始”广播消息，“点号机”就开始执行随机选号。

1. 单击 Start【开始】，再单击 脚本 ，选择 事件 ，拖曳 当角色被点击时 。
2. 拖曳 广播 message1 ，单击 ▾ ，再选择【新消息】。
3. 输入【开始】，再单击【确定】。

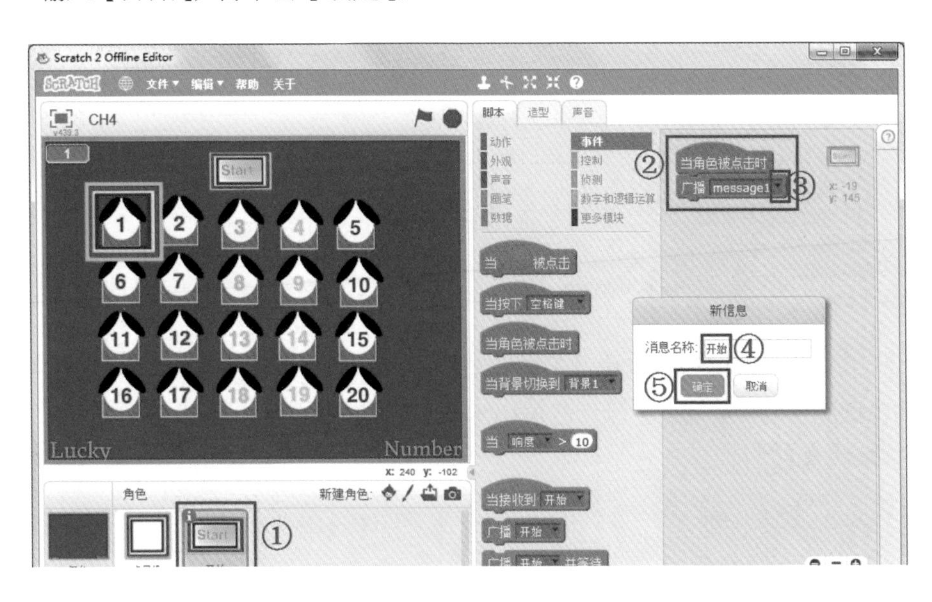

4.5 角色图层

当“点号机”接收到广播之后，开始随机选号、移到“号码”的 XY 坐标位置，并把在号码“显示”在“最上层”。

移至最上层 角色图层的执行方式

下移 1 层 下移一层	移至最上层 上移至最上层
“点号机”下移 1 层，点号机在“号码”下方。	“点号机”移到最上层，点号机在“号码”上方。

1. 选择 点号机 “点号机”角色，拖曳 当接收到 开始 与 移至最上层。
2. 拖曳 重复执行 10 次 与 移到 x: 0 y: 0。

技巧

重复执行 10 次影响点号机选择号码的次数，如果想延长点号机选号的时间，就增加执行的次数。

4.6 认识常数与变量

利用数据的变量功能新建一个已经选出幸运号码的变量。幸运号码是“1~20”中随机选出来的数，因此，每一次选出来的号码都不一样，可以新建一个“变量：NO”来代表它。

4.6.1 认识常数与变量

用 Scratch 设计程序时，经常拖曳 连接 hello world 、将x坐标增加 10 、 Y > 0 或 将变量 题号 的值增加 1 等指令积木，这类指令积木的共同点是允许用户输入数据到“hello”、“world”、“10”、“0”或“1”所在的字段中。这些数据在计算机内存中处理的过程中分为常数与变量，首先我们认识一下什么是常数与变量。

常数

常数（Constant）的值不会随着程序的执行而变化。常数又分为数值常数与字符串常数。

1. 数值常数是由0~9所组成的数值，比如 将x坐标增加 10 、 Y > 0 或 将变量 题号 的值增加 1 指令积木中的“10”、“0”和“1”。
2. 字符串常数由“0~9”、“汉字字符”、“英文字符”或“符号”所组成，比如 连接 hello world 指令积木中的“hello”及“world”。

变量

变量（Variable）的数据内容会因程序的执行而变动，是一种内容不固定的数据项，因此需要创建一个变量名称，用于暂存计算机内部变量的值，比如 将变量 题号 的值增加 1 指令积木中“题号”就是“变量名称”。

本章将介绍变量，而常数将在本书第6章深入介绍。

4.6.2 新建变量

Scratch 数据 指令积木中利用 新建变量 来产生变量。当变量创建成功之后，Scratch 会自动产生该变量相关功能的指令积木。例如，新建一个变量 No ，“NO 变量”创建成功之后，Scratch 会自动产生变量相关功能的指令积木。

- ❖ No：勾选时，在舞台显示 No 变量。
- ❖ No：未勾选时，在舞台隐藏 No 变量。
- ❖ 将变量 No 的值增加 1：将 No 变量值加 1。
- ❖ 将 No 设定为 0：设定 No 变量的值。
- ❖ 显示变量 No：在舞台显示 No 变量值。
- ❖ 隐藏变量 No：在舞台隐藏 No 变量值。

舞台变量名称的显示方式有三种

- ❖ No 0：正常显示（normal readout）。
- ❖ 0：大屏幕显示（large readout）。
- ❖ No 0：滑杆。

点号机随机选号“No”

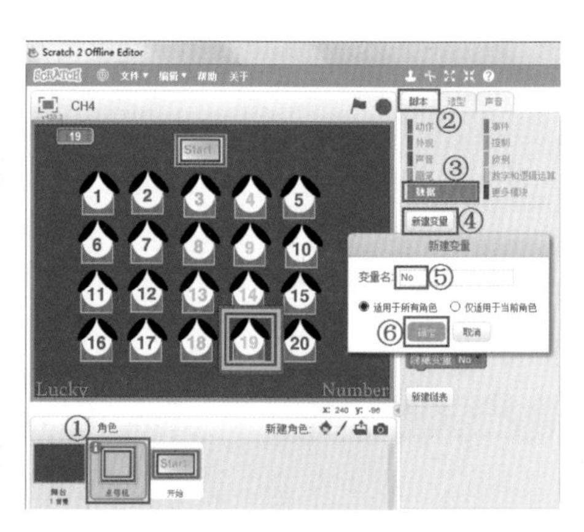

1. 选择【点号机】，单击 脚本，再单击 数据。
2. 单击 新建变量，将变量名称设为【No】，再单击【确定】。
3. 用鼠标右键单击 No 0，选择【大屏幕显示】。

提示

新建变量成功之后，屏幕左上角自动显示 No 0。

“No”变量创建成功之后，Scratch 会自动产生“No”变量相关功能的指令积木。

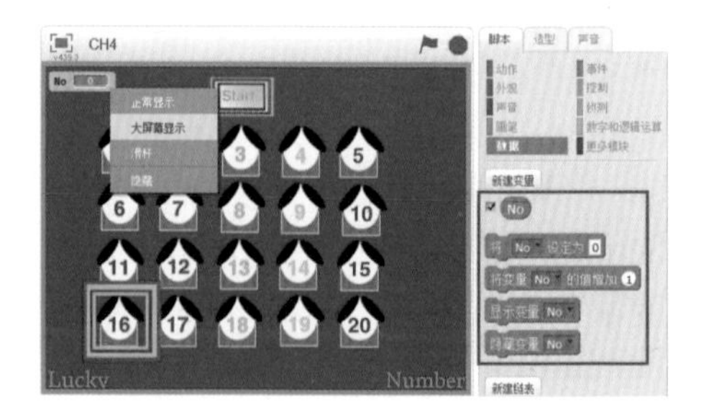

4. 拖曳 将 No 设定为 0 到 重复执行 10 次 内层。

5. 单击 数字和逻辑运算，拖曳 在 1 到 10 间随机选一个数，输入【1】到【20】。

4.7 侦测角色 XY 坐标

点号机先侦测“1~20”号码的坐标，再移到选中的幸运号码“No”的 XY 坐标。

4.7.1 侦测角色信息

x座标 of 点号机 侦测角色相关信息

x座标 of 点号机（x座标、y座标、方向、造型 #、造型名称、大小）	侦测角色的 X 坐标、Y 坐标、方 向、造型编号、造型名称、大小及音量等角色相关的信息。
移到 x: x座标 of No y: y座标 of No	侦测选出号码“No”的 X 坐标与 Y 坐标，即移到选出号码“No”的位置。

移到选中的幸运号码“No”的XY坐标

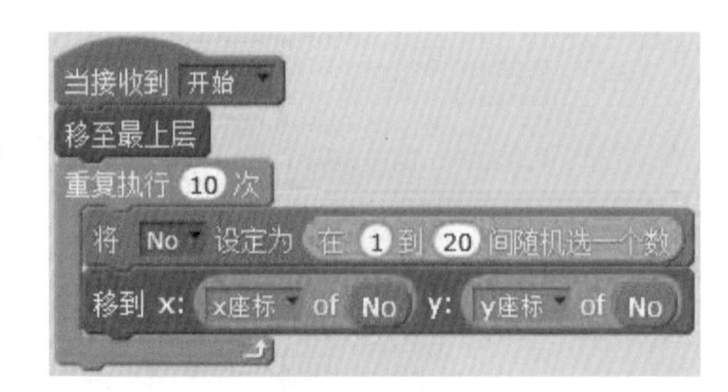

1. 拖曳 x座标 of 点号机 。
2. 单击 数据，拖曳 No 到“点号机” x座标 of No 。
3. 将 x座标 of No 拖曳到 移到 x: 0 y: 0 的 *X* 位置。
4. 仿照步骤1~3拖曳 *Y* 坐标 移到 x: x座标 of No y: y座标 of No 。

4.7.2 说幸运号码及特效

选中幸运号码时，说：“幸运号码是No”并显示特效。

连接 hello world 连接字符串的方法

连接 hello world	将“hello”和“world”两个字符串连接起来并显示成“helloworld”。

说：“幸运号码是No”

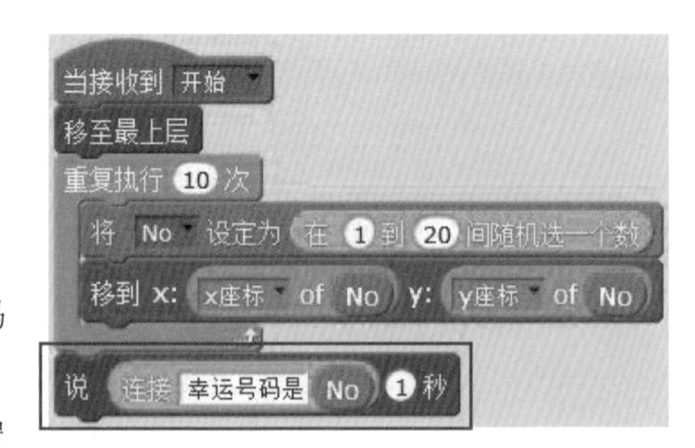

1. 拖曳 说 Hello! 2 秒 。
2. 单击 数字和逻辑运算，拖曳 连接 hello world 。
3. 在【hello】中输入【幸运号码是】。
4. 拖曳 No 到【world】位置 连接 幸运号码是 No 。
5. 将 连接 幸运号码是 No 拖曳到“说”的位置，输入【1】秒 说 连接 幸运号码是 No 1 秒 。
6. 将 说 连接 幸运号码是 No 1 秒 拖曳到重复执行10次下方。

显示特效

1. 拖曳 重复执行 10 次 到“说”的下方，输入【20】。

2. 拖曳 将 颜色 特效增加 25 到 重复执行 10 次 内层。

3. 拖曳 将 颜色 特效设定为 0 到 当接收到 开始 下方。

技巧

将 颜色 特效设定为 0 在开始执行时，将颜色特效还原成默认值。

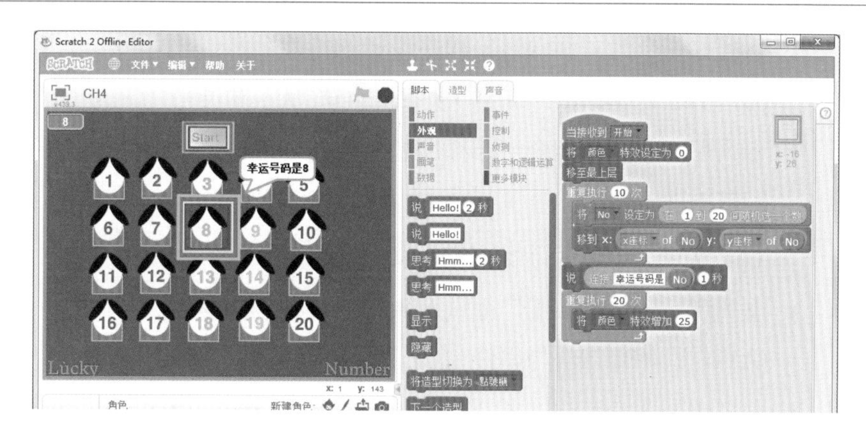

4. 单击 切换到全屏幕，单击 ，选择“开始”角色，检查“点号机”是否自动选号并说：“幸运号码是……”，再产生颜色特效。

5. 选择菜单【文件 > 保存】。

提示

“重复执行颜色特效”的指令积木会让系统重复执行永不停止，这样会降低系统的效率，因此使用“重复执行 20 次”颜色特效。

提示

单击 退出全屏幕，单击 停止程序的执行。

课后练习

一、选择题

1. (　　) 下列哪一个绘图工具可以将绘图组件设置到“分组”中？

   (A)　(B)　(C)　(D)

2. (　　) 下列哪一个指令积木可以“传递广播消息”给舞台或其他角色？

   (A) 广播 message1　(B) 当接收到 开始　(C) 当角色被点击时　(D) 当 被点击

3. (　　) 下列哪一个指令积木可以“接收”角色广播的消息？

   (A) 广播 message1　(B) 当接收到 开始　(C) 当角色被点击时　(D) 当 被点击

4. (　　) 下列哪一个为“面向对象程序设计的特性”？

   (A) 封装性　(B) 继承性　(C) 多态性　(D) 以上都是

5. (　　) 下列哪一个的内容会“因程序的执行而变动”，是一种内容不固定的数据项？

   (A) 数值　(B) 字符串　(C) 常数　(D) 变量

6. (　　) 下列哪一个“不属于”面向对象程序设计的概念？

   (A) 属性　(B) 方法与事件　(C) 变量　(D) 对象与类

7. (　　) 下列哪一个的内容“不会”随着程序的执行而变化？

   (A) 数值　(B) 字符串　(C) 常数　(D) 变量

8. (　　) 下列哪一个指令积木可以“还原特效”？

   (A) 将 颜色 特效设定为 0　(B) 将 超广角镜头 特效设定为 0

   (C) 清除所有图形特效　(D) 以上皆是

9. (　　) 下列哪一个指令积木可以“侦测角色坐标”？

   (A) x座标 of Sprite1　(B) 计时器　(C) 鼠标的x坐标　(D) 到 的距离

10. (　　) 说 连接 幸运号码是 No 1 秒 指令积木的执行结果是什么？

    (A) 说：“幸运号码是 NO”　(B) 连接幸运号码 NO

    (C) 在舞台显示幸运号码 NO　(D) 说：“连接幸运号码是和 NO”

延伸练习

二、实践题

1. 请将“1~20”号码随机排列,检查“点号机”是否按照“号码”坐标选号。

2. 将执行20次颜色特效更改为“重复执行”,比较二者有何差异。

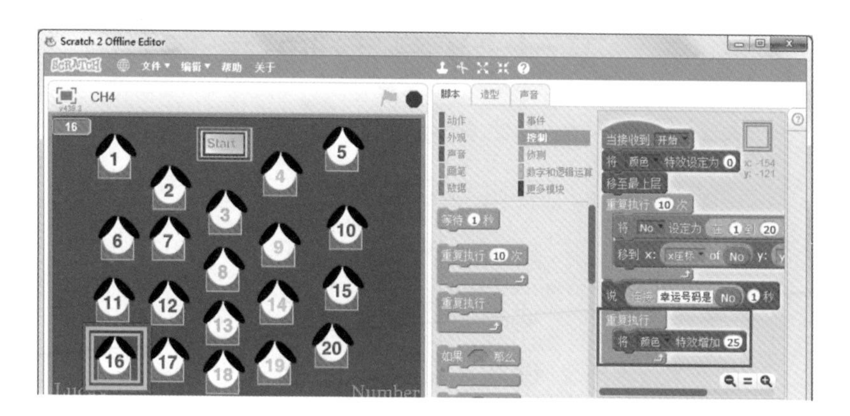

5 天才演奏家弹奏音符

简介

本章将利用循环结构（Scratch中也叫重复结构）、变量与弹奏音符，设计弹奏乐器的方式。弹奏乐器的方式包括键盘按下弹奏音符、单击一下比萨斜塔弹奏音符或弹奏鸽敲击，而弹奏乐器种类选择方式包括滑杆拖曳选择、角色选择比萨斜塔的乐器名称或直接输入21种乐器的声音。

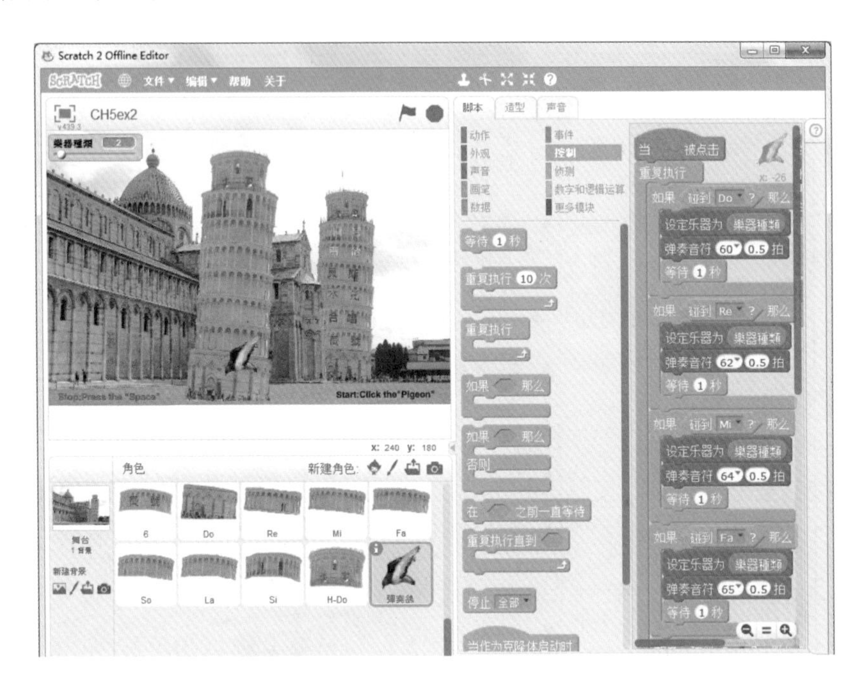

本章学习目标

完成本章节练习，将可学习到下列功能：

- 能够理解“声音”的弹奏、设置及播放方式。
- 能够导出或导入角色及造型。
- 能够应用“事件”设计启动弹奏乐器的方式。
- 能够应用变量概念及侦测功能设定乐器种类。
- 能够应用不同指令积木类型设计多种弹奏音符的方式。

5.1 脚本规划

程序设计前先规划与舞台、比萨斜塔角色、弹奏鸽角色、琴音种类变化相关的动画内容以及 Scratch 指令积木脚本。

天才演奏家弹奏音符脚本规划

舞台	角色	动画情景	Scratch 指令积木
舞台	比萨斜塔 Do、Re、Mi、Fa、So、La、Si、H-Do 8 个角色	▪ 单击一下弹奏琴音	▪ 事件 当角色被单击时 ▪ 声音 设定乐器、弹奏音符
		▪ 弹奏鸽单击一下比萨斜塔弹奏琴音	▪ 控制 如果 ▪ 侦测 碰到 ▪ 声音 设定乐器、弹奏音符
		▪ 键盘输入弹奏琴音	▪ 控制 如果 ▪ 侦测 键盘输入 ▪ 声音 设定乐器、弹奏音符
		▪ 乐器种类设置	▪ 数据 乐器种类变量
	弹奏鸽	▪ 跟着鼠标指针移动	▪ 动作 移到鼠标指针 ▪ 外观 移到最上层
	6 种乐器种类：木笛、人声合唱、低音、长号、钢琴、吉他	▪ 单击一下乐器种类，播放乐器声音	▪ 事件 当角色被单击时 ▪ 数据 乐器种类变量

*脚本规划前建议使用本书附录C中提供的表格，将个人想法填入“我的创意规划”。

5.2 导出与导入角色及造型

5.2.1 Scratch 角色或造型的导出或导入

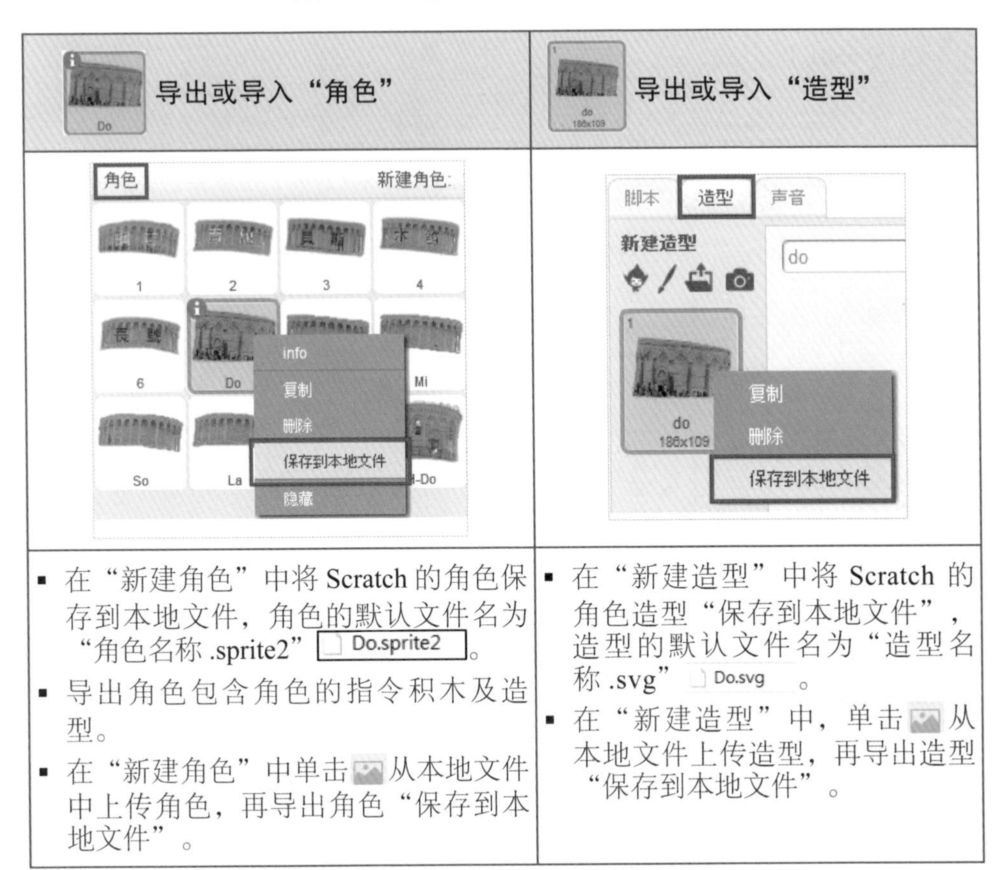

导出或导入“角色”	导出或导入“造型”
▪ 在“新建角色”中将 Scratch 的角色保存到本地文件，角色的默认文件名为“角色名称 .sprite2” Do.sprite2 。 ▪ 导出角色包含角色的指令积木及造型。 ▪ 在“新建角色”中单击 从本地文件中上传角色，再导出角色“保存到本地文件”。	▪ 在“新建造型”中将 Scratch 的角色造型“保存到本地文件”，造型的默认文件名为“造型名称 .svg” Do.svg 。 ▪ 在“新建造型”中，单击 从本地文件上传造型，再导出造型“保存到本地文件”。

5.2.2 导入角色与背景

角色与背景布置：(1) 弹奏鸽放在固定位置，单击一下跟着鼠标移动；(2)“Do~H-Do”比萨斜塔的琴键按序排列；(3) 6 种乐器种类将设计为比萨斜塔的 1 至 6 楼，单击一下，变换乐器种类；(4) 也可以按照自己选择背景的差异进行不同的设计。

从本地文件中上传背景

1. 选择【开始 > 所有程序 > Scratch 2.0】启动 Scratch，将猫咪角色删除。

2. 在“舞台”中单击 从本地文件中上传背景，选择【/ 范例文件 / 图库 / CH5/ b501】。

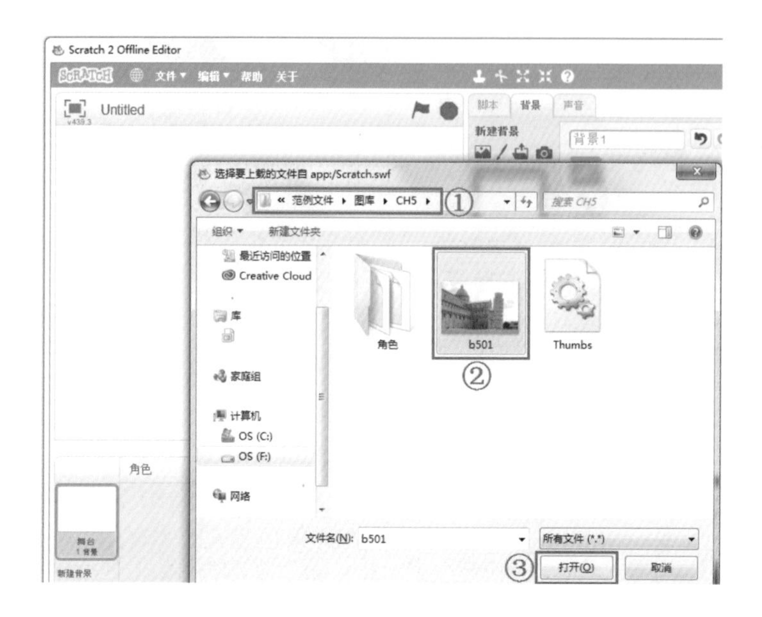

从本地文件中上传角色

1. 在“新建角色”中单击 从本地文件中上传角色，找到本书提供的范例文件所在的文件夹，选择【/ 范例文件 / 图库 / CH5 / 角色】。

2. 选取【1】，拖曳到比萨斜塔上方第 7 楼。

3. 重复步骤，按序将“2 ~ 6”从上往下堆砌。

4. 仿照步骤 1 ~ 3，按序用“Do~H-Do”角色从下往上“堆砌搭建”，组成另一个比萨斜塔。

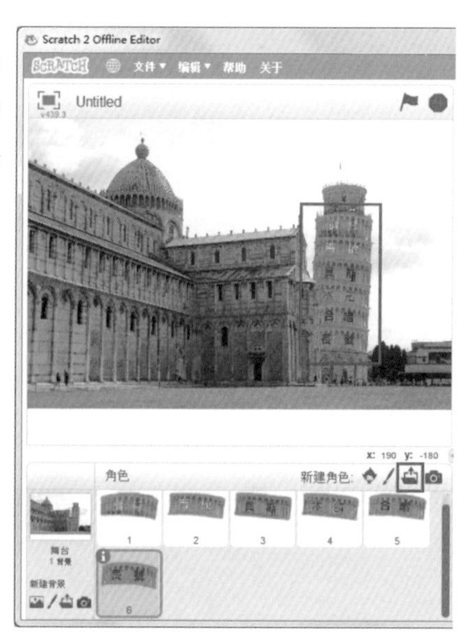

5. 打开“弹奏鸽”角色，将造型中心设置在鸽子的嘴巴上。

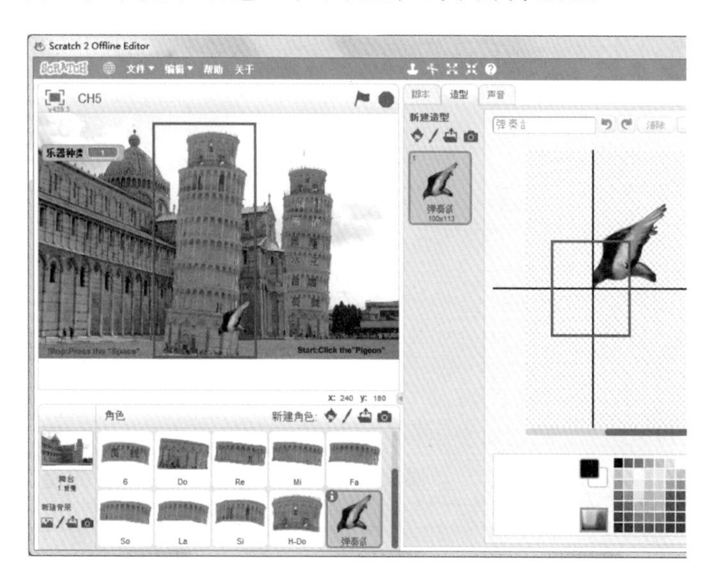

5.2.3 添加背景文字

在背景图中添加操作说明文字。注意，背景文字只能输入英文。

选择【舞台】，单击【背景】标签，再单击 T 文本工具，输入【Start: " Click the Pigeon " 】(开始 : 单击一下弹奏鸽)、【Stop: " Press the space " 】(停止 : 按空格键)。

5.3 单击一下弹奏音符

当"Do~H-Do"被单击一下时就弹奏"Do~H-Do"音符。

弹奏音符对照表

Do	Re	Mi	Fa	So	La	Si	H-Do
(60)C	(62)D	(64)E	(65)F	(67)G	(69)A	(71)B	(72)C

弹奏乐器音符指令积木

设定乐器	弹奏音符	弹奏鼓声
设定乐器为 1	弹奏音符 60 0.5 拍	弹奏鼓声 1 0.25 拍
设定乐器种类，总共有 21 种乐器声音	弹奏低音"Do~Si"、中音"Do~Si"及高音"Do"	设置鼓声及其他乐器，总共 18 种乐器声音

当"Do"被单击一下就弹奏"Do"音符

鼠标单击的弹奏流程

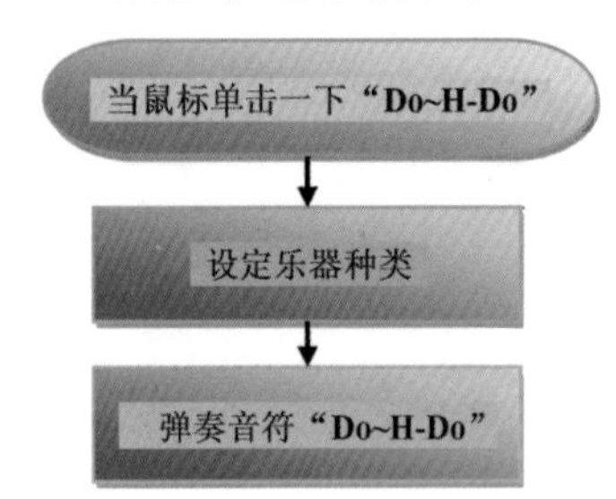

1. 选择【Do】角色，单击 脚本 标签，再单击 事件，拖曳 当角色被点击时 到程序区。
2. 拖曳 设定乐器为 1 与 弹奏音符 60 0.5 拍。
3. 用鼠标在舞台"Do"上单击一下，检查是否弹奏音符"Do"。

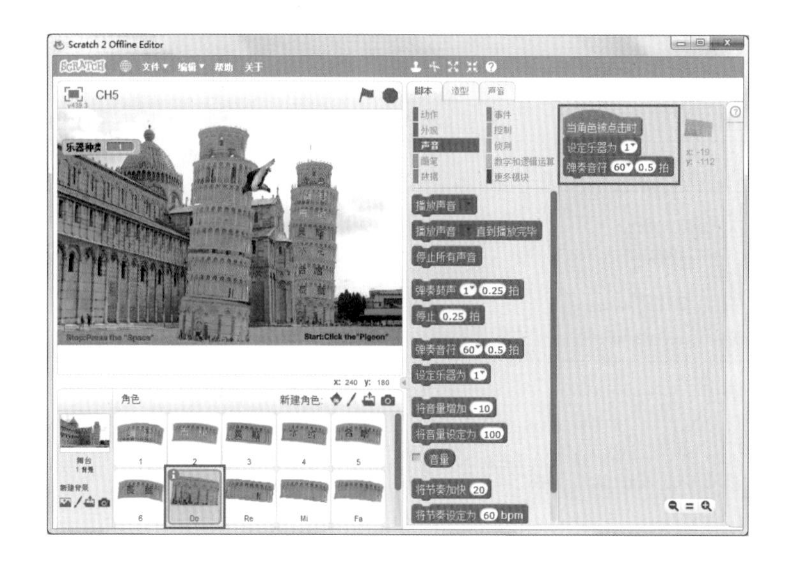

❖ 仿照步骤 1~3 设计“Re~H-Do”角色弹奏音符“Re~H-Do”的指令积木。

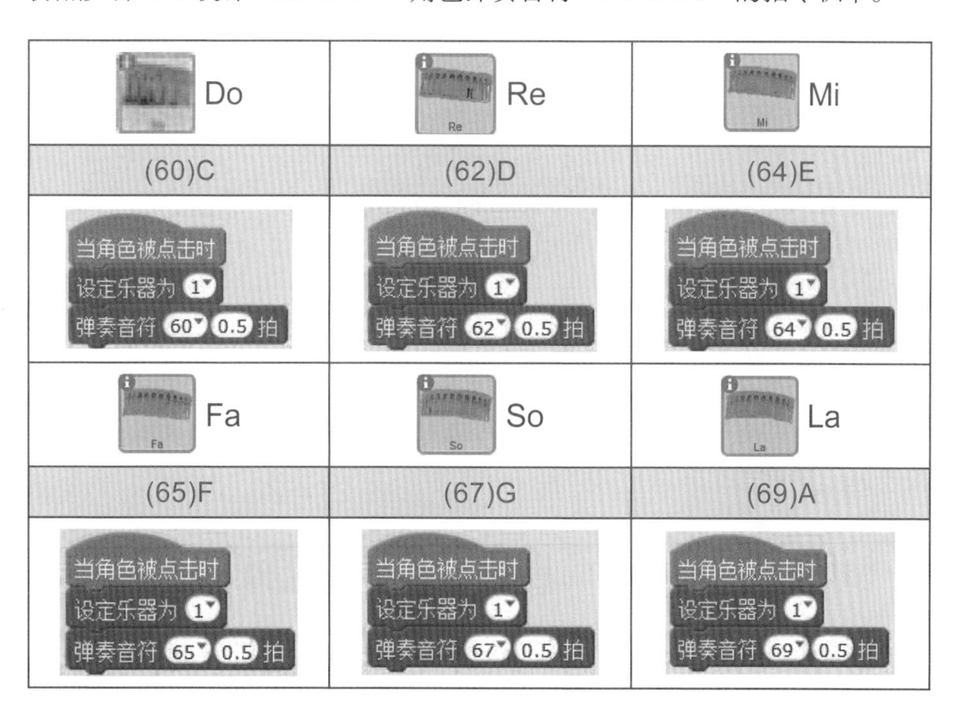

Do	Re	Mi
(60)C	(62)D	(64)E
当角色被点击时 设定乐器为 1 弹奏音符 60 0.5 拍	当角色被点击时 设定乐器为 1 弹奏音符 62 0.5 拍	当角色被点击时 设定乐器为 1 弹奏音符 64 0.5 拍
Fa	So	La
(65)F	(67)G	(69)A
当角色被点击时 设定乐器为 1 弹奏音符 65 0.5 拍	当角色被点击时 设定乐器为 1 弹奏音符 67 0.5 拍	当角色被点击时 设定乐器为 1 弹奏音符 69 0.5 拍

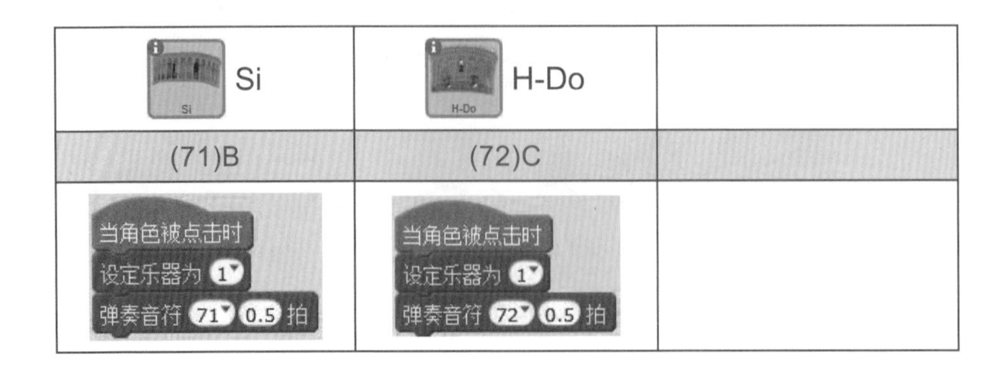

Si	H-Do	
(71)B	(72)C	
当角色被点击时 设定乐器为 1 弹奏音符 71 0.5 拍	当角色被点击时 设定乐器为 1 弹奏音符 72 0.5 拍	

5.4 侦测碰到弹奏音符

当弹奏鸽碰到“Do~H-Do”就弹奏“Do~H-Do”音符。

碰到 ? 碰到指令积木执行方式

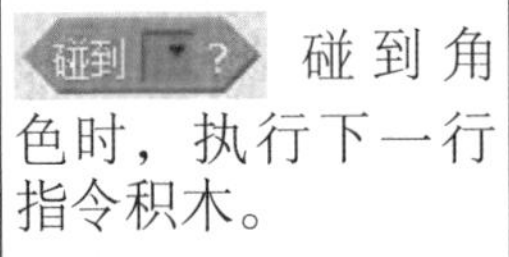 碰到角色时，执行下一行指令积木。	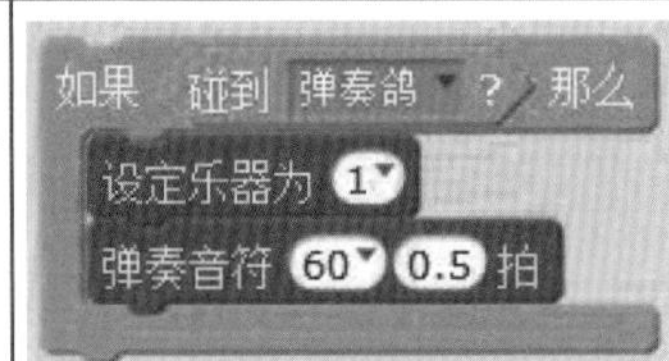	判断是否 <碰到弹奏鸽> 若“是”，则设定乐器弹奏音符。

5.4.1 设定弹奏鸽移到鼠标指针

在弹奏鸽被单击一下之后，弹奏鸽就跟着鼠标的指针移动，这样就可以使用弹奏鸽单击比萨斜塔来弹奏了。

1. 选择 弹奏鸽 “弹奏鸽”，单击 事件，拖曳 当角色被点击时。
2. 拖曳 重复执行。
3. 拖曳 移到 鼠标指针。
4. 单击一下“弹奏鸽”，检查是否跟着鼠标移动。

5.4.2 停止弹奏鸽跟着鼠标指针移动

当按“空格键”时，让弹奏鸽停止跟着鼠标的指针移动。

1. 单击 事件，拖曳 当按下 空格键，单击 控制，拖曳 停止 全部。
2. 按“空格键”检查弹奏鸽是否停止随着鼠标指针移动。

5.4.3 弹奏鸽角色图层

弹奏时，将弹奏鸽的图层移到最上层。

选择 弹奏鸽 “弹奏鸽”，拖曳 当角色被点击 与 移至最上层。

5.4.4 当弹奏鸽碰到“Do~H-Do”弹奏音符

1. 选择 Do【Do】角色，拖曳 当角色被点击 与 重复执行。
2. 拖曳 如果 那么 到 重复执行 内层。
3. 拖曳 碰到 ?，选择【弹奏鸽】。
4. 拖曳 设定乐器为 1 与 弹奏音符 60 0.5 拍。
5. 等待 1 秒。
6. 单击 ⚑，再单击一下“弹奏鸽”，然后在舞台“Do”上点一下，检查是否弹奏音符“Do”。
7. 仿照步骤 1~5，复制指令积木 到“Re~H-Do”，将弹奏音符按序改为“Re~H-Do”。

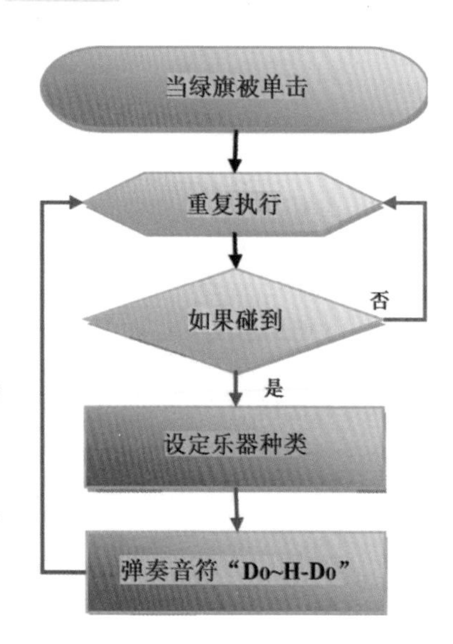

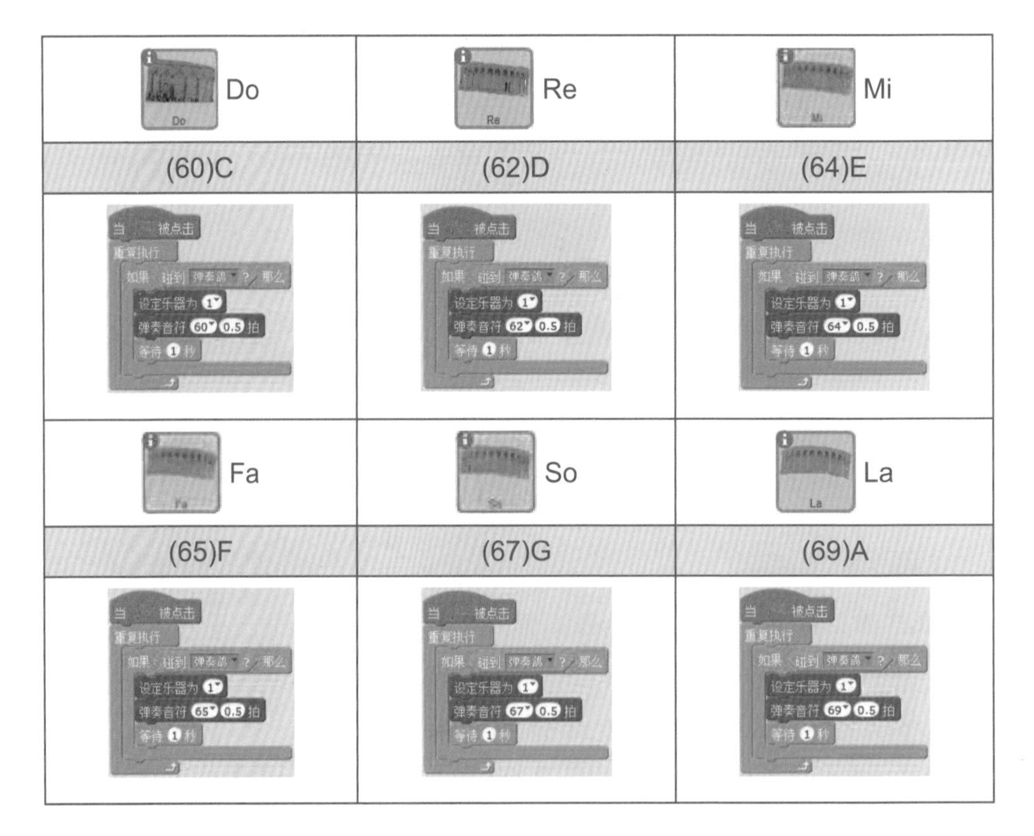

Do	Re	Mi
(60)C	(62)D	(64)E
当 被点击 重复执行 如果 碰到 弹奏器 ? 那么 设定乐器为 1 弹奏音符 60 0.5 拍 等待 1 秒	当 被点击 重复执行 如果 碰到 弹奏器 ? 那么 设定乐器为 1 弹奏音符 62 0.5 拍 等待 1 秒	当 被点击 重复执行 如果 碰到 弹奏器 ? 那么 设定乐器为 1 弹奏音符 64 0.5 拍 等待 1 秒
Fa	So	La
(65)F	(67)G	(69)A
当 被点击 重复执行 如果 碰到 弹奏器 ? 那么 设定乐器为 1 弹奏音符 65 0.5 拍 等待 1 秒	当 被点击 重复执行 如果 碰到 弹奏器 ? 那么 设定乐器为 1 弹奏音符 67 0.5 拍 等待 1 秒	当 被点击 重复执行 如果 碰到 弹奏器 ? 那么 设定乐器为 1 弹奏音符 69 0.5 拍 等待 1 秒

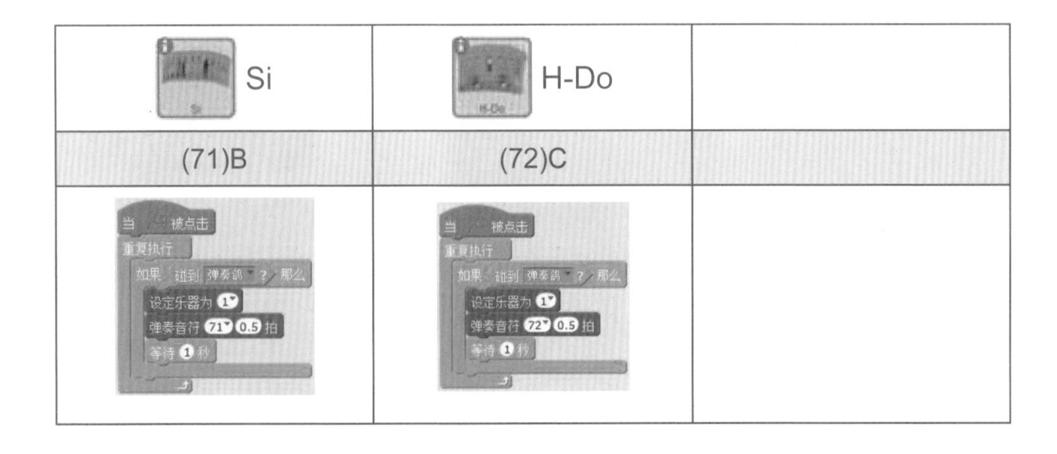

Si	H-Do	
(71)B	(72)C	
当 被点击 重复执行 如果 碰到 弹奏鸽 ? 那么 设定乐器为 1 弹奏音符 71 0.5 拍 等待 1 秒	当 被点击 重复执行 如果 碰到 弹奏鸽 ? 那么 设定乐器为 1 弹奏音符 72 0.5 拍 等待 1 秒	

5.5 设定乐器种类变量

设定21种弹奏乐器变量。

5.5.1 创建乐器种类变量

1. 单击 脚本 ，选择 数据 。
2. 单击 新建变量 ，将变量名称设为【乐器种类】，再单击【确定】按钮。
3. 用鼠标右键单击 乐器种类 0 ，选择 滑杆 。
4. 用鼠标右键单击 乐器种类 0 ，选择“设置滑块的最小值和最大值”。
5. 在“滑杆值范围”中输入最小值【1】、最大值【21】，再单击【确定】按钮。

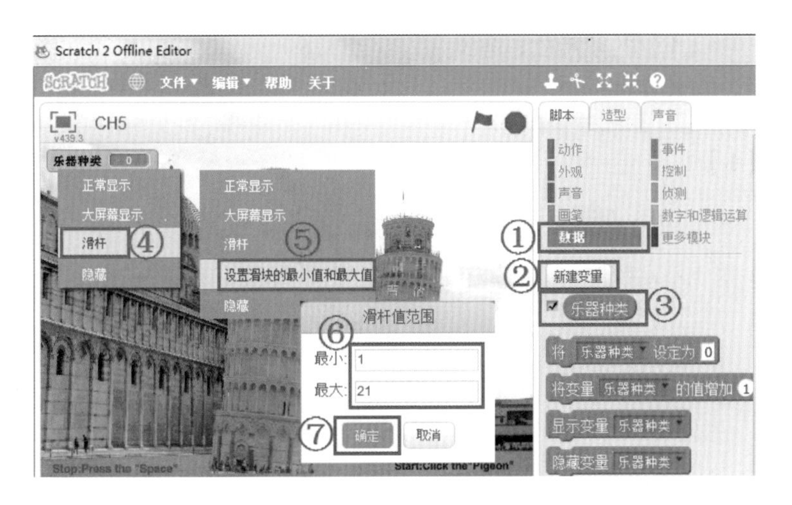

5.5.2 利用变量设定乐器种类

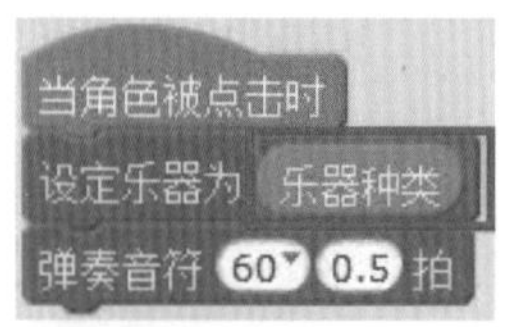

拖曳滑杆设定乐器种类，弹奏不同乐器音符。

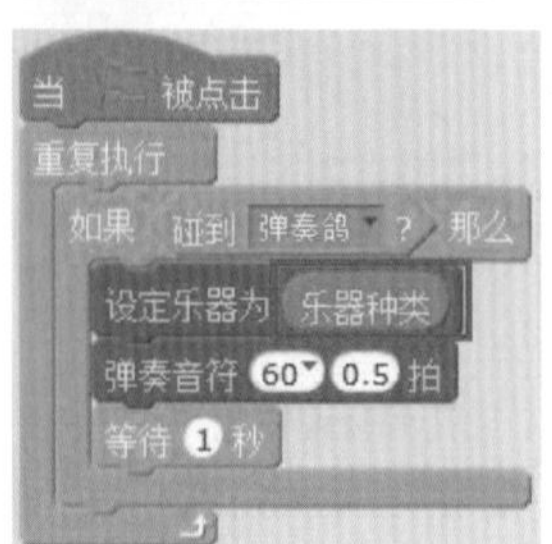

1. 选择【Do】，拖曳 乐器种类 到 设定乐器为 1。
2. 重复步骤 1,将 乐器种类 拖曳到其他角色【Re】、【Mi】、【Fa】、【So】、【La】、【Si】、【H-Do】的 设定乐器为 1。
3. 先拖曳滑杆选择乐器，再单击 ⚑ 或单击一下弹奏鸽，检查乐器种类是否随着变量名称而改变。

5.5.3 单击一下角色设定弹奏乐器

设置通过单击来设定的 6 种弹奏乐器。

设定乐器为 1 设定乐器种类

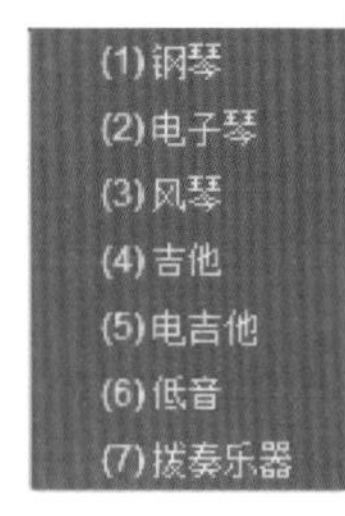
(1)钢琴
(2)电子琴
(3)风琴
(4)吉他
(5)电吉他
(6)低音
(7)拨奏乐器

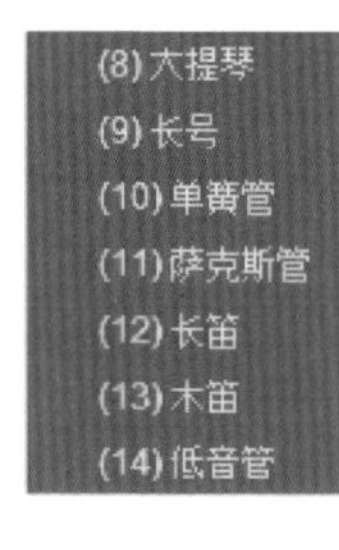
(8)大提琴
(9)长号
(10)单簧管
(11)萨克斯管
(12)长笛
(13)木笛
(14)低音管

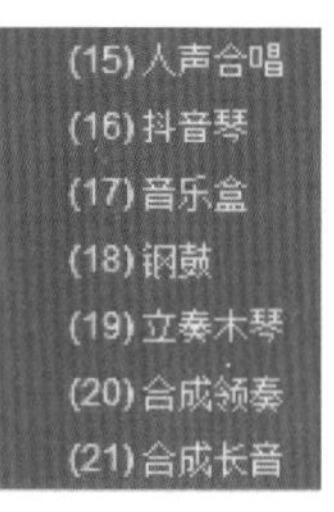
(15)人声合唱
(16)抖音琴
(17)音乐盒
(18)钢鼓
(19)立奏木琴
(20)合成领奏
(21)合成长音

1. 选择【1】钢琴角色，拖曳 当角色被点击时 与 将 乐器种类 设定为 0。
2. 输入【1】。

3. 单击一下墙面的 ，检查乐器种类是否为钢琴。
4. 仿照步骤 1~3，按序设定“2~6”角色的乐器种类。

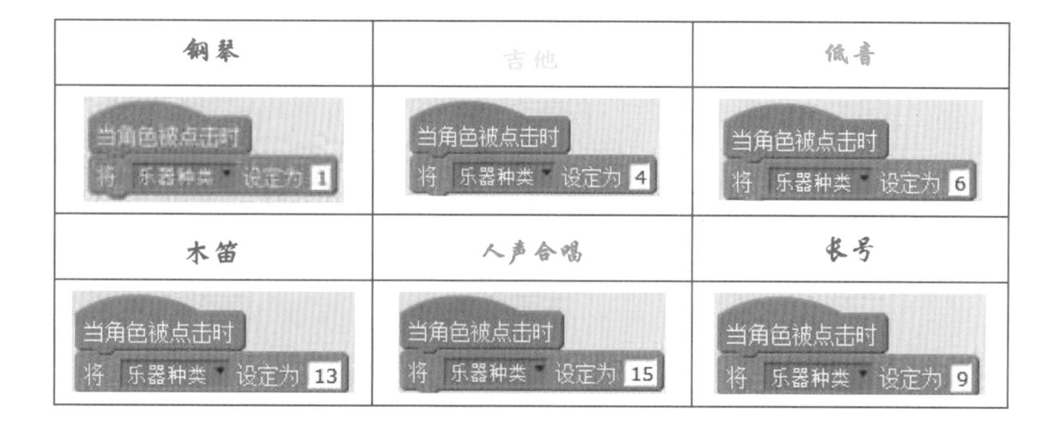

钢琴	吉他	低音
当角色被点击时 将 乐器种类 设定为 1	当角色被点击时 将 乐器种类 设定为 4	当角色被点击时 将 乐器种类 设定为 6
木笛	人声合唱	长号
当角色被点击时 将 乐器种类 设定为 13	当角色被点击时 将 乐器种类 设定为 15	当角色被点击时 将 乐器种类 设定为 9

5.6 询问与回答

从键盘输入弹奏乐器种类，询问："请输入乐器或拖曳滑杆选择乐器种类"。

5.6.1 设置询问与回答

询问 What's your name? 并等待 与 回答 执行步骤

1. 提出问题 询问 请输入乐器或拖曳滑杆选择乐器种类 并等待，并等待回答。
2. 键盘输入回答：21。
3. 回答 21 ：将输入的数据暂时存放在"回答"积木中，回答等于21。

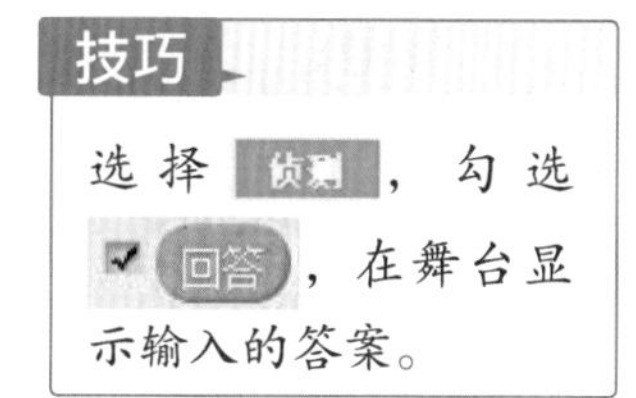

技巧

选择 侦测，勾选 回答，在舞台显示输入的答案。

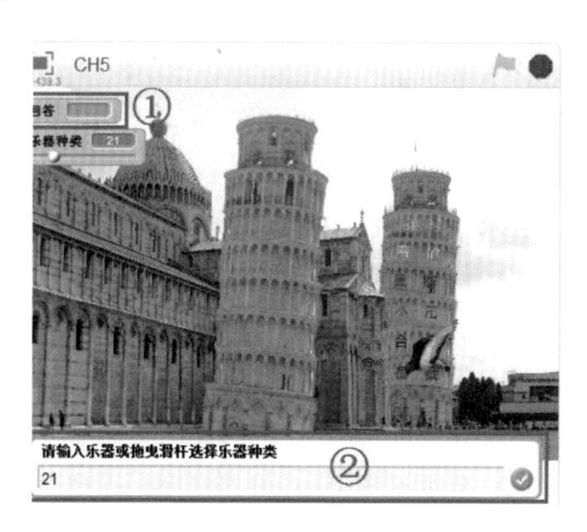

5.6.2 输入乐器种类

将“乐器种类”设为“回答”，因此，输入“回答 = 乐器种类”。

1. 选择【舞台】，拖曳 当 被点击 与 询问 What's your name? 并等待。
2. 输入【请输入乐器或拖曳滑杆选择乐器种类】。
3. 拖曳 将 乐器种类 设定为 0。
4. 拖曳 回答 到【0】位置。
5. 勾选答案。

当 被点击
询问 请输入乐器或拖曳滑杆选择乐器种类 并等待
将 乐器种类 设定为 回答

6. 单击 ，输入【1】~【21】，检查乐器种类是否随着输入回答而改变。
7. 保存程序文件。

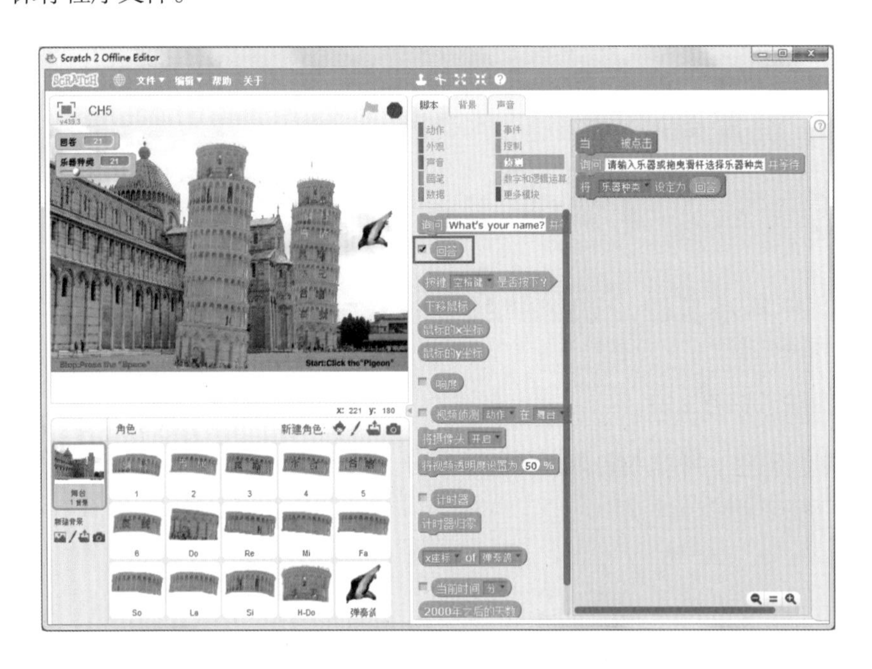

课后练习

一、选择题

1. (　　) 下列哪一个绘图工具可以将角色造型“变形”？

(A) (B) (C) (D)

2. (　　) 将 Scratch 的角色“保存到本地文件”，角色的默认文件名是什么？

(A) 角色名称 .svg　　(B) 角色名称 .sprite2

(C) 角色名称 .png　　(D) 角色名称 .sprite

3. (　　) 如果想要设计“角色随着鼠标指针移动”应该使用下列哪一个指令积木？

(A) 面向 滑鼠游標 (B) 滑鼠的x座標 (C) 移到 滑鼠游標 (D) 滑鼠鍵被按下了嗎？

4. (　　) 当角色被点击时 / 设定乐器为 1 / 弹奏音符 60 0.5 拍　关于这个指令积木的执行，下列叙述哪一个是正确的？

(A) 碰到弹奏鸽才执行设定乐器及弹奏音符

(B) 如果没碰到弹奏鸽就不会执行设定乐器及弹奏音符

(C) 设定乐器菜单允许选择其他种类乐器

(D) 以上都是

5. (　　) 下列哪一个指令积木可以“设定乐器种类”？

(A) 将音量增加 -10　　(B) 弹奏音符 60 0.5 拍

(C) 设定乐器为 1　　(D) 将节奏设定为 60 bpm

6. (　　) 将角色导出保存到本地文件时，导出的角色包含下列哪些功能？

(A) 角色指令积木 (B) 角色造型图片 (C) 角色的音效 (D) 以上都是

7. (　　) 询问 What's your name? 并等待 指令积木输入的“值”会暂存在哪一个指令积木中？

(A) 回答 (B) 询问 What's your name? 并等待 (C) 舞台 (D) 不会暂存

8. (　　) 下列哪一个指令积木可以“弹奏 Do~H-Do 音符”？

(A) 将音量增加 -10　　(B) 弹奏音符 60 0.5 拍

延伸练习

(C) 设定乐器为 1　　　　(D) 将节奏设定为 60 bpm

9. (　) 下列叙述哪一个是“错误的”？

(A) 乐器种类 0 设定舞台显示的乐器种类为“滑杆”

(B) ☑ 回答 在舞台显示回答

(C) 将 乐器种类 设定为 0 “询问”输入的值会暂存在“回答”,但是“不会”设定成“乐器种类”

(D) 乐器种类 乐器种类是“变量名称”

10. (　)

针对左图,关于“图层”的叙述哪一个是“正确的”？

(A) 弹奏鸽在最下层 (B) Do 在“最下层”

(C)Do 在“最上层”(D) 弹奏鸽在“最上层”

二、实践题

1. 当角色被点击时 / 设定乐器为 1 / 弹奏音符 60 0.5 拍

复制“当角色单击一下弹奏乐器及音符”指令积木，将其改为“键盘输入【A】弹奏【Do】,应该如何修改设计？

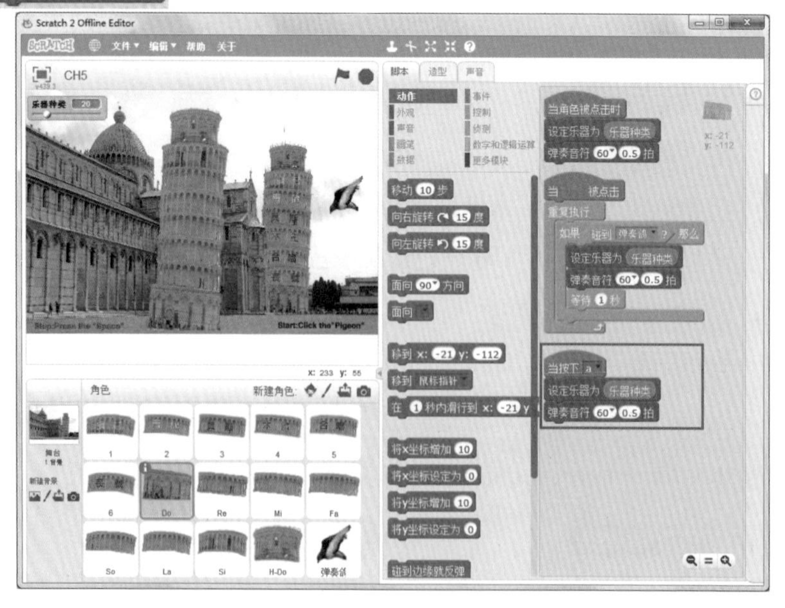

延伸练习

2. 

请把写在【Do】的指令积木“碰到弹奏鸽”改写在“弹奏鸽”、“碰到Do”中，比较二者有何差异。

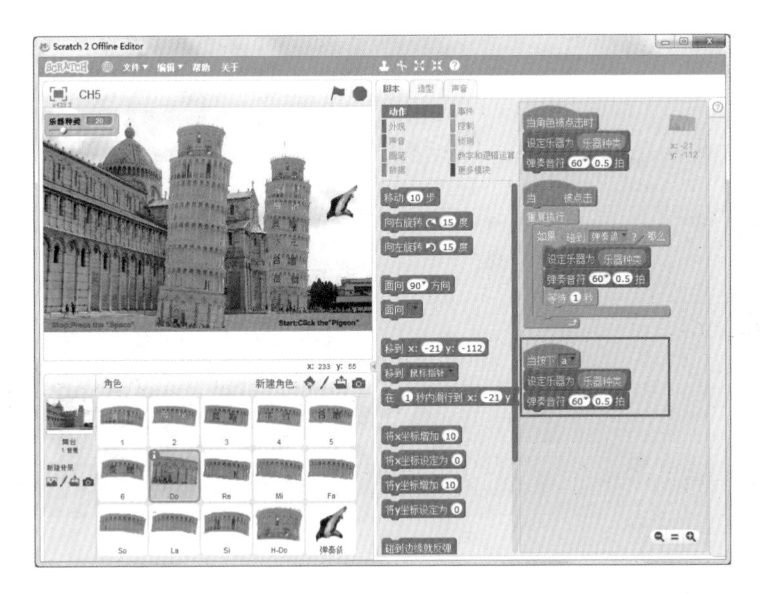

6 时钟

简介

本章将介绍 Scratch 常数与变量的运算功能。再利用运算与动作旋转功能设计时钟程序。当程序开始执行时，时钟侦测当前的时间，再按时针、分针与秒针开始运转。运转时利用运算指令积木计算时针、分针与秒针的旋转角度。

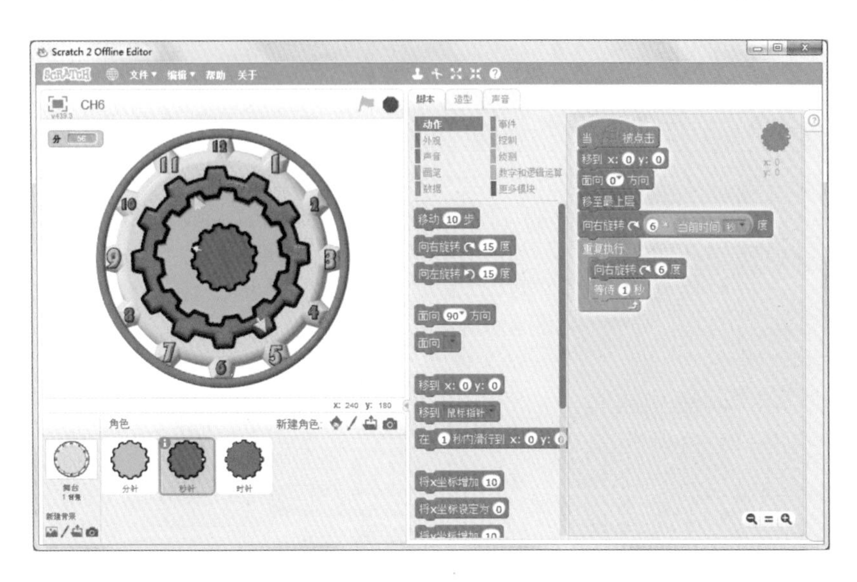

本章学习目标

完成本章节练习，将可学习到下列功能：

- 能够了解运算指令积木功能。
- 能够应用运算指令积木进行数学计算。
- 能够规划时钟运转流程图。
- 能够应用侦测时间功能于时钟设计中。
- 能够了解编辑声音的方法，并应用于动画设计中。
- 能够应用运算，计算时钟的旋转角度。

6.1 脚本规划与流程设计

设计程序前先规划时针、分针与秒针的旋转角度与角色相关的动画内容以及 Scratch 指令积木相关的脚本。

6.1.1 时钟脚本规划

舞台	角色	动画情景	Scratch 指令积木
舞台 1	时针	▪ 侦测当前“时间：小时” ▪ 旋转到当前“时”	▪ 事件 当绿旗被单击 ▪ 动作 移到 XY、面向 90 方向、旋转 ▪ 控制 重复执行 ▪ 数字和逻辑运算 加、乘 ▪ 侦测 当前小时
	分针	▪ 侦测当前“时间：分钟” ▪ 旋转到当前“分” ▪ 如果分钟等于 0，就播放整点声音	▪ 事件 当绿旗被单击 ▪ 动作 移到 XY、面向 90 方向、旋转 ▪ 控制 重复执行、如果 ▪ 数字和逻辑运算 乘、等于 ▪ 侦测 当前分钟 ▪ 声音 播放声音
	秒针	▪ 侦测当前“时间：秒” ▪ 旋转到当前“秒”	▪ 事件 当绿旗被单击 ▪ 动作 移到 XY、面向 90 方向、旋转 ▪ 控制 重复执行 ▪ 数字和逻辑运算 乘 ▪ 侦测 当前秒

*脚本规划前，建议使用本书附录 C 中提供的表格，将个人想法填入“我的创意规划”。

6.1.2 时钟旋转流程

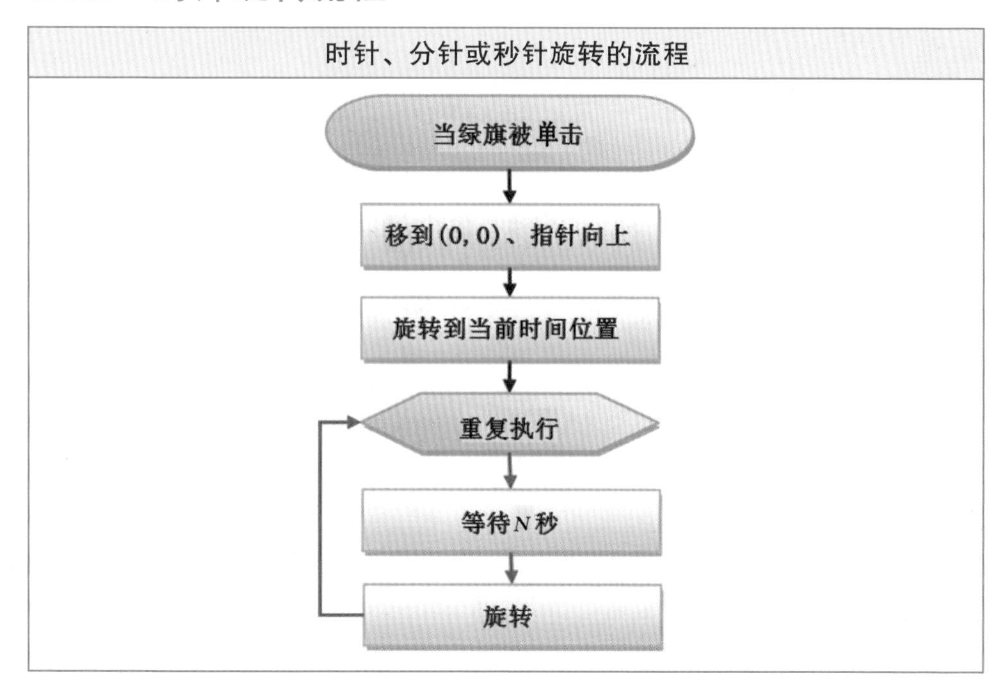

6.2 舞台背景与角色文件

上传时钟背景文件及“时针”、“分针”与“秒针”3个角色文件。

6.2.1 从本地文件中上传背景

1. 单击【开始 > 所有程序 > Scratch 2.0】启动Scratch，将猫咪角色删除。
2. 选择【舞台】，单击 背景 标签，再单击 【从本地文件中上传背景】。

3. 找到本书提供的范例文件所在的文件夹，选择【/范例文件/图库/CH6/时钟>打开】。

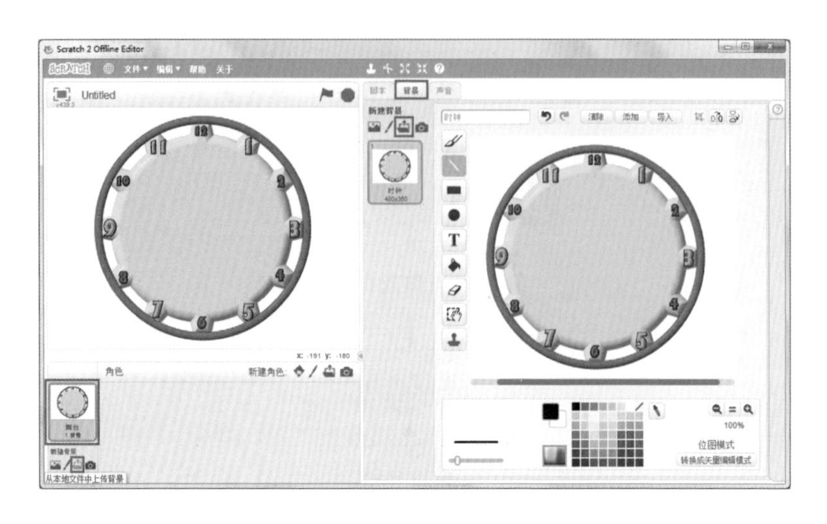

6.2.2 从本地文件中上传角色

1. 在【新建角色】中，单击 从本地文件中上传角色。
2. 选取【时针】、【分针】、【秒针】3 个文件。
3. 单击 设置造型中心，将造型中心设置在“秒针”的中心点。
4. 仿照步骤 3，设置“分针”及“时针”的造型中心。

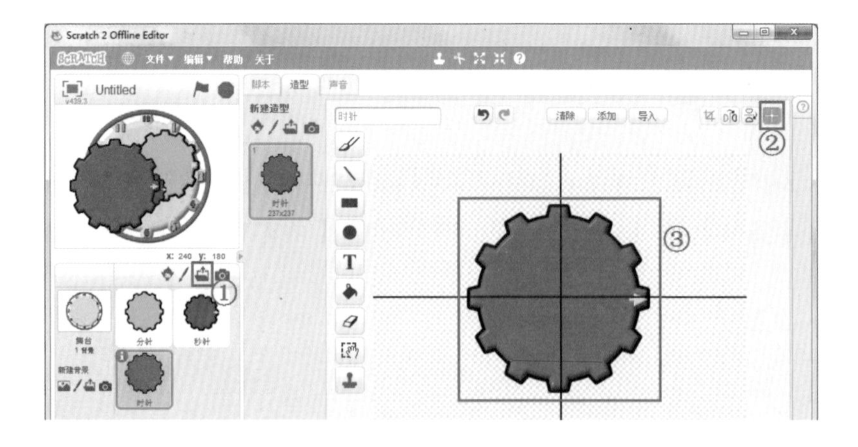

6.3 角色图层

将“秒针”设置在最上层，“分针”下移一层，“时针”下移两层。

1. 选择【秒针】，拖曳 当 被点击 与 移至最上层。
2. 选择【分针】，拖曳 当 被点击 与 下移 1 层。
3. 选择【时针】，拖曳 当 被点击 与 下移 1 层，输入【2】。
4. 单击 ，检查从上到下按序为秒针、分针、时针。

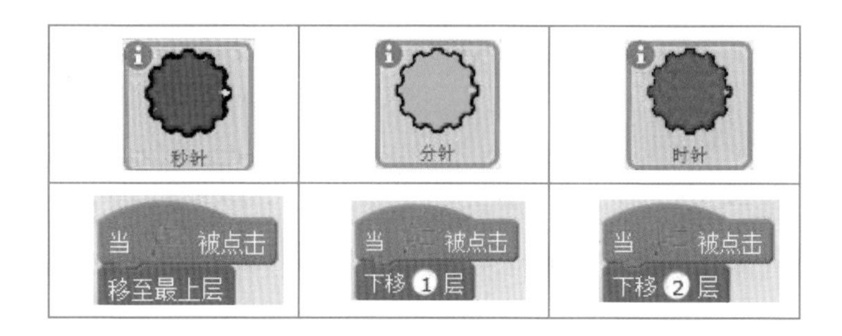

6.4 Scratch 运算

Scratch“运算”负责处理由常数或变量以各种运算符号组合而成的表达式的运算结果。Scratch 运算包括数学常用算术运算、三角函数、指数与对数、关系运算、逻辑运算与字符串运算等。

6.4.1 算术运算

算术运算指令积木包括加、减、乘、除、四舍五入、余数、三角函数、指数与对数等。数学运算符号与 Scratch 算术运算指令积木功能如下。

算术运算	数学符号	Scratch 运算积木	范例	结果
加	+	( ) + ( )	(9) + (3)	12
减	-	( ) - ( )	(9) - (3)	6
乘	×	( ) * ( )	(9) * (3)	27
除	÷	( ) / ( )	(9) / (3)	3
四舍五入	≒	将 ( ) 四舍五入	将 (9.2) 四舍五入	9
余数	无	( ) 除以 ( ) 的余数	(9) 除以 (2) 的余数	1
绝对值	| |	绝对值 ▾ (9)	绝对值 ▾ (-9)	9
地板	无	地板 ▾ of (9)	地板 ▾ of (9.1) 无条件舍去小数	9
天花板	无	天花板 ▾ of (9)	天花板 ▾ of (9.9) 小数点无条件进位	10
平方根	√	平方根 ▾ (9)	平方根 ▾ (9)	3

6.4.2 三角函数

三角函数运算包含在 平方根 ▾ (9) 指令积木下拉菜单中。

算术运算	数学符号	Scratch 运算积木	结果
正弦函数	sin(X)	sin ▾ of (90)	1
余弦函数	cos(X)	cos ▾ of (0)	1
正切函数	tan(X)	tan ▾ of (45)	1
反正弦函数	asin(X)	asin ▾ of (1)	90
反余弦函数	acos(X)	acos ▾ of (1)	0
反正切函数	atan(X)	atan ▾ of (1)	45

6.4.3 指数与对数

指数与对数运算包含在 平方根 ▾ 9 指令积木下拉菜单中。

算术运算	数学符	Scratch 运算积木	结果
自然对数	ln	ln ▾ of 2.72	1
以 10 为底的对数	log	log ▾ of 10	1
自然指数	e^x	e ^ ▾ of 1	2.72
以 10 为底的指数	10^x	10 ^ ▾ of 1	10

6.4.4 关系运算

关系运算是比较两个操作数之间的大小关系，比较结果分为真（True）与假（False）。

关系运算	Scratch 运算积木	范例
等于 =	( ) = ( ) 两数相等则为“真”	答案 = 1 “答案 =1”则为“真” “答案 <1”或“答案 >1”则为“假”
大于 >	( ) > ( ) 第 1 个数大于第 2 个数则为“真”	Y > 0 “Y>0”则为“真” “Y<0”或“Y=0”则为“假”
小于 <	( ) < ( ) 第 1 个数小于第 2 个数则为“真”	Y < 0 “Y<0”则为“真” “Y>0”或“Y=0”则为“假”

6.4.5 逻辑运算

逻辑运算就是两个条件之间的逻辑关系的运算，比较结果只有两个：真（True）与假（False）。

逻辑运算	Scratch 运算积木	范例
与(且) and	且 前后两个条件都成立则为“真”	回答 = 题号 且 回答 = 1 “回答=题号”且“回答=1”则为“真”
或 or	或 前后两个条件只要其中一个条件成立就为“真”	X > 0 或 Y < 0 “X>0”或“Y<0”其中一个条件成立则为“真”
非 not (不成立)	不成立 条件不成立则为“真”	碰到 鼠标指针 ? 不成立 “碰到鼠标指针不成立”则为“真”，即“没有碰到鼠标指针”则为“真”

6.4.6　字符串运算

字符串运算指令积木如下。

字符串运算	Scratch 运算积木	范例
连接“hello”和“world”	连接 hello world	连接 我爱 你 连接“我爱”和“你”，结果为：我爱你
计算字符串长度	world 的长度	我爱你 的长度 计算“我爱你”的字符串长度，共 3 个字符，结果为：3
取字符串的第 1 个字符	letter 1 of world	第 2 个字符：我爱你 取“我爱你”的第 2 个字符，结果为：爱

6.5 侦测当前的秒数

程序开始执行时侦测“时针”、“分针”及“秒针”的正确时间。侦测的时间为计算机操作系统的时间，再按照时间开始旋转。

6.5.1 设置角色起始位置

先设置程序开始执行时角色的位置，再开始旋转。

1. 拖曳 移到 x: 0 y: 0 到【时针】、【分针】及【秒针】每个角色的 当 被点击 下方。
2. 选择【时针】、【分针】与【秒针】，拖曳 面向 90 方向 ，选择【0】方向。

技巧

设置每个指针定位中心在坐标（0，0）并且指针向上 面向 0 方向。

6.5.2 设置当前的秒数

秒针 60 秒旋转一圈（360 度），所以每 1 秒旋转 6 度。

1. 选择 【秒针】，拖曳 向右旋转 ↻ 15 度 。
2. 拖曳 (*) 到【15】度位置。
3. 拖曳 当前时间 分 到 (*)，选择【秒】。
4. 输入【6】。
5. 单击 ，检查秒针是否正确移到当前秒数。

技巧

秒针每秒旋转 6 度，6 度乘以当前秒数就是当前秒数的位置。秒针会自动旋转到当前秒数位置。

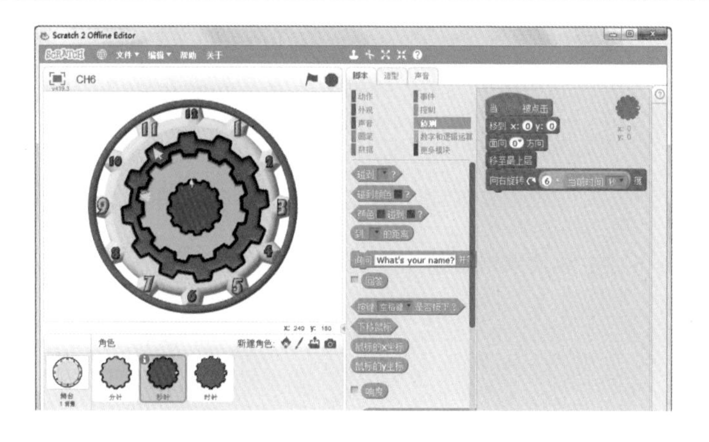

6.5.3 秒针重复执行旋转

1. 拖曳 重复执行 与 向右旋转 15 度 。
2. 输入【6】。
3. 拖曳 等待 1 秒 。
4. 单击 ，检查秒针是否正确旋转。

> **技巧**
>
> "旋转6度等待1秒"代表每一秒旋转6度。

6.6 侦测当前的分钟

6.6.1 设置当前的分钟

如果以秒为单位，分针60分钟（3600秒）旋转一圈（360度），所以每60秒旋转6度。

当 被点击
移到 x: 0 y: 0
面向 0 方向
下移 1 层
向右旋转 6 * 当前时间 分 度

1. 选择 分针【分针】，拖曳 向右旋转 15 度 。
2. 拖曳 (*) 到【15】度位置。
3. 拖曳 当前时间 分 到 (*)。
4. 输入【6】。
5. 单击 ，检查分针是否正确移到当前分钟数。

> **技巧**
>
> 分针每分旋转6度，6度乘以当前分钟数就是当前分钟位置。分针会自动旋转到当前分钟位置。

6.6.2 分针重复执行旋转

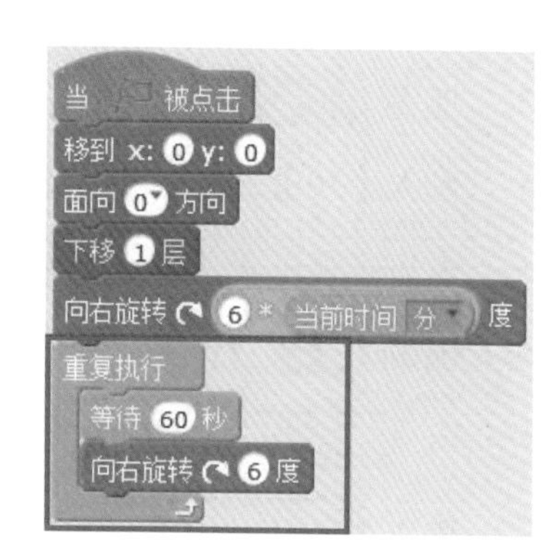

1. 拖曳 重复执行 与 等待 1 秒 。
2. 输入【60】。
3. 拖曳 向右旋转 15 度，输入【6】。
4. 单击 ，检查分针是否正确旋转。

> **技巧**
>
> “旋转6度等待60秒”代表每一分钟旋转6度。

6.7 侦测当前的小时

6.7.1 设置当前的小时

时针12小时旋转一圈（360度），每小时旋转30度，即60分钟旋转30度，所以2分钟（120秒）旋转1度，1分钟旋转0.5度。

- 当前小时旋转度数 = 小时 ×30 + 分钟 ×0.5

  例如，当前时间是上午8点40分，时针旋转度数 = 8×30+40×0.5=260。

- “小时 ×30 + 分钟 ×0.5”指令积木堆砌方式如下。

  “小时 * 30”：当前时间 小时 * 30

  “分钟 * 0.5”：当前时间 分 * 0.5

  “小时 * 30 + 分钟 * 0.5”：当前时间 小时 * 30 + 当前时间 分 * 0.5

1. 选择 时针【时针】，拖曳 向右旋转 15 度。
2. 拖曳 (*)。
3. 拖曳 当前时间 分 到 (*)，选择【小时】。
4. 输入【30】，即 当前时间 小时 * 30
5. 重复步骤1~4，拖曳 当前时间 分 * 0.5。
6. 拖曳 (+)。
7. 将 当前时间 小时 * 30 与 当前时间 分 * 0.5 拖曳到 (+) 左、右侧。
8. 拖曳 当前时间 小时 * 30 + 当前时间 分 * 0.5 到 向右旋转 15 度 位置。
9. 单击 ▶，检查时针是否正确移到当前小时。

6.7.2 时针重复执行旋转

1. 拖 曳 重复执行 与 等待 1 秒，输入【120】。
2. 拖曳 向右旋转 15 度，输入【1】。
3. 单击 ▶，检查时针是否正确旋转。

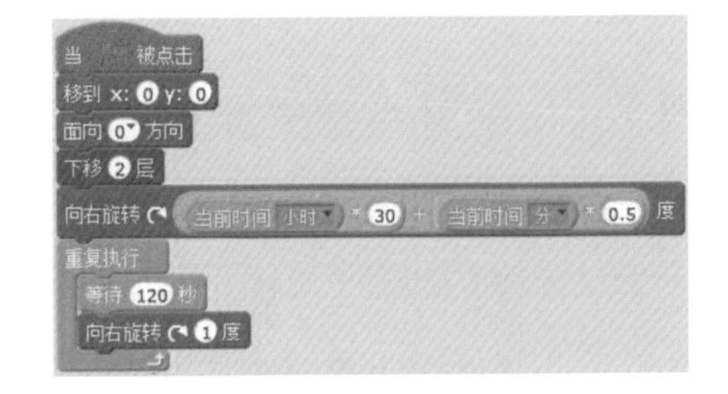

6.8 设置声音

每个小时都要播放声音。

6.8.1 新建声音

Scratch 新建声音的方式

- 从声音库中选取声音：从 Scratch 内建的声音库中选择你喜欢的声音。
- 录制新声音：用麦克风录制声音。
- 从本地文件上传声音：从本地计算机上传声音到该角色。

声音功能按钮

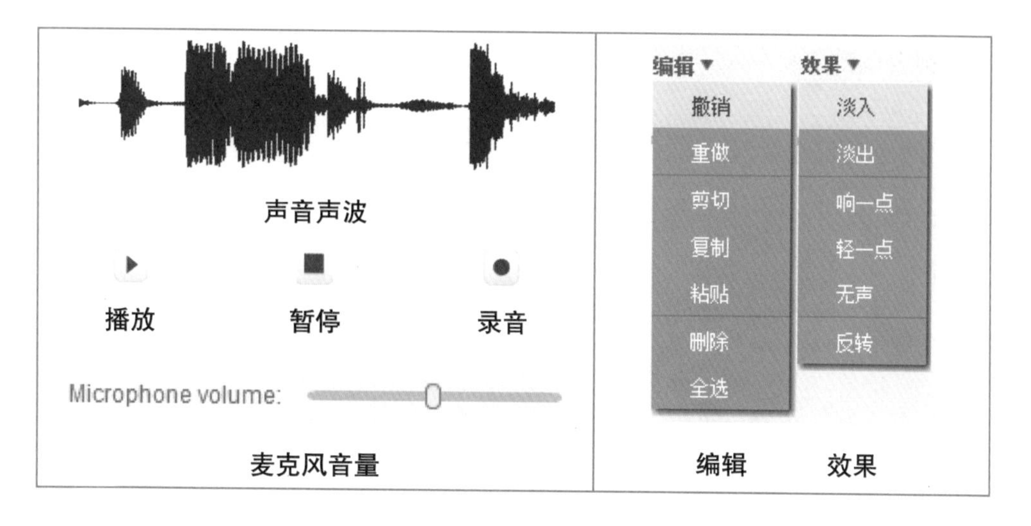

6.8.2 从声音库选取声音

1. 选择 【分针】，单击【声音】标签。
2. 单击 从声音库中选取声音。
3. 选择【bell toll > 确定】。

> **提示**
> 单击声音库中每个声音旁的 放钮，就可以播放声音。

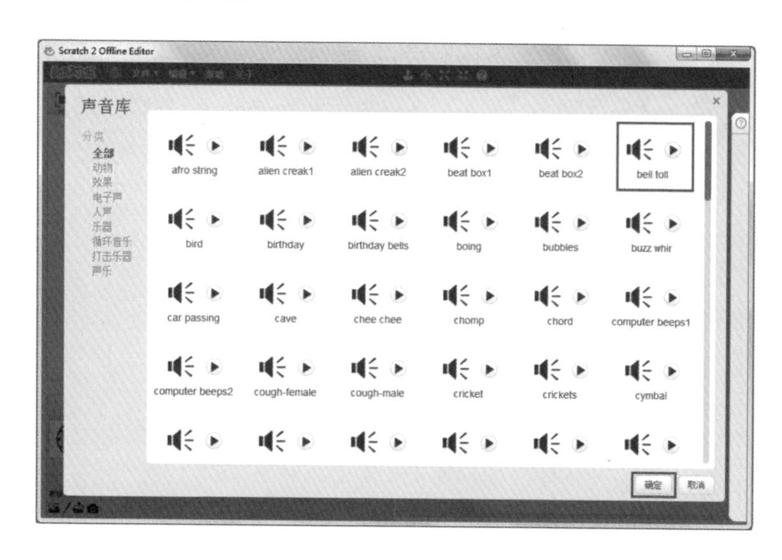

6.8.3 编辑声音

1. 拖曳该段声波，选择【编辑 > 复制】。

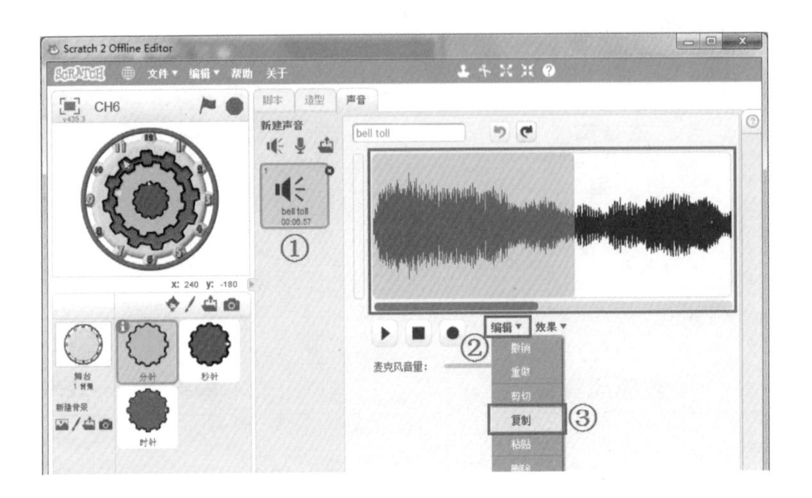

2. 在你想重复播放的位置单击一下，再选择【编辑 > 粘贴】。
3. 声波图上多了复制的声音。

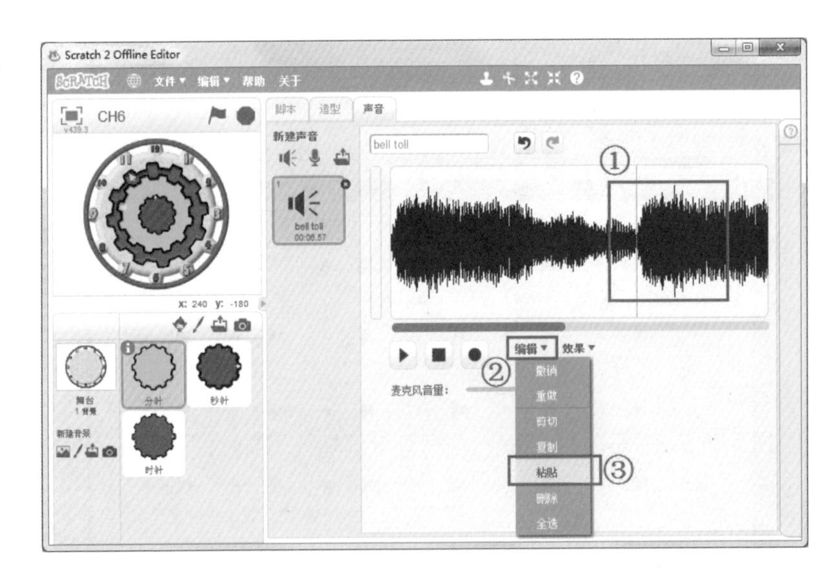

4. 单击 ▶ 播放音效。

6.8.4 播放声音

设置整点“分钟等于零”时播放声音。

1. 拖曳 当 被点击 、 重复执行 与 如果 那么 。
2. 拖曳 且 与2个 = ，在“=”右侧输入【0】。
3. 拖曳2个 当前时间 分 到“=”左侧，设置其中一个为【秒】。
4. 拖曳 播放声音 bell toll 直到播放完毕 到“如果”内层。
5. 单击 ，检查整点时是否播放钟声。
6. 保存程序文件。

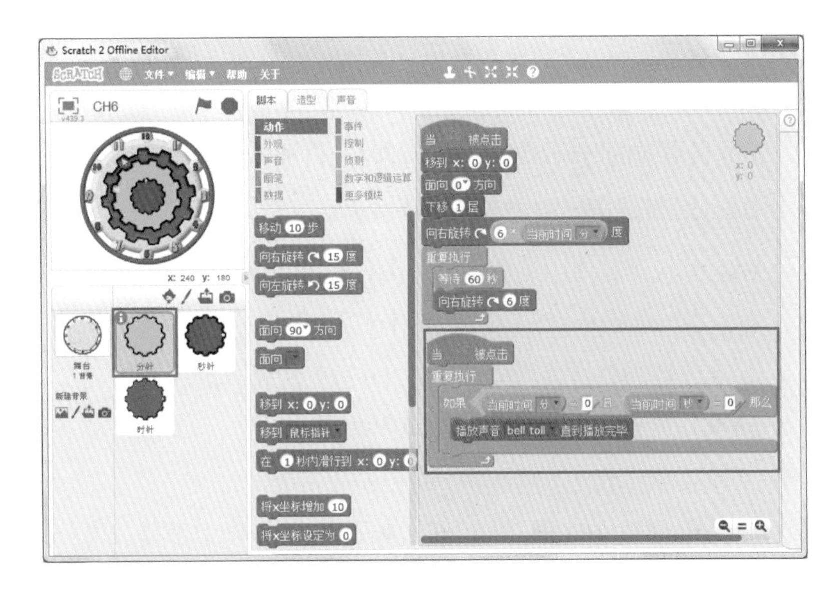

提示

如果当前时间距离整点还很久，请先暂时调整计算机屏幕右下方中的小时钟为59分进行测试。测试完成之后，再将计算机时间还原正确时间。

课后练习

一、选择题

1. ( ) 下列指令积木运算结果哪一个是“错误的”？

   (A) 9 + 3 运算结果为 12 (B) 将 9.2 四舍五入 运算结果为 9

   (C) 向下取整 9.1 运算结果为 9 (D) 9 除以 2 的余数 运算结果为 4

2. ( ) 下列哪一个指令积木可以“将小数点无条件进位”？

   (A) 向上取整 9.9 (B) 向下取整 9.1 (C) 将 9.2 四舍五入 (D) 绝对值 -9

3. ( ) 下列哪一个指令积木只要“前后两条件其中一个条件成立”就为“真”？

   (A) 且 (B) 或 (C) 不成立 (D) 连接 hello world

4. ( ) 当前时间 分 * 0.5 指令积木执行下列哪一个动作？

   (A) 侦测当前时间 (B) 侦测当前时间再乘 0.5

   (C) 说当前的时间 (D) 旋转当前时间再乘 0.5

5. ( ) Scratch 新建声音的方式包括哪些？

   (A) 从声音库中选取声音 (B) 录制新声音

   (C) 从本地文件上传声音 (D) 以上都是

6. ( ) 如果以秒为单位，“分针”每“60 秒”旋转几度?

   (A)0.1 度 (B)6 度 (C)60 度 (D)360 度

7. ( ) 下列关于“录音”功能哪一个是“正确的”？

   (A) 播放 (B) 暂停 (C) 录音 (D) 以上都是

8. ( ) 下列哪一个为“关系运算”？

   (A) / (B) 且 (C) = (D) 将 四舍五入

9. ( ) 下列关于 Scratch 运算的叙述哪一个是“错误的”？

   (A) * 属于算术运算 (B) > 属于关系运算

   (C) world 的长度 属于算术运算

   (D) 且 属于逻辑运算

延伸练习

10. (　　) 右图指令积木用来计算下列哪一个？

(A) 秒针　　(B) 分针

(C) 时针　　(D) 以上都是

二、实践题

1. 请调整右图的指令积木，若改成【等待 1 秒】，则应该“旋转”多少度？修改之后，检查分针的旋转是否正确。

2. 请拖曳 说 Hello! 2 秒 及 Scratch 三角函数运算指令积木，将小猫说的结果填入下表。

Scratch 运算指令积木	结果
sin ▼ of 90	
cos ▼ of 0	
tan ▼ of 45	
asin ▼ of 1	
acos ▼ of 1	
atan ▼ of 1	

7 电子贺卡 e-card

简介

本章将制作一张电子贺卡，程序开始执行时显示【贺卡首页】及【Open】角色，用鼠标单击一下【Open】，贺卡翻至内页，播放【圣诞快乐】歌，播放歌曲时显示“Merry Christmas”、跑马灯、铃铛及雪花，同时利用克隆工具让一片雪花不断产生克隆体，变成漫天雪花不停地飞舞闪烁及缩小。

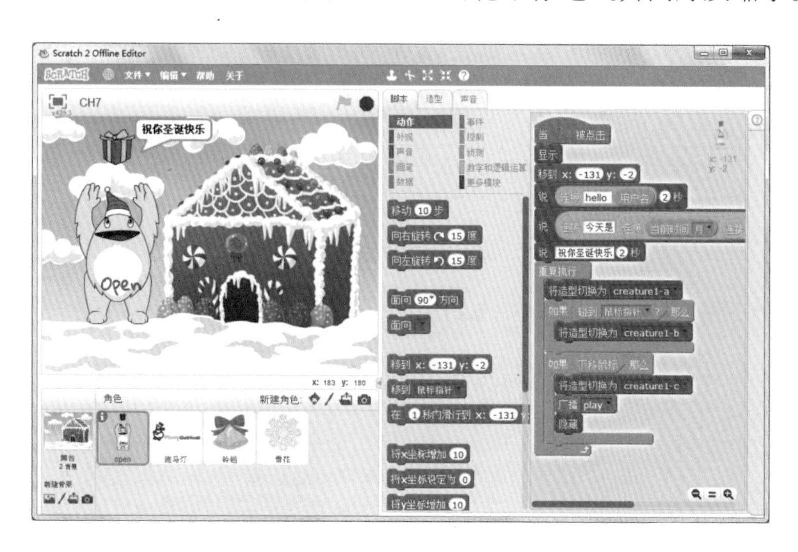

本章学习目标

完成本章节练习，将可学习到下列功能：

- 能够将克隆体功能应用于动画设计中。
- 能够应用造型变化设计动画效果。
- 能够将舞台坐标应用于角色随机移动。
- 能够结合时事创造不同主题的电子贺卡。
- 能够了解知识共享（Creative Commons，CC）的使用规范，并合理应用于项目。

7.1 脚本规划

程序设计前先规划贺卡首页、贺卡内页的舞台背景及 Open、跑马灯、铃铛及雪花四个角色相关的动画内容及 Scratch 指令积木相关的脚本。

电子贺卡 e-card 脚本的规划

舞台	角色	动画情景	Scratch 指令积木
舞台 1 贺卡 首页	Open	▪ 程序开始时“显示” ▪ 说“账户名称” ▪ 说“今天的日期” ▪ 说“祝你圣诞快乐” ▪ 如果未碰到鼠标，就改变颜色特效 ▪ “单击一下”翻到贺卡内页 ▪ 广播【play】 ▪ 隐藏角色	▪ 事件 当绿旗被单击 ▪ 外观 显示、说、颜色特效、隐藏、切换造型 ▪ 数字和逻辑运算 连接 ▪ 侦测 账户名称、当前月与日、碰到、鼠标按下 ▪ 控制 重复执行、如果 ▪ 事件 广播
舞台 2 贺卡 内页	跑马灯	▪ 贺卡首页时跑马灯隐藏 ▪ 接收到广播【play】，跑马灯显示 ▪ 重复执行从右到左移动	▪ 事件 当绿旗被单击、接收到广播 ▪ 外观 隐藏、显示、切换造型 ▪ 控制 重复执行、直到重复执行 ▪ 动作 移到 XY、X 坐标 ▪ 数字和逻辑运算 大于、随机选一个数
	铃铛	▪ 贺卡首页铃铛隐藏 ▪ 接收到广播【play】，铃铛显示 ▪ 重复执行从左到右移动	▪ 事件 当绿旗被单击、接收到广播 ▪ 外观 隐藏、显示、切换造型 ▪ 控制 重复执行、直到重复执行 ▪ 动作 移到 XY、X 坐标 ▪ 数字和逻辑运算 小于、随机选一个数
	雪花	▪ 贺卡首页雪花隐藏 ▪ 接收到广播【play】，雪花显示 ▪ 不断产生克隆体 ▪ 克隆体随机移动、旋转、缩小或放大	▪ 事件 当绿旗被单击、接收到广播 ▪ 外观 显示、隐藏 ▪ 控制 重复执行、等待、创造克隆体、当克隆体产生时 ▪ 外观 颜色特效、大小改变 ▪ 数字和逻辑运算 随机选一个数

* 脚本规划前建议使用本书附录 C 中提供的表格，将个人想法填入“我的创意规划”。

7.2 角色造型动画

从背景库中选择贺卡首页和贺卡内页的舞台背景，再新建“Open”、“跑马灯”、“铃铛”以及“雪花”四个角色。

7.2.1 从背景库中选择背景

从背景库中选择贺卡首页和贺卡内页的舞台背景。

1. 选择【开始 > 所有程序 > Scratch 2.0】启动 Scratch，将猫咪角色删除。
2. 选择【舞台】，单击 背景 标签，选择 【从背景库中选择背景】。
3. 选择【gingerbread > 确定】。

4. 重复步骤 3，再打开【winter-lights】背景文件。

7.2.2 复制文字与造型动画

从角色库中选择“Open”、“跑马灯”、“铃铛”及“雪花”四个角色。

新建“Open”角色

新建角色并复制文字到不同造型。

1. 在【新建角色】中，单击 【从角色库中选取角色 】。
2. 选择【creature1 > 确定】。
3. 单击 ，输入角色名称【Open】。
4. 选择 造型 ,单击 【文本】,选择文字“颜色”与字体“Marker”,输入【Open】。
5. 单击 ，选择【Open】，按【Ctrl+C】组合键。

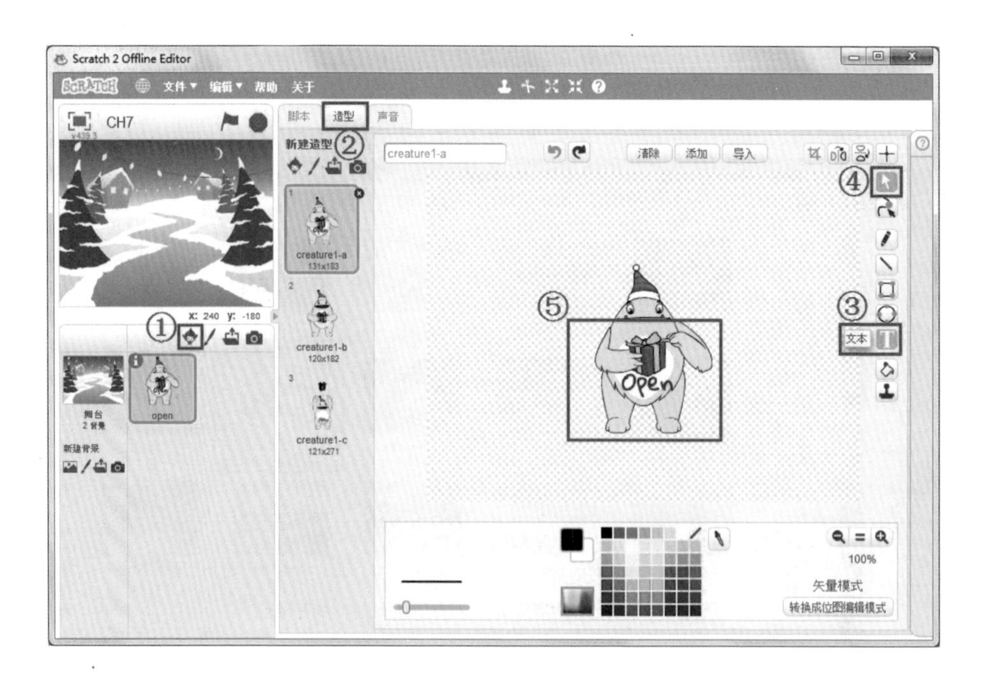

技巧

复制后的文字出现另一个“Open”阴影。

6. 选择第 2 个造型【creature1-b】，按【Ctrl+v】组合键并在角色上点一下。
7. 选择第 3 个造型【creature1-c】，按【Ctrl+v】组合键并在角色上点一下。

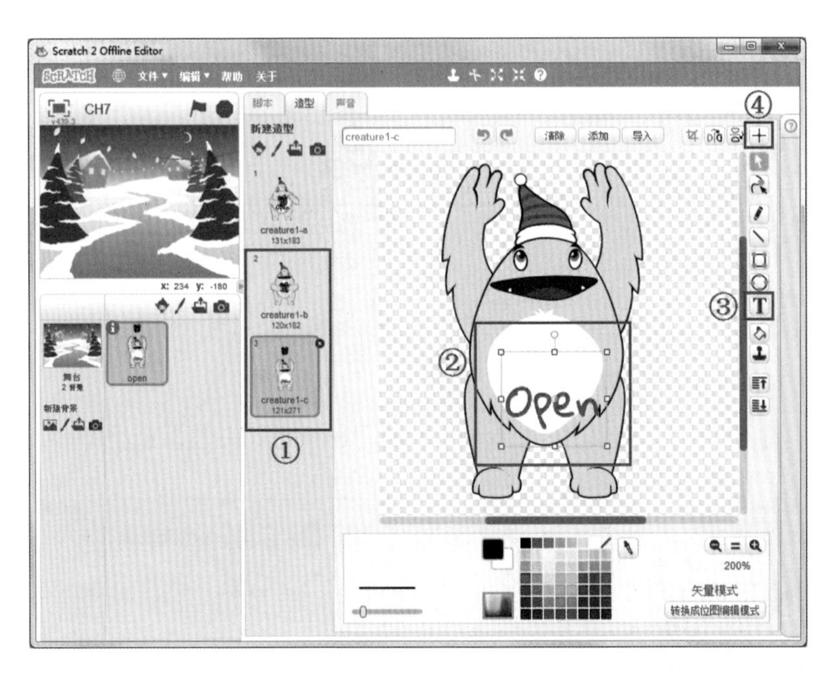

8. 单击 T，改变文字颜色。
9. 单击 +，将造型中心设置在【Open】。

新建"跑马灯"角色

新建角色 、左右翻动造型并改变角色颜色。

1. 在【新建角色】中，单击 【从角色库中选取角色 】。
2. 选择【snowman > 确定】。
3. 单击 i，输入角色名称【跑马灯】。
4. 选择 造型 ，单击 左右翻动，再单击 T，选择文字"颜色"与字体"Marker"，输入【Merry Christmas】。
5. 单击 +，将造型中心设置在"snowman"的肚子上。

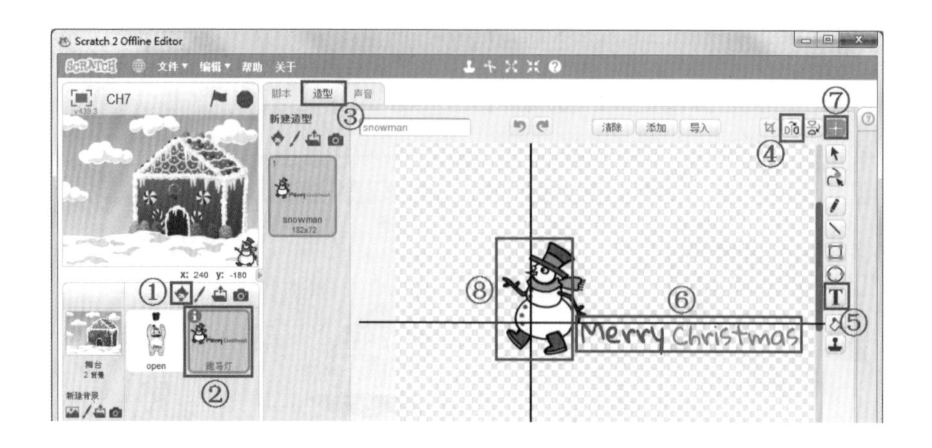

6. 用鼠标右键单击“snowman”，复制一个“snowman2”。
7. 单击 为形状填色，改变“snowman2”的颜色，并设置造型中心。

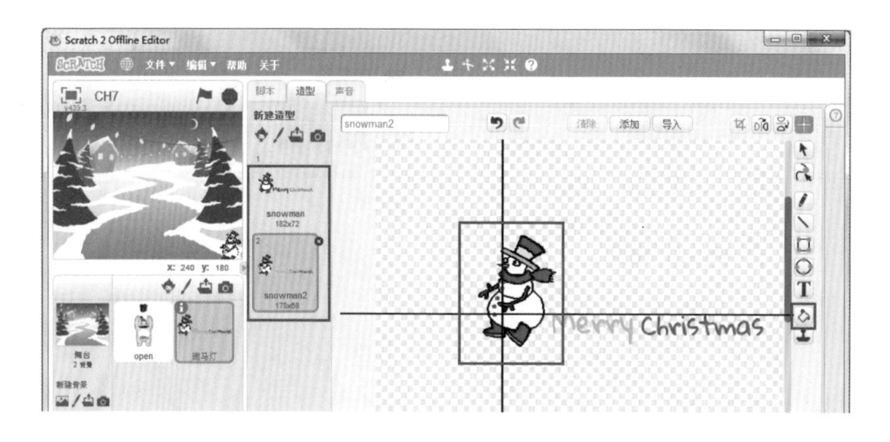

新建“跑马灯”动画

移动跑马灯的第 2 个造型“snowman2”动作，设计雪人走路的动画。

1. 单击 ，再选择第 2 个造型“snowman2”。
2. 选择 ，单击“雪人”，再选择 取消分组。
3. 选择雪人的脚，旋转脚。

4. 重复步骤 3，旋转雪人的手与脚 。

旋转前（snowman）

旋转后（snowman2）

新建“铃铛”和“雪花”角色

1. 仿照以上步骤，新建 铃铛角色，并设计铃铛的“颜色”和“旋转”变化。

旋转前（bells-a）

旋转后（bells-b）

2. 仿照以上步骤，新建 雪花角色，并取消雪花分组、缩小雪花、填入渐层颜色。

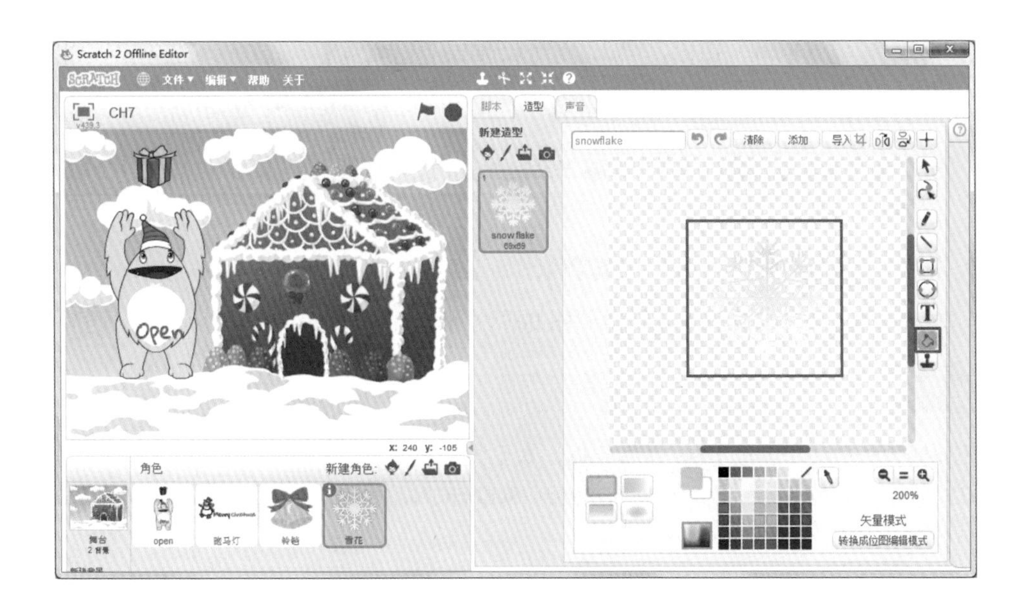

7.3 侦测账户名称

连接到网页版 Scratch，登录用户账户才能侦测登录用户账户名称。

用户名 侦测用户账户名称方式

当用户登录 Scratch 在线网页版时，Scratch 会侦测用户登录的名称。

连接 hello world 连接字符串的方式

将“hello”和“world”两个字符串连接显示成“helloworld”。长字符串连接的方式是将多个积木拖曳到“hello”或“word”位置。

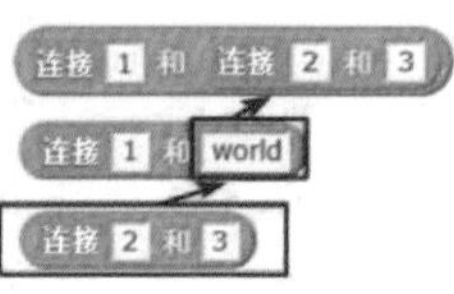

连接“123”字符串

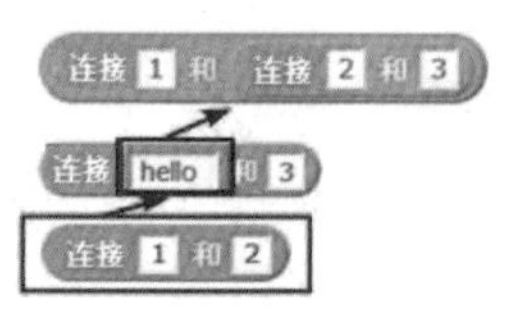

连接“123”字符串

“Open”角色说：“hello 账户名称”

1. 选择“Open”角色，单击 造型，拖曳 当 被点击。
2. 单击 外观，拖曳 说 Hello! 2 秒。
3. 单击 数字和逻辑运算，拖曳 连接 hello world 到“Hello!”的位置。

4. 拖曳 用户名 到“world”的位置。
5. 单击 ，检查播放时是否说“Hello”。

提示

1. 积木堆砌时会出现 白色外框，表示指令积木可以组合执行。
2. 当前 Scratch 是线下版，并未连接到 Scratch 网站登录，因此没有说“账户名称”。

7.4 说“连接”侦测日期

侦测当前计算机日期的月与日，连接月与日字符串，并说“今天是 X 月 X 日”。

当前时间 分 侦测计算机日期与时间的方式

当前时间 分 侦测计算机的年、月、日期、星期几、小时、分钟、秒。

1. 选择 【Open】，单击 外观，拖曳 说 Hello! 2 秒。
2. 单击 数字和逻辑运算，拖曳 4 个 连接 hello world。
3. 单击 侦测，拖曳 2 个 当前时间 分。

提示

“播放”角色说“今天是 1 月 1 日”，其中“1”月与“1”日两个是侦测计算机当前的月与日期，所以拖曳 2 个 当前时间 分。

4. 单击 ▼，再单击“月”与“日期”。
5. 输入【今天是】、【月】与【日】。

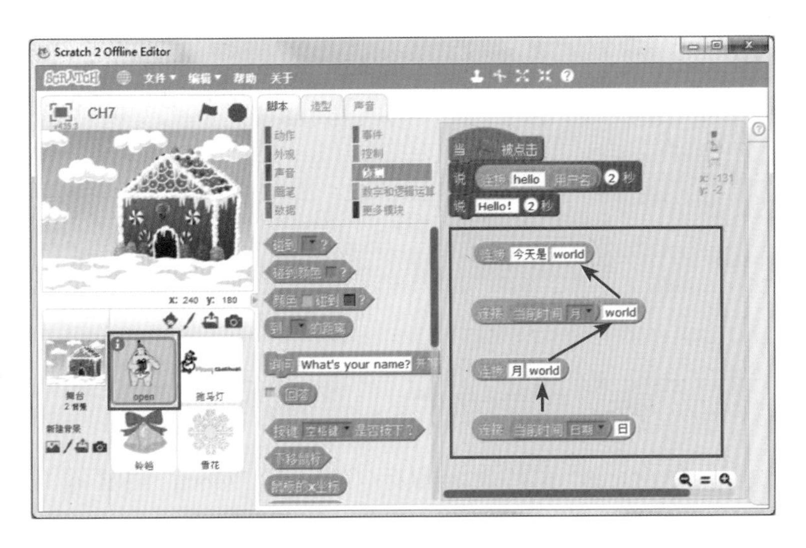

6. 由下而上，拖曳“下方”积木堆砌在“上方”积木右边的“world”位置。

提示

如果积木超出屏幕，就单击 缩小指令。

7. 拖曳连接字符串到说“Hello!”的位置。

8. 拖曳 说 Hello! 2 秒，输入【祝你圣诞快乐】。

9. 单击 ，检查“Open”角色是否说了“Hello!”、“今天是 X 月 X 日”、“祝你圣诞快乐”。

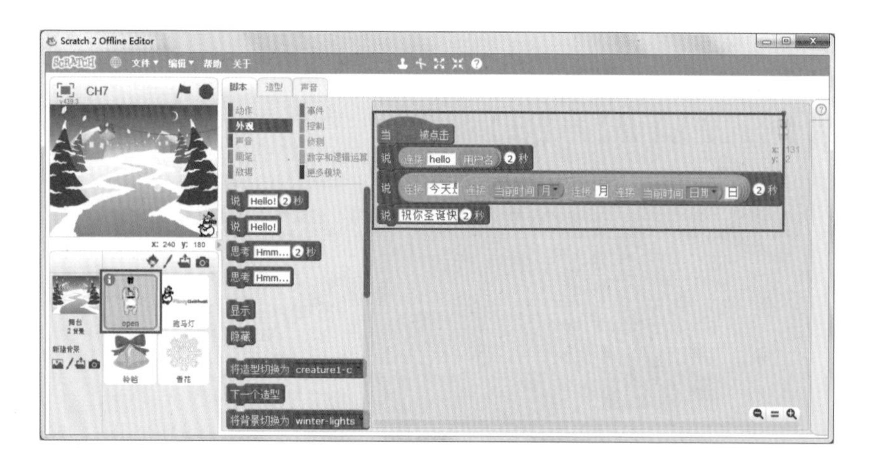

7.5 鼠标碰到与单击一下的造型特效

利用鼠标触发“Open”的特效，当鼠标“未碰到”“Open”时显示“造型 1”、“碰到”时显示“造型 2”、鼠标单击一下时显示“造型 3”。

1. 拖曳 重复执行 与 将造型切换为 creature1-c 。
2. 选择【creature1-a】。

> **提示**
> 当鼠标未碰到“open”角色时，切换到造型“creature1-a”。

3. 拖曳 如果 那么 与 碰到 ？。
4. 选择【鼠标指针】。
5. 拖曳 将造型切换为 creature1-c ，选择【creature1-b】。

> **提示**
> 当鼠标碰到“open”角色时，切换到造型“creature1-b”。

6. 拖曳 如果 那么 与 下移鼠标（改编者注：实际为“按下鼠标按键”，简体中文版 Scratch 的翻译错误）。
7. 拖曳 将造型切换为 creature1-c 。

> **提示**
> 当鼠标单击一下“open”角色时，切换到造型“creature1-c”。

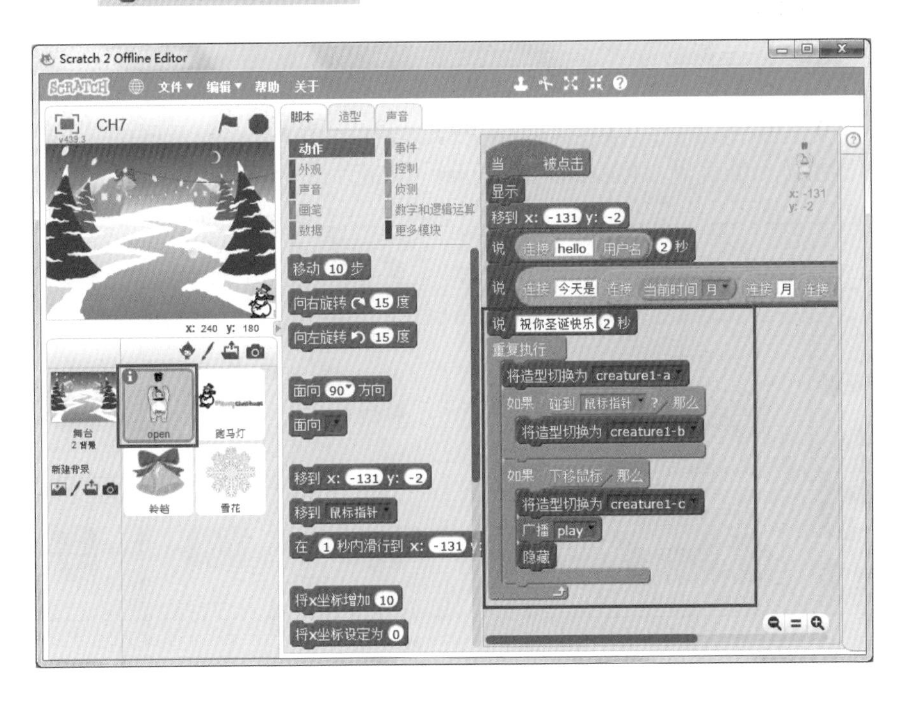

8. 单击 ，检查“Open”说完之后，鼠标碰到与单击一下时，角色造型的变化是否正确。

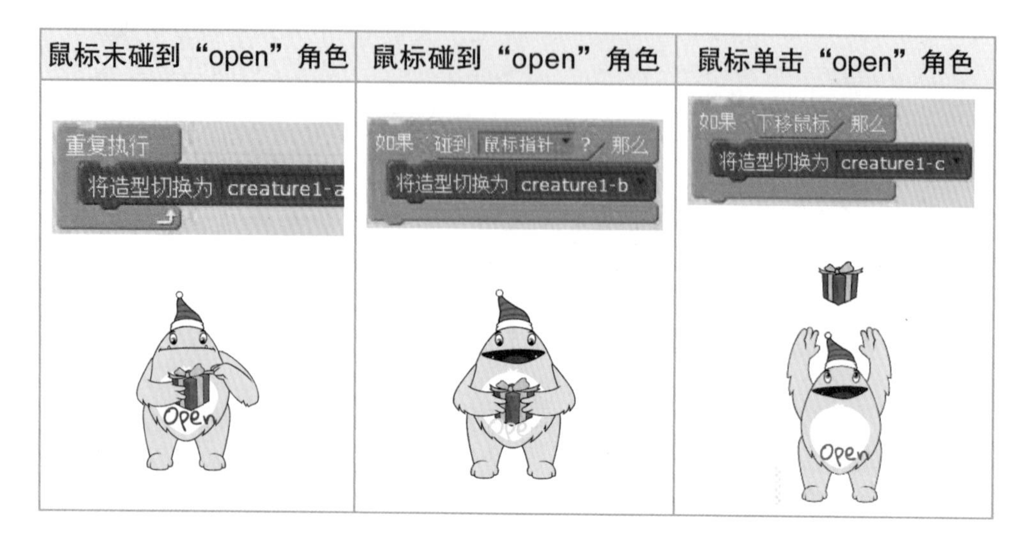

鼠标未碰到“open”角色	鼠标碰到“open”角色	鼠标单击“open”角色
重复执行 将造型切换为 creature1-a	如果 碰到 鼠标指针 ? 那么 将造型切换为 creature1-b	如果 下移鼠标 那么 将造型切换为 creature1-c

9. 设置“ Open”的起始位置，拖曳 移到 x: -131 y: -2 到 当 被点击 下方。

7.6 广播角色隐藏及显示

程序开始执行时只显示“Open”角色，当“Open”角色被鼠标单击一下时广播“play”消息，其他角色接收到“play”消息才开始显示。舞台在程序开始执行时显示贺卡的首页，接收到广播“play”才翻到贺卡内页。

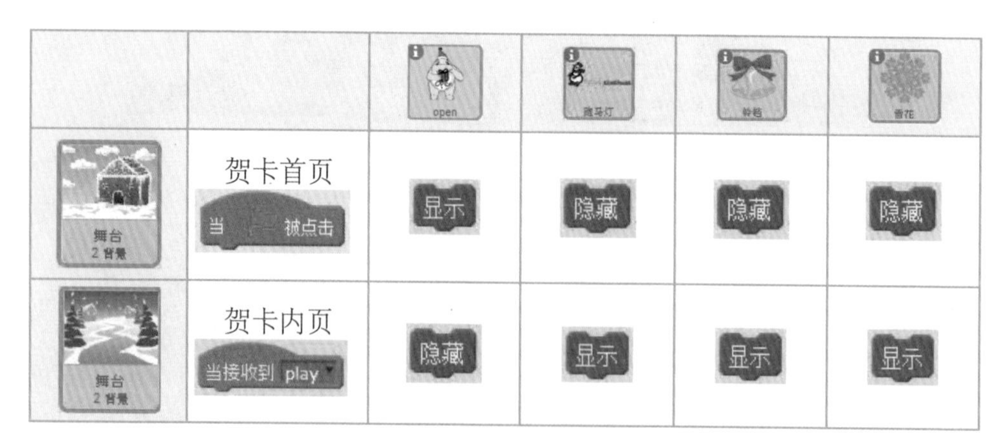

		open	跑马灯	铃铛	雪花
舞台 2 背景	贺卡首页 当 被点击	显示	隐藏	隐藏	隐藏
舞台 2 背景	贺卡内页 当接收到 play	隐藏	显示	显示	显示

7.6.1 鼠标按下触发广播消息

程序开始时“Open”角色显示,“如果鼠标键被按下”广播“play”,然后隐藏。

1. 选择【Open】，拖曳 广播 message1 ，单击 ，再选择【新消息】。输入【play】，再单击【确定】按钮。
2. 拖曳 显示 到 当 被点击 。
3. 拖曳 隐藏 到 广播 play 下方。

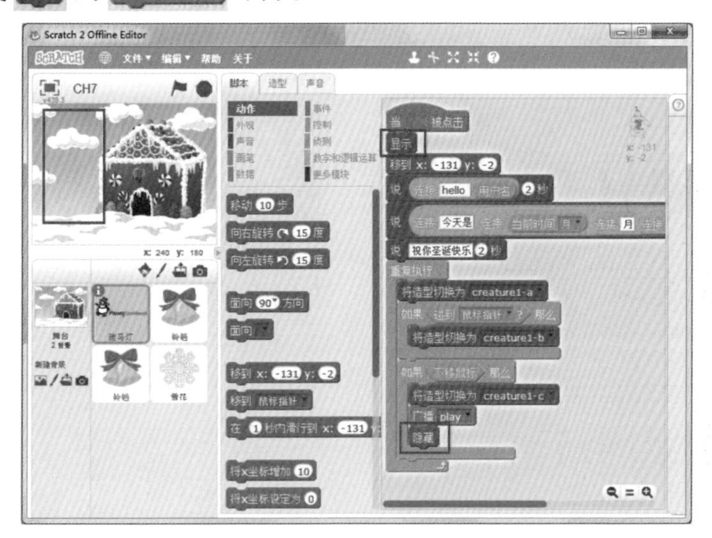

4. 单击 ，检查“Open”是否显示，以及鼠标单击一下是否隐藏。

7.6.2 角色接收到 play 后隐藏

1. 选择 “跑马灯”角色，拖曳 当 被点击 与 当接收到 play 。
2. 拖曳 隐藏 到 当 被点击 下方。
3. 拖曳 显示 到 当接收到 play 下方。
4. 单击 ，检查“跑马灯”是否隐藏，以及鼠标单击一下“open”角色时是否显示出来。
5. 仿照步骤 1~4，为 “铃铛”、 “雪花”两个角色设置程序。

> **提示**
>
> 也可以用鼠标右键单击指令积木来复制。

7.6.3 舞台接收到 play 时贺卡翻页

1. 选择【舞台】，单击 事件 ，拖曳 当 被点击 。
2. 单击 外观 ，拖曳 将背景切换为 gingerbread 到 当 被点击 下方。
3. 拖曳 将背景切换为 winter-lights 到 当接收到 play 下方。
4. 单击 ，检查程序执行结果。

单击	单击一下 open

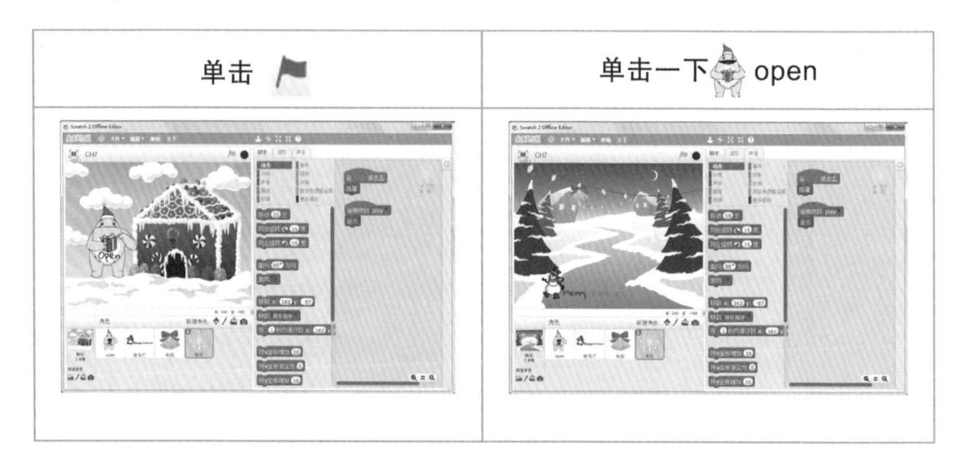

7.7 水平随机重复移动

“跑马灯”角色在舞台下方随机从右向左移动，移动过程重复执行，同时切换造型特效。

7.7.1 造型动画

1. 选择 “跑马灯”，拖曳 重复执行 与两个 将造型切换为 snowman2 。
2. 选择【snowman】。
3. 拖曳两个 等待 1 秒 到每个造型下方。
4. 用鼠标双击指令积木，检查雪人是否产生走路动画。

7.7.2 重复随机出现

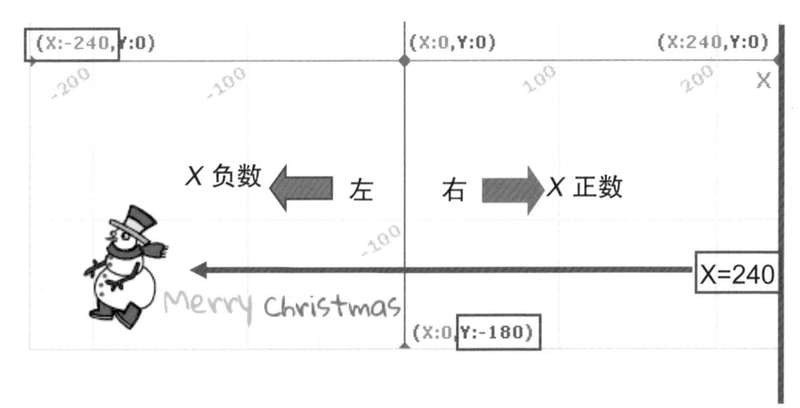

1. 选择 "跑马灯"，拖曳 重复执行 与 当接收到 play 。
2. 拖曳 移到 x: 0 y: 0 。
3. 单击 数字和逻辑运算 ，拖曳 在 1 到 10 间随机选一个数 到 "Y:0"。
4. X 设为【240】，Y 设为【-170】到【-100】。
5. 用鼠标双击 移到 x: 240 y: 在 -100 到 -170 间随机选一个数 ，检查 "跑马灯" 是否不停重复出现在舞台最右下方的区域。。

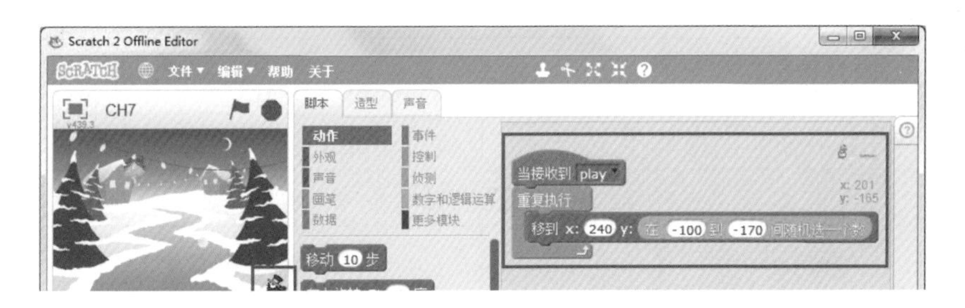

多元观点

如果 "跑马灯" 太靠近舞台边缘，就无法完整显示，更改 "X:200" 或其他数字，按照 "跑马灯" 的大小和造型中心进行调整。

7.7.3　重复从右向左随机出现

	重复执行内层程序，直到条件成立才执行下一行程序。

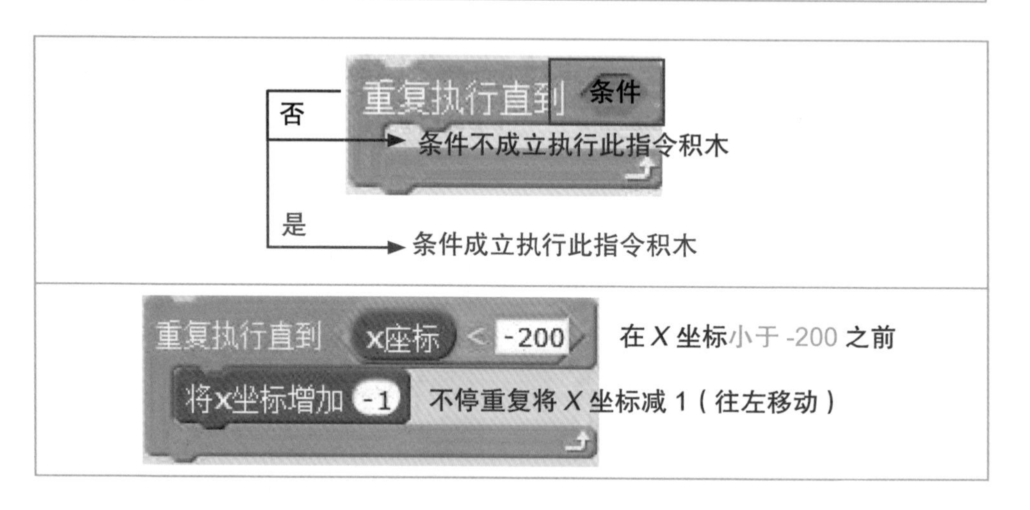

固定坐标	
将x坐标设定为 0	将y坐标设定为 0
将 *X* 坐标固定在 0 不变	将 *Y* 坐标固定在 0 不变
改变坐标	
将x坐标增加 10	将y坐标增加 10
将 *X* 坐标增加（往右）10	将 *Y* 坐标增加（往上）10

“10”代表移动的坐标值，数字越大，移动速度越快；数字越小，移动速度越慢。如果参数值是“负数”，就反向移动。

重复执行随机出现的执行流程

设计流程

重复执行

移到 XY

直到<X<-200>

是

否

X坐标减 1

1. 单击 控制 ，拖曳 

。

提示

直到“X<-200”之前，不停重复往左移动X。

2. 单击 数字和逻辑运算 ，拖曳 < 。
3. 单击 动作 ，拖曳 x座标 到“<”左边，在右边输入【-200】。

提示

舞台最左边的X坐标是240，为避免让“跑马灯”太靠近舞台边缘而导致跑马灯会停留在边缘不动，大家可以自行调整X值。

4. 单击 动作 ，拖曳 将x坐标增加 10 ，选择“10”，输入“-10”。
5. 用鼠标双击指令积木，检查“跑马灯”是否不停地从右向左移动。

多元观点

将x坐标增加 -10 每次往左移动 10 步。调整快慢时，可以在“-1”～“-20”之间调整。

7.8 克隆体随机显示及特效

雪花创造克隆体，随机分布在舞台任何地方并闪烁。

外观 特效类型

特效功能有七种，在设计 将 颜色 特效增加 25 特效“改变”时，在程序开始执行时拖曳 将 颜色 特效设定为 0 将特效“还原”原始的默认设置值，或拖曳 清除所有图形特效 清除所有图形特效。

颜色	超广角镜头	旋转	像素化	马赛克	亮度	鬼

7.8.1 创造克隆体

每隔 3 秒，在舞台坐标随机产生一个克隆体。

克隆体指令积木

创造克隆体	启动克隆程序
克隆 自己 在相同“坐标”克隆一个跟“雪花”（或其他角色）一模一样的克隆体角色，当程序停止，克隆体会自动全部被删除。	当作为克隆体启动时 当克隆体产生时，开始执行下一行指令积木。

1. 选择 雪花【雪花】，拖曳 重复执行。
2. 单击 动作，拖曳 移到 x: 0 y: 0。
3. 单击 数字和逻辑运算，拖曳2个 在 1 到 10 间随机选一个数 到 x: 0 与 y: 0。

提示

在 1 到 10 间随机选一个数 在1~10之间随机出现不同的数字。让雪花随机出现在舞台，*X*轴宽度范围在-240 ~ 240之间、*Y*轴的高度范围在-180 ~ 180之间。

4. 将“1到10”分别改成 X:【-240到 240】、Y:【-180到180】。
5. 用鼠标双击指令积木，检查“雪花”是否在舞台随机出现。

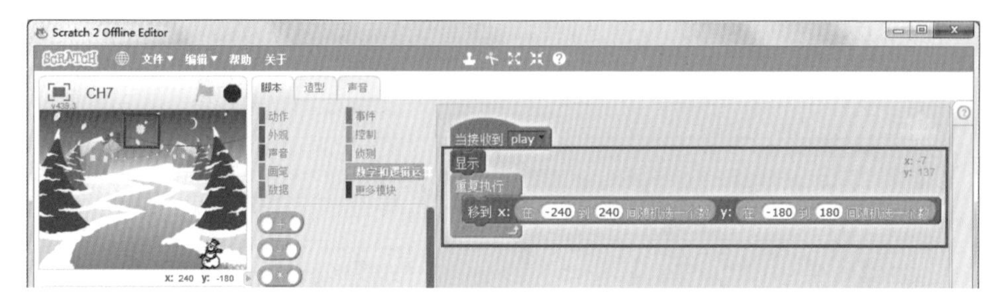

6. 单击 控制，拖曳 等待 1 秒，输入【3】。
7. 拖曳 克隆 自己。

提示

程序不停产生克隆体，会让程序执行效率变差或显示延迟，因此建议秒数可增多一点，或者限定"重复执行 100 次"，即只产生 100 个雪花。次数可根据自己的设计决定。

8. 用鼠标双击指令积木，检查是否每隔 3 秒在舞台任何地方随机出现另一片雪花。

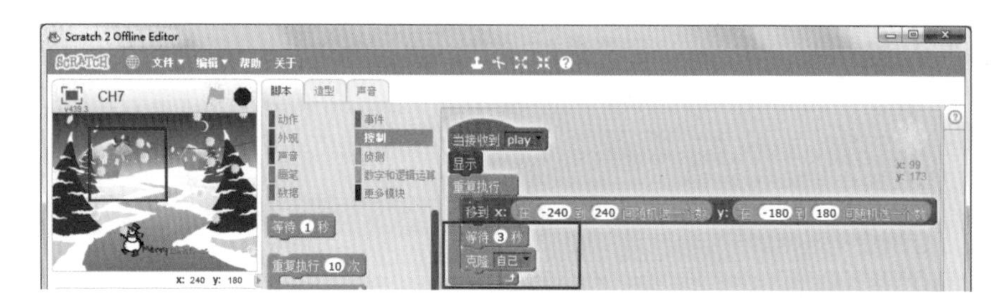

7.8.2 产生克隆体时闪烁

1. 拖曳 当作为克隆体启动时 与 重复执行 。
2. 单击 外观，拖曳 将 颜色 特效增加 25 。
3. 用鼠标双击指令积木，检查是否每隔 3 秒在舞台任何地方出现另一片雪花，并且不停地闪烁。

提示

外观特效的改变可以根据个人的设计，设置不同的特效功能及参数值。

7.8.3 克隆体移动缩放

产生雪花克隆体时，雪花不停地移动旋转，并且缩小。

1. 拖曳 当作为克隆体启动时 与 重复执行 。
2. 拖曳 将角色的大小增加 10 与 在 1 到 10 间随机选一个数 ，输入【-1 到 -10】。
3. 拖曳 向右旋转 15 度 与 在 1 到 10 间随机选一个数 ，输入【1 到 360】
4. 拖曳 在 1 秒内滑行到 x: 159 y: 167 与 2 个 在 1 到 10 间随机选一个数 。
5. 将“1 到 10”分别改成 X:【-240 到 240】、Y:【-180 到 180】。

6. 拖曳 在 1 到 10 间随机选一个数 到【1】秒，输入【5 到 10】秒。

7. 单击 ● 停止程式的执行，全部雪花消失。
8. 保存程序文件。

课后练习

一、选择题

1. (　) 下列哪一个指令积木用来侦测当前正在查看项目的“账户名称”？

(A) 当前时间 分　(B) 说 Hello! 2 秒　(C) 连接 hello world　(D) 用户名

2. (　) 下列哪一个指令积木开始执行“克隆体”的指令积木？

(A) 克隆 自己　(B) 当作为克隆体启动时　(C) 删除本克隆体　(D) 当角色被点击时

3. (　) 下列哪一个指令积木用来切换“背景”？

(A) 将造型切换为 造型2　(B) 将背景切换为 gingerbread　(C) 背景名称　(D) 下一个造型

4. (　) 下列哪一个指令积木可以“随机挑选某一范围内的数”？

(A) 将角色的大小增加 10　(B) 回答　(C) 在 1 到 10 间随机选一个数　(D) world 的长度

5. (　) 下列关于指令积木的叙述哪一个是“正确的”？

(A) 将角色的大小增加 10 调整角色大小

(B) 将角色的大小增加 在 10 到 -10 间随机选一个数 参数“10”将角色放大 10

(C) 将角色的大小增加 在 10 到 -10 间随机选一个数 参数“-10”将角色缩小 10

(D) 以上皆是

6. (　) 下列哪一个指令积木会“重复执行内层程序，直到条件成立才执行下一行”？

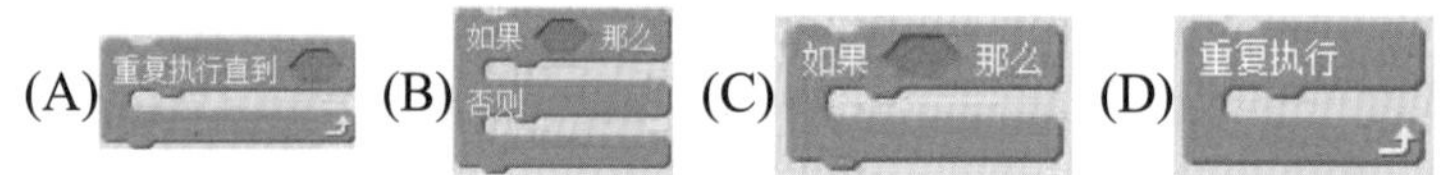

7. (　) 下列哪一个指令积木让角色往左移动？

(A) 将x坐标增加 10　(B) 将y坐标增加 -10　(C) 将x坐标增加 -10　(D) 将y坐标增加 10

8. (　) 重复执行直到 x座标 < -200 将x坐标增加 -1 指令积木的执行结果为何？

(A) 角色从右向左移动　(B) 角色从左向右移动

(C) 角色在坐标小于 -200 时才移动　(D) 角色重复执行由下而上移动

9. (　) 下列哪一个指令用来“停止程序执行”？

(A) 将x坐标增加 10　(B) 将y坐标增加 -10　(C) 将x坐标增加 -10　(D) 将y坐标增加 10

延伸练习

10. (　　) 下列关于“克隆体”的叙述哪一个是“错误的”？

(A) 克隆 自己 在相同“坐标”克隆一个跟自己一模一样的克隆体角色

(B) 本身与克隆体执行不同的指令积木

(C) 删除本克隆体 删除当前角色的克隆体

(D) 程序停止执行时，克隆体不会自动全部被删除

二、实践题

1. 请选择“铃铛”，设计造型变化的动画，并将“铃铛”重复执行从舞台由左向右随机出现。

2. 启动因特网，下载一些关于圣诞节相关的声音、上传声音并播放声音。

8 月亮变化

简介

本章将利用造型、变量、询问与如果条件判断等来设计月亮变化的程序。程序执行时使用键盘来控制程序功能，按空格键开始执行 1~30 的月亮变化、按 S 键停止自动播放、按 Q 键查询特定日期的月亮变化并判断输入日期为满月、新月、上 弦月或下弦月。

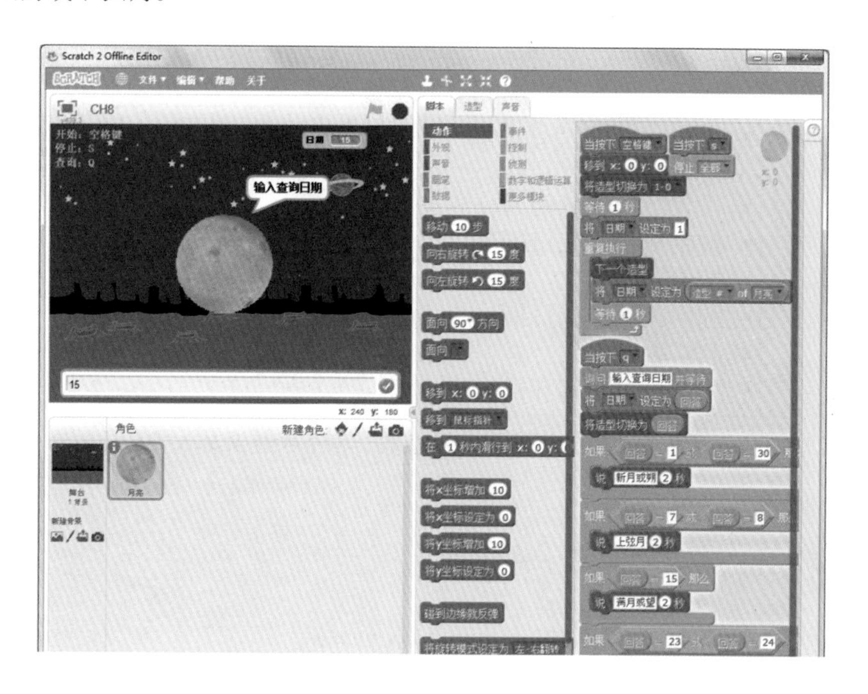

本章学习目标

完成本章节练习，将可学习到下列功能：

- 能够了解侦测角色信息的功能。
- 能够使用键盘输入和变量在程序中实现查询功能。
- 能够使用询问和回答在程序中实现查询功能。
- 能够使用图像处理软件编辑中文舞台。
- 能够使用因特网搜索信息、判断信息的正确性，并将信息应用于程序设计。
- 能够将项目作品上传至 Scratch 官网进行分享。

8.1 脚本规划

程序设计前先规划操作说明舞台、一个内含 30 种造型的月亮角色、相关的动画内容及 Scratch 指令积木相关的脚本。

月亮变化脚本规划

舞台	角色	动画情景	Scratch 指令积木
舞台	月亮	▪ 设置 1 日的月亮为第一个造型 ▪ 设置日期变量为月亮造型 ▪ 按空格键开始自动变化 ▪ 按 Q 键查询 ▪ 询问输入查询日期 ▪ 判断查询结果，并说结果 ▪ 按 S 键停止程序的执行	▪ 动作 移到 XY 坐标 ▪ 事件 按空格键、S 键与 Q 键 ▪ 数据 日期变量 ▪ 侦测 询问、回答 ▪ 外观 切换造型、说 ▪ 控制 重复执行、如果 ▪ 数字和逻辑运算 等于、或

*脚本规划前建议使用本书附录 C 中提供的表格，将个人想法填入“我的创意规划”。

8.2 编辑中文舞台背景

编辑中文舞台背景、上传一个角色及 30 种造型。

8.2.1 选择背景图片

从背景库选择月亮变化的舞台背景。

1. 选择【开始 > 所有程序 > Scratch 2.0】启动 Scratch，将猫咪角色删除。

2. 选择【舞台】，单击 背景 标签，单击 选择背景。
3. 单击【Space > 打开】。

4. 按照“课后提高”编辑中文舞台背景或按照步骤 5 输入英文舞台背景。

5. 单击 背景 ，再单击 ，输入【Press “Space” for Start】、【Press “S” for Stop】、【Press “Q” for Query】。

8.2.2 上传角色及造型

上传月亮角色及 30 个造型。

1. 在【新建角色】中，单击 【从本地文件中上传角色】。
2. 选择【1 > 确定】。
3. 单击 ，输入角色名称【月亮】。
4. 选择 造型 ，单击 【上传造型文件】。
5. 拖曳【2~30 > 打开】。

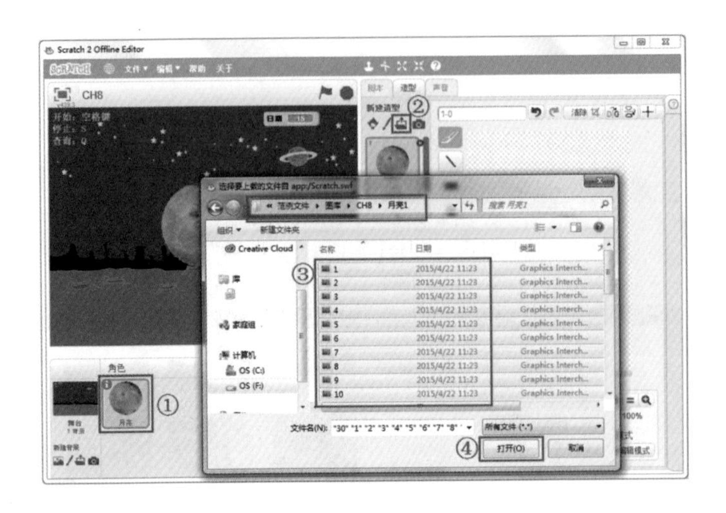

6. 拖曳造型并按照 1~30 的顺序排列。

提示

在本书提供的范例文件中"月亮 2"文件夹里有另一组月亮变化的图片，大家可以根据自己的背景选择不同的月亮变化图片。

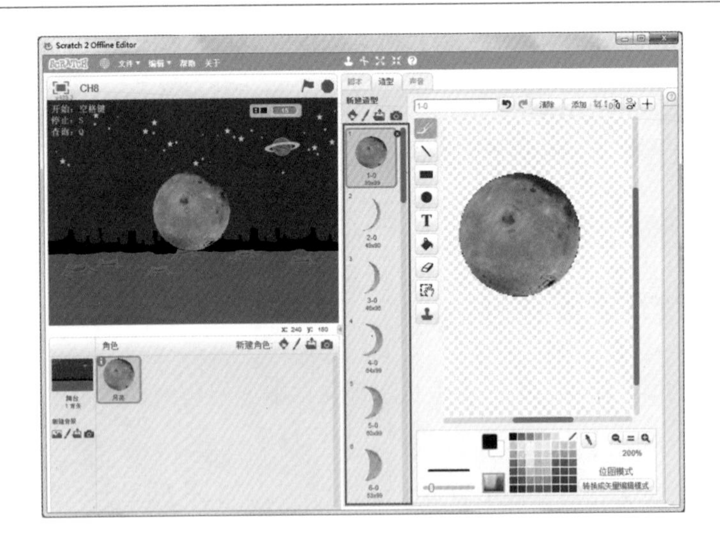

提示

在【新建造型】中选择【造型 >从本地文件中上传造型】，按序双击鼠标，一次打开一个造型。

8.3 键盘控制程序开始

按空格键，开始自动播放月亮变化。

8.3.1 月亮变化的设计流程

8.3.2 设置程序开始造型

按空格键，开始执行程序。

1. 拖曳 当按下 空格键 与 移到 x: 0 y: 0 。
2. 拖曳 将造型切换为 30-0 ，选择【1-0】
3. 拖曳 等待 1 秒 。

技巧

程序开始执行，将月亮移到舞台中央，并切换到第一个造型。

技巧

每隔1秒切换一个造型。

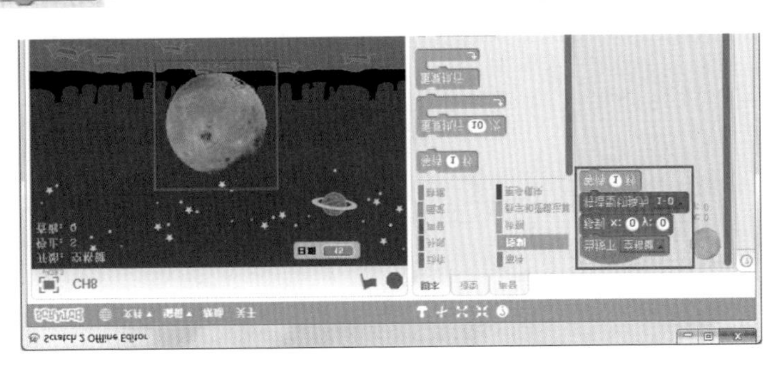

8.4 设置变量为角色的造型编号

新建一个日期变量，并将日期变量设置为月亮角色的造型编号。

1. 单击 新建变量，输入【日期 > 确定】。
2. 拖曳 将 日期 设定为 0，输入【1】。

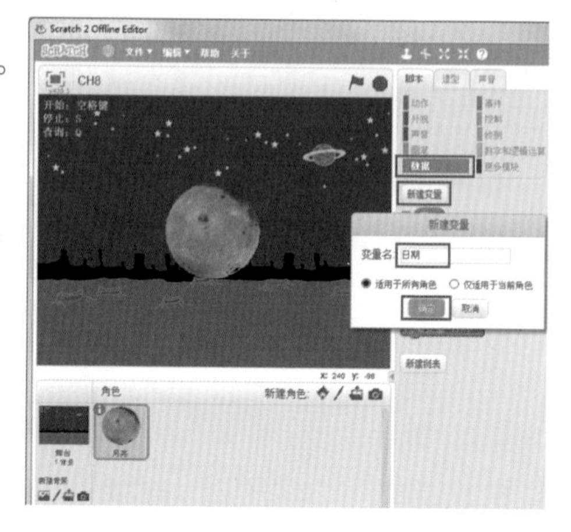

技巧

1 日的月亮为造型 1 图片，所以程序开始运行时，造型设为 1、日期也设为 1。

3. 拖曳 重复执行 与 下一个造型。
4. 拖曳 将 日期 设定为 0。
5. 拖曳 x座标 of 月亮 到日期【0】。
6. 单击 ▼，再选择【造型编号】。
7. 拖曳 等待 1 秒。

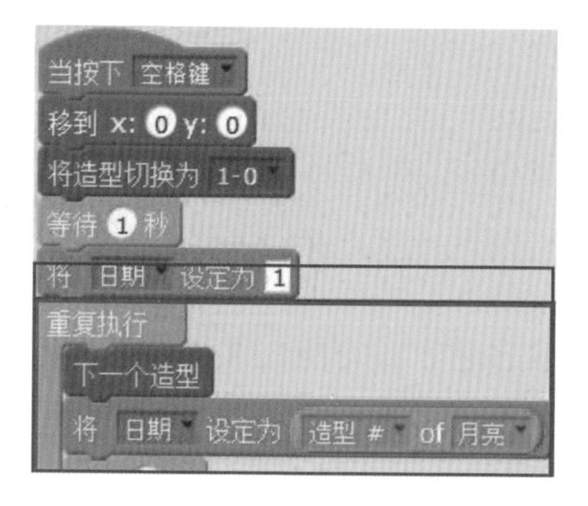

技巧

将 日期 设定为 造型 # of 月亮 “日期 = 造型编号”，1 日时显示 1 日的月亮，2 日则显示 2 日的月亮，依此类推。

8. 按空格键检查月亮是否按照顺序变化。

8.5 键盘输入查询

8.5.1 键盘控制查询

按Q键，从键盘输入日期、显示该日期的月亮变化。

1. 拖曳 当按下 空格键 ,单击 ▼,再选择【Q】。
2. 拖曳 询问 What's your name? 并等待 ，输入【输入查询日期】。
3. 拖曳 将 日期 设定为 0 。
4. 拖曳 回答 到【0】。
5. 拖曳 将造型切换为 30-0 。
6. 拖曳 回答 到【30】。

技巧

将查询日期设定为“回答”，“用户输入的日期 = 日期变量 = 回答”。

技巧

将造型设定为输入的日期，当用户输入10，“回答 = 10，日期 = 回答（10），造型 = 回答 =10”，显示10日的月亮。

8.5.2 键盘控制停止

按S键停止程序的执行。

1. 拖曳 当按下 空格键 ,单击 ▼,再选择【S】。
2. 拖曳 停止 全部 。
3. 按S键，检查程序是否全部停止。

8.6 用“如果条件”来判断月象

8.6.1 查询月亮变化判断的流程

查询新月、上弦月、满月或下弦月的日期。

初一或三十： 新月或朔	初七或初八： 上弦月	十五： 满月或望	廿三或廿四： 下弦月

提示

查询月象变化相关网站【中央气象局 > 天文 > 月象图】http://www.cwb.gov.tw/V7/astronomy/moonface.htm。

判断月象的流程

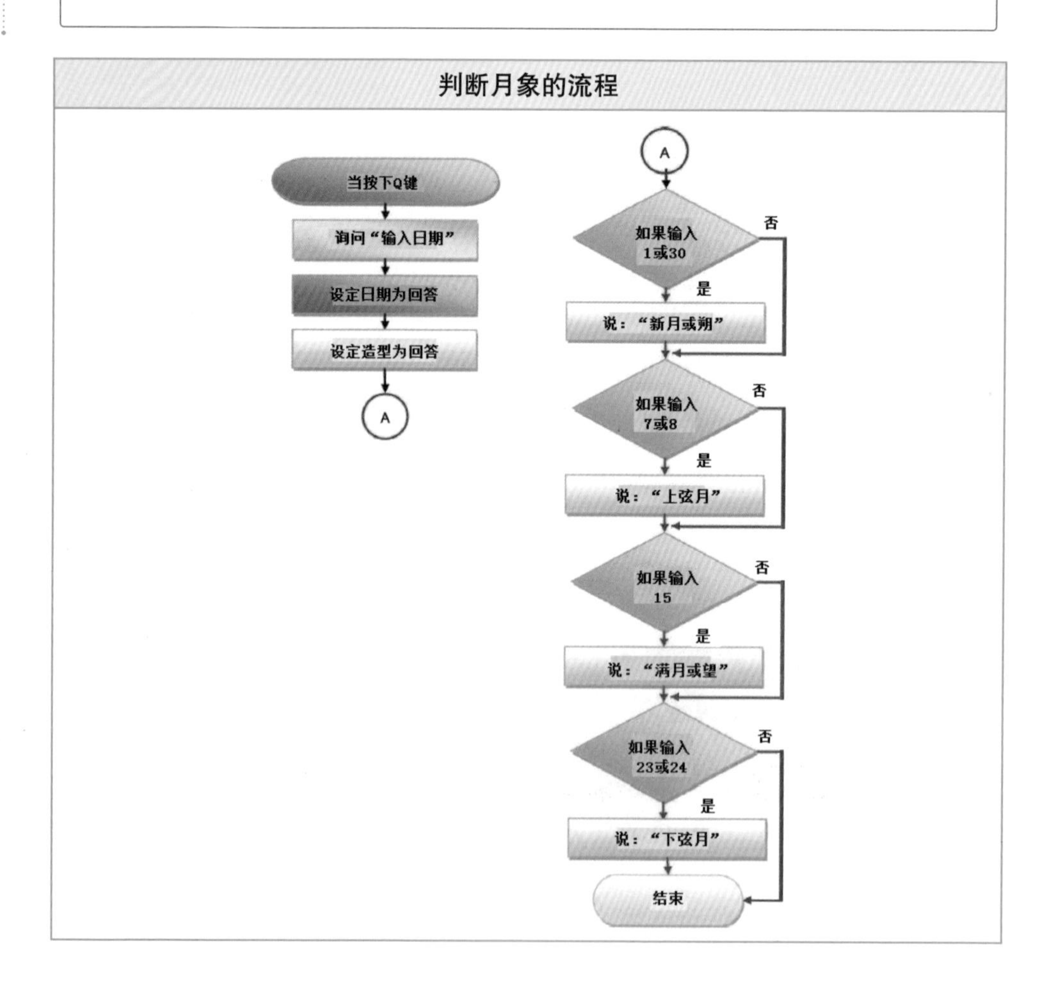

8.6.2 查询新月或朔

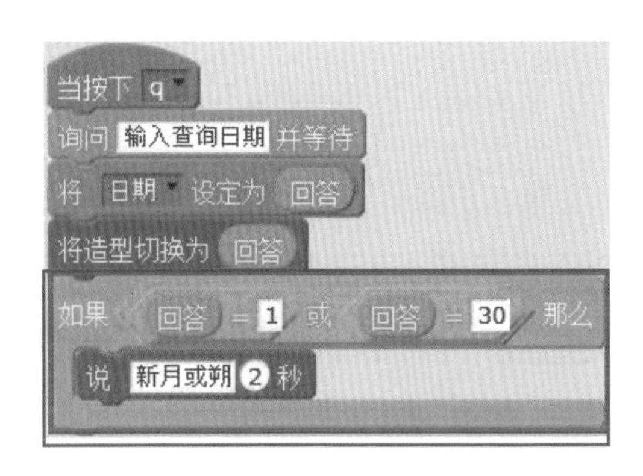

1. 拖曳 如果 那么 。

2. 拖曳 或 到 < 如果那么 > 条件的位置。

3. 拖曳两个 = 到“或”。

4. 拖曳 回答 到“=”左侧，在右侧输入【1】和【30】。

5. 拖曳 说 Hello! 2 秒，输入【新月或朔】。

8.6.3 查询其他月亮变化

仿照上面的步骤，拖曳“上弦月”、“满月或望”以及“下弦月”。

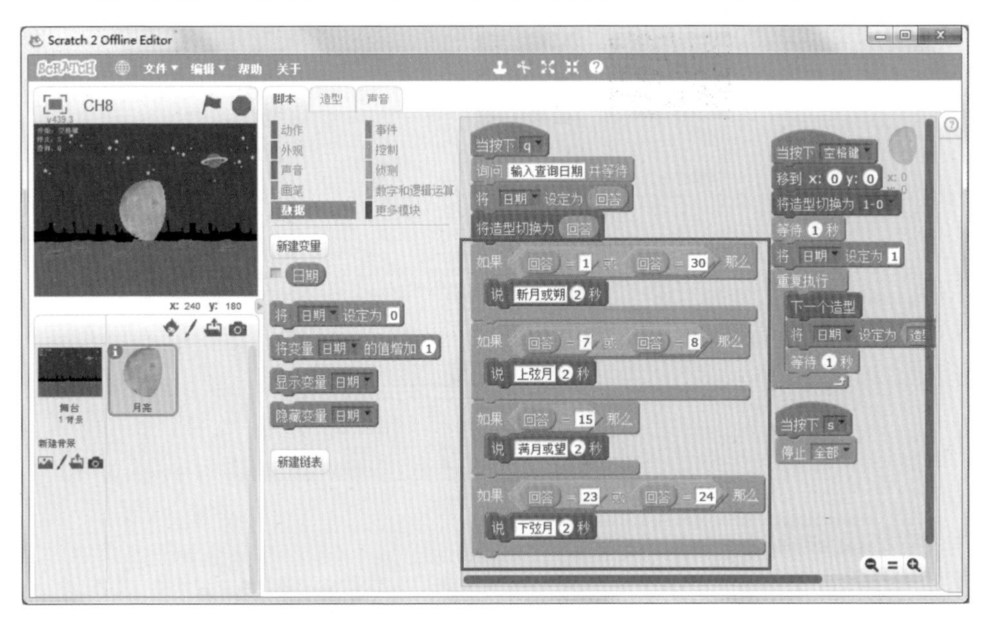

8.7 将项目上传到官网进行分享

8.7.1 官网注册用户账号

从 Scratch 连接到官网注册。

1. 单击 SCRATCH，打开 Scratch 官方网站。

2. 单击 ▼，再选择【简体中文】。

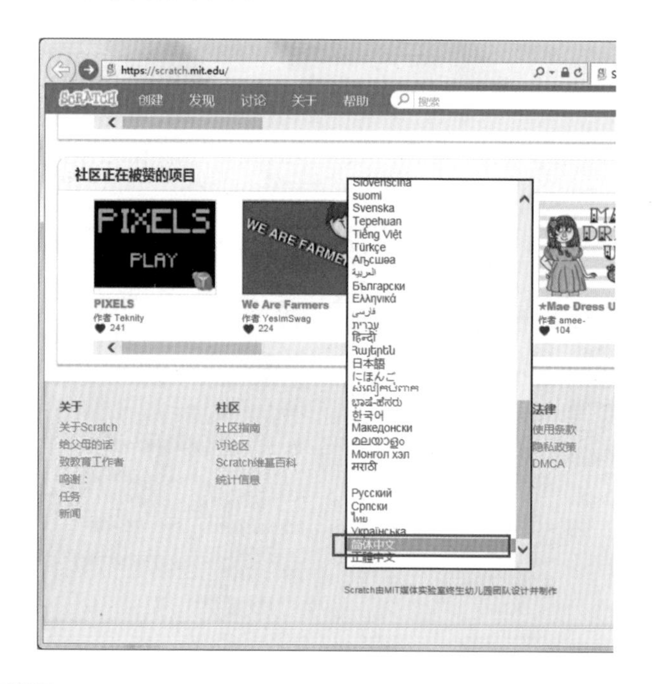

3. 选择 加入Scratch。

4. 输入 Scratch 账户名称与密码，再单击【下一个】。

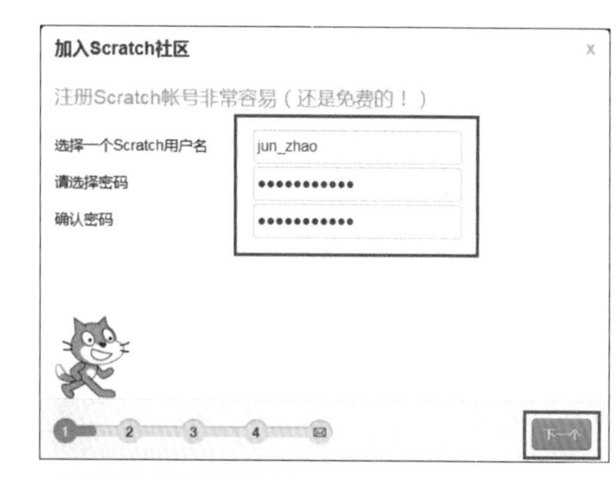

技巧

提醒您！两次输入的密码要一样的喔！

5. 选择【出生月份】与【年份】、性别、国家并单击【下一个】。

6. 输入两次 e-mail 地址，并单击【下一个】。

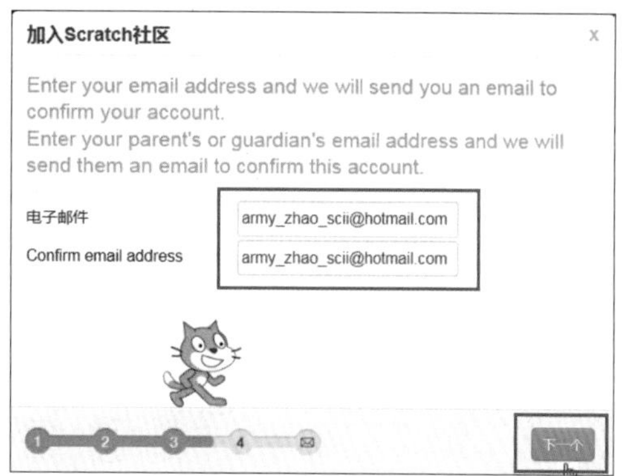

7. 注册完成后单击 OK · let's go!，自动进入 Scratch 登录画面首页。

8. 注册完成，登录自己的 e-mail 账号，打开 Scratch 寄出的确认信，单击 Confirm my email address 确认 e-mail 才能上传自己制作的项目或作品。

8.7.2 分享作品——上传作品至官网

在 Scratch 线下编辑器中上传作品至 Scratch 官网。

1. 单击菜单【文件】，选择 分享到网站（上传至官网分享）。

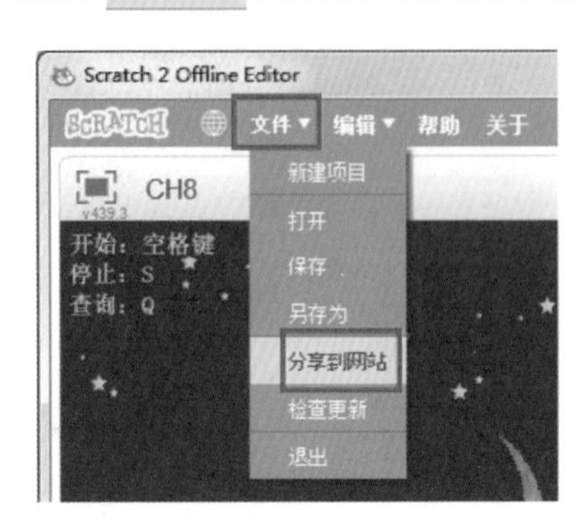

2. 输入“项目名称”【月象查询】、“您的 Scratch 姓名”【Scratch 账户名 称：gotop】、“密码”【账户密码】，再单击【确定】按钮。

3. 上传项目完成后，单击【OK】按钮。

4. 回到 Scratch 网站，选择【我的项目中心】，就可以看到上传的项目。

课后练习

一、选择题

1. (　) 指令积木属于哪一类运算方式？
(A) 算术运算 (B) 关系运算 (C) 逻辑运算 (D) 字符串运算

2. (　) 或 指令积木属于哪一类运算方式？
(A) 算术运算 (B) 关系运算 (C) 逻辑运算 (D) 字符串运算

3. (　) 下列哪一个指令积木可以应用在查询角色或舞台的 *X* 坐标值、*Y* 坐标值、方向、造型编号、造型名称、大小或音量等功能？
(A) 视频侦测 动作 在 角色 上 (B) x座标 of Sprite1 (C) 鼠标的x坐标
(D) 碰到 ？

4. (　) 将 日期 设定为 回答 指令积木的叙述哪一个是“错误的”？
(A) 回答是变量名称　　(B)“回答 = 日期”
(C) 键盘输入询问的“回答”会设定成“日期”变量
(D) 日期是变量名称

5. (　) 将造型切换为 回答 指令积木的叙述哪一个是“错误的”？
(A) 键盘输入询问的“回答”会作为要切换造型的编号
(B) 造型属于角色造型　　(C) 造型属于舞台造型
(D) 若输入 1，则显示角色“造型编号 =1”的造型

6. (　) 下列哪一个指令积木可以应用在“条件判断”程序设计中？
(A) 重复执行 (B) 重复执行 10 次 (C) 广播 message1 (D) 如果 那么

7. (　) 回答 = 7 或 回答 = 8 指令积木的意义是什么？
(A) 当“回答 = 7 且 回答 = 8”两个条件同时成立则为“真”
(B) 当“回答 = 7 或 回答 = 8”两个条件其中一个条件成立则为“真”
(C) 当“回答 = 7 或 回答 = 8”两个条件都不成立则为“真”
(D)“回答不等于 7”或“回答不等于 8”两个条件其中一个条件成立则为“真”

8. (　) 若想要从文件夹中上传图片文件，上传的图片要当作角色的新造型应该选择下列哪一个功能？

延伸练习

(A) 从造型库中选取角色 (B) 绘制新造型

(C) 从本地文件上传造型 (D) 拍摄照片当作新造型

9. ( ) 下列关于 Scratch 舞台背景的叙述哪一个是“错误的”？

(A) 在 Scratch 编辑舞台背景时可以输入中文

(B) 在 Scratch 编辑舞台背景时只允许输入英文

(C).SVG 文件可导入舞台当背景

(D).PNG 或 .JPG 文件可以导入舞台当背景

10. ( ) 关于 Scratch 官方网站叙述哪一个是“错误的”？

(A) 选择舞台左上方的 SCRATCH，可以直接连接到 Scratch 官方网站

(B) 上传作品分享时需要先注册 (C) Scratch 官方网站注册需付费

(D) Scratch 官方网站允许使用线上版 Scratch 创建新项目

二、实践题

1. 请开启因特网，连接到 Scratch 官方网站，申请账号，并将项目作品上传到官方网站进行分享。

我的 Scratch 用户名是	________________
我的密码是	________________

2. 请练习使用图像处理软件或图片处理程序，设计一个含中文说明的背景图片，并将图片保存为 .PNG 文件。

课后提高

中文舞台背景

从背景库选择月亮变化图片作为舞台背景，另存舞台背景到本地文件。启动图像处理软件编辑中文说明，再导入 Scratch 作为舞台背景。

将背景存到我的计算机

在舞台上，选择 背景，再用鼠标右键单击【space2】，选择【保存到本地文件】。

课后提高

图片处理程序

1. 启动图片处理程序 GIMP。

2. 选择【文件 > 打开 > space2.svg > 打开】。

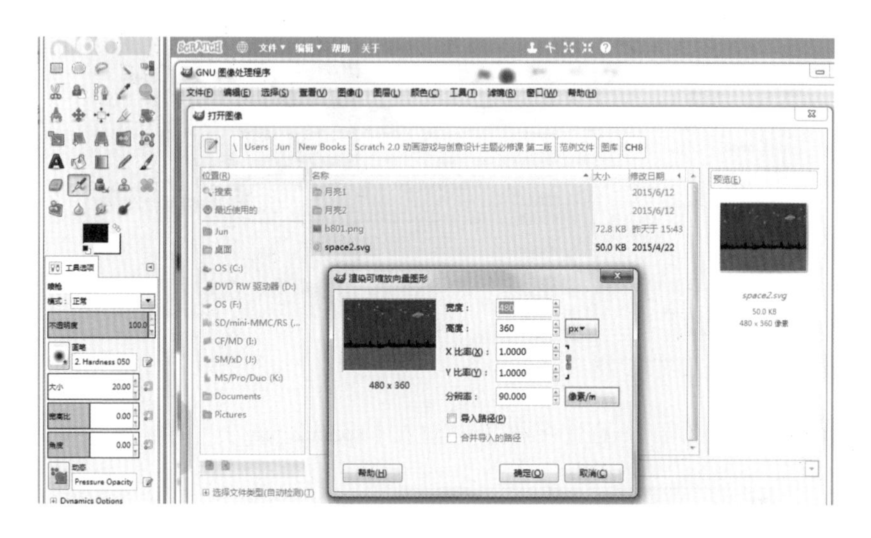

3. 单击 A 文字工具，选择【字体】、【字体大小】、【颜色】，输入“开始：按空格键”、“停止：按 S”、“查询：按 Q”。

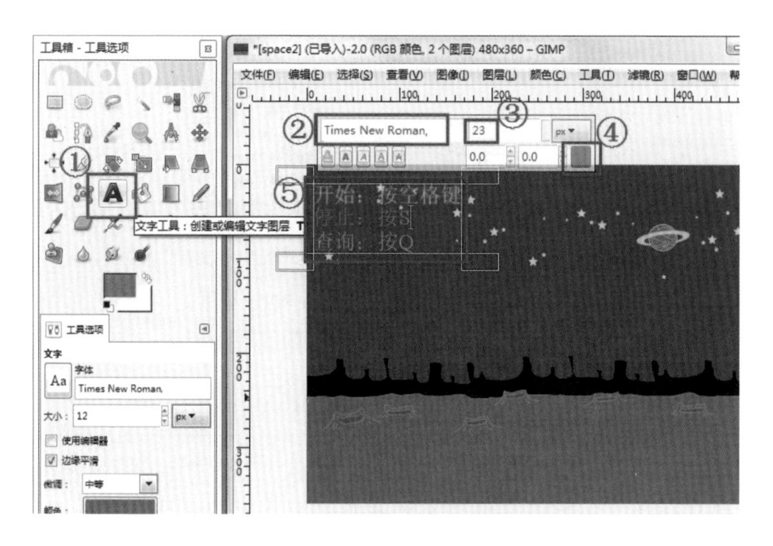

课后提高

4. 选择菜单【文件 > Export As（导出）】。

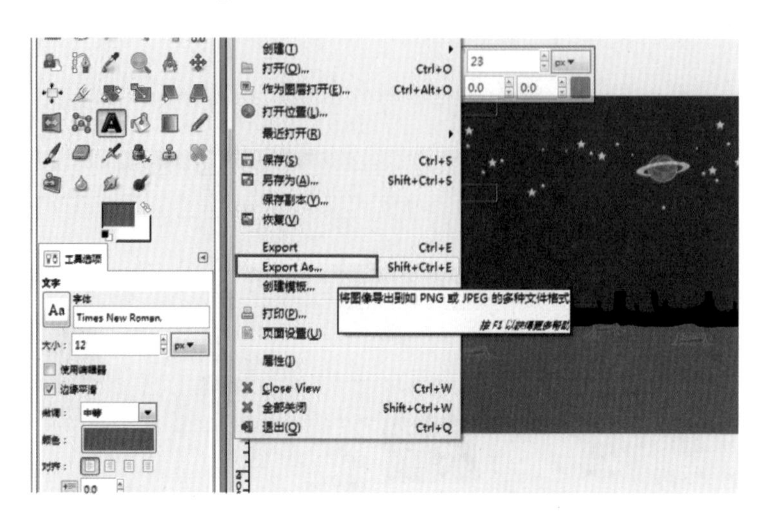

5. 选择【PNG 图像】，在【名称】中输入【space2.png】并导出。

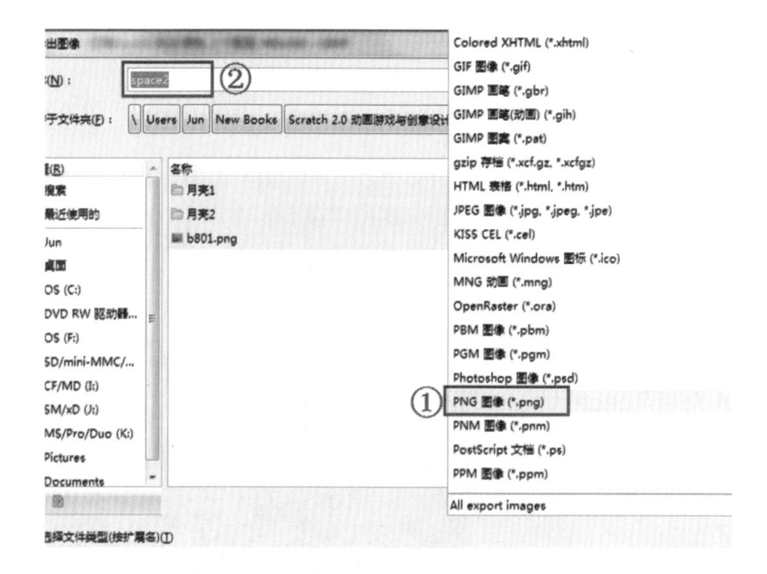

提示

关于图片处理程序，您可以挑选熟悉的软件，输入中文说明，然后另存图片文件为 .png 格式。

课后提高

上传背景图片

回到 Scratch，单击 从本地文件中上传背景，选择【space2.png > 打开】。

技巧

space2.svg 是 Scratch 内建的范例图片，space2.png 是处理过的图片。

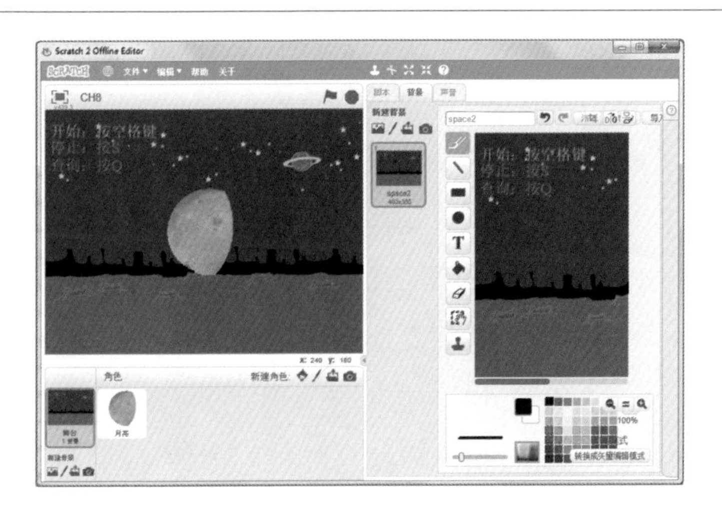

9 打棒球

简介

本章将利用视频侦测（或计时器）来设计“打棒球”程序。首先棒球机自动侦测影像，如果有视频移动（或计时器计时超过 10 秒）就说：“欢迎光临，请选择球速”。接着打击者选择“球速”角色、选择球速、开始打击，倒数计时三分钟。每打击一球就获得“打击 1 分”，打击 5 分以上就出现啦啦队加油。每隔 10 秒再度显示加油。

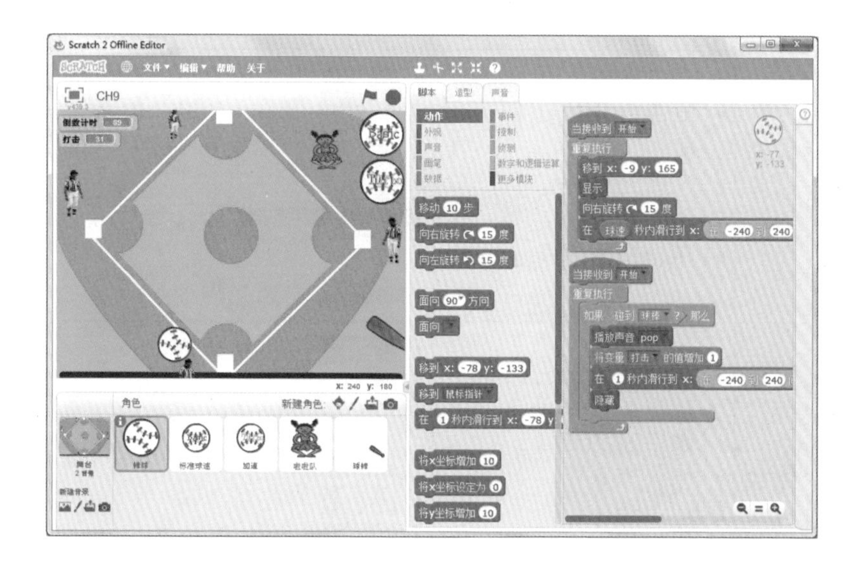

本章学习目标

完成本章节练习，将可学习到下列功能：

- 能够了解多媒体视频及声音的基本操作。
- 能够将多媒体应用于程序设计中。
- 能够了解启动程序事件的多种设计方式。
- 能够应用舞台坐标控制角色的动作。
- 能够把程序设计语言的条件执行流程应用于动画设计中。
- 能够发挥创造力，针对同一主题功能应用多种设计方式。

9.1 脚本规划

程序设计前先规划棒球场舞台、打击者的球棒、棒球与“标准”、“加速”两种与球速相关的动画内容以及 Scratch 指令积木脚本。

打棒球脚本规划

舞台	角色	动画情景	Scratch 指令积木
舞台 1 棒球场	标准 球速 加速	▪ 单击一下设定标准球速 ▪ 广播开始 ▪ 关闭视频 ▪ 开始倒数计时 180 秒	▪ 事件 当角色被单击时、广播 ▪ 数据 球速与倒数计时变量 ▪ 控制 直到重复执行、等待、停止全部 ▪ 数字和逻辑运算 将球速设为随机选一个数 ▪ 侦测 关闭视频
	棒球	▪ 接收到广播“开始”时开始投球 ▪ 如果碰到球棒 ▪ 加入声音 ▪ 打击加 1 分 ▪ 打击出去(球飞出去) ▪ 棒球隐藏	▪ 事件 接收到开始 ▪ 控制 重复执行、如果 ▪ 侦测 碰到球棒 ▪ 声音 播放声音 ▪ 数据 打击加 1 分 ▪ 动作 1 秒内移到 XY ▪ 外观 隐藏 ▪ 数字和逻辑运算 随机选一个数
	球棒	▪ 跟着鼠标的指针左右移动 ▪ 如果碰到棒球就挥棒旋转	▪ 事件 接收到开始 ▪ 控制 重复执行、如果 ▪ 侦测 鼠标 *X* 坐标、碰到棒球 ▪ 动作 球棒 *X* 坐标设为鼠标 *X* 坐标 ▪ 动作 面向 90 度方向、旋转
	啦啦队	▪ 如果打击获得 5 分以上显示并说加油 ▪ 每隔 10 秒就显示加油	▪ 事件 当绿旗被单击 ▪ 控制 重复执行、如果否则、等待 ▪ 数字和逻辑运算 打击 >5 ▪ 数据 打击变量 ▪ 外观 显示、切换造型、说加油、隐藏

*脚本规划前建议使用本书附录C中提供的表格，将个人想法填入“我的创意规划”。

9.2 舞台与角色布置

找到本书提供的范例文件所在的文件夹，从中上传“棒球场”的舞台背景文件并新建“标准球速”、“加速”、“棒球”、“啦啦队”与“球棒”角色。

9.2.1 从本地文件中上传背景

1. 选择【开始 > 所有程序 > Scratch 2.0】启动 Scratch，将猫咪角色删除。
2. 在【舞台】上，单击 【从本地文件中上传背景】。
3. 找到本书提供的范例文件所在的文件夹，用鼠标双击【/ 范例文件 / 图库 / CH9】。
4. 选取【b901】，单击【打开】。

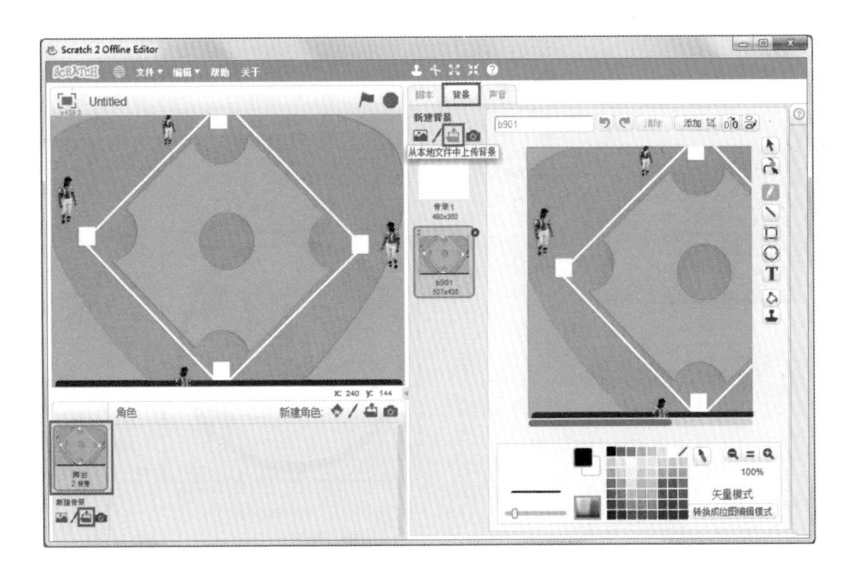

9.2.2 新建与复制角色

“标准球速”、“加速”、“棒球”、“啦啦队”与“球棒”角色。

1. 在【新建角色】中，单击 【从角色库中选取角色 】。
2. 单击【Baseball】棒球，再单击【确定】按钮。

3. 单击 ，输入【标准球速】。
4. 选择【标准球速】角色，单击 造型 ，再单击 ，选择文字“颜色”与字体“Scratch”，输入【Basic】。
5. 单击 设置造型中心。
6. 用鼠标右键单击【标准球速】，再单击【复制】，单击 ，输入【加速】。
7. 单击 造型 ，再单击 ，然后选择文字“颜色”与字体“Scratch”，输入【Turbo】。
8. 单击 对形状填色，再单击 设置造型中心。

提示

1. 按照自己的设计，选择不同的角色图案及名称，但是造型区的 只能输入英文。
2. 也可以导入图库角色文件或打开内建的完整角色与背景的练习文件。

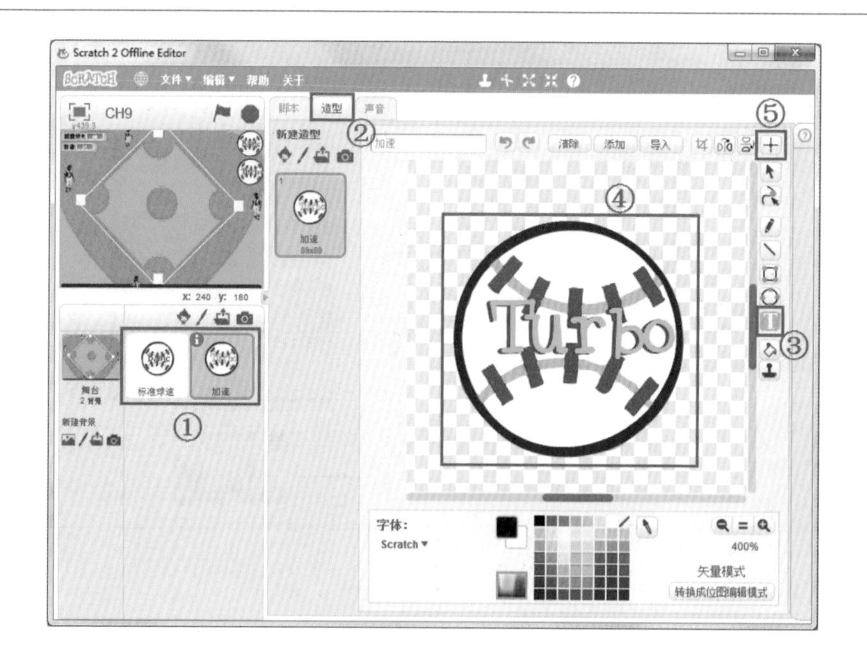

9. 单击 【放大】和 【缩小】调整角色的大小及位置。
10. 重复以上步骤，新建【Baseball】棒球与【Ballerina】啦啦队角色。

9.2.3 上传角色

从范例文件所在的文件夹中找到图库文件夹，上传“球棒”角色。

1. 单击【从本地文件中上传角色】。
2. 找到本书提供的范例文件所在的文件夹，用鼠标双击【/ 范例文件 / 图库 / CH9】。
3. 选取【球棒 > 打开】。

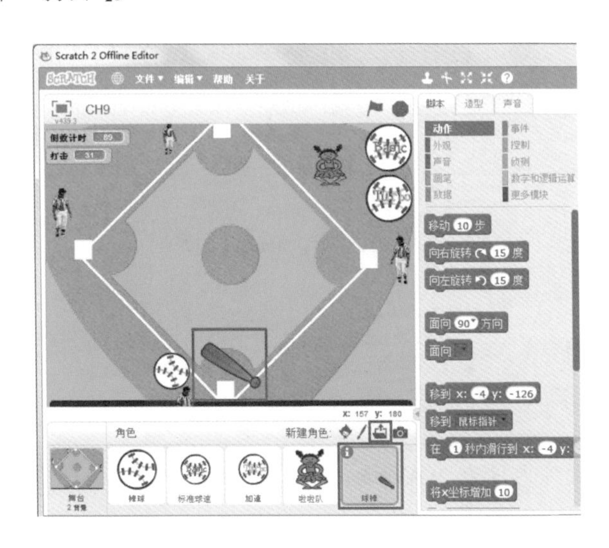

9.3 录制、编辑与播放声音

录制或上传“欢迎光临，请选择球速”的声音。

9.3.1 录音

1. 选择【舞台】，单击 声音 标签，选择 录制新声音。

提示

记得开启喇叭，单击 将默认的“喵”声音删除。

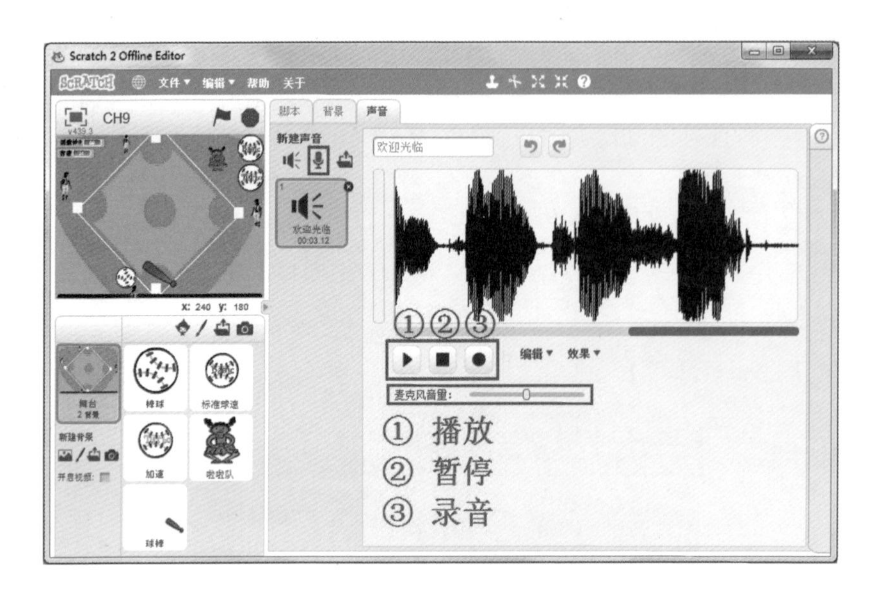

2. 单击 ● 开始录音，说：“欢迎光临，请选择球速”。

3. 单击 ■ 暂停录音。

4. 单击 ▶ 播放音效。

技巧

1. Scratch 录音文件内建为 .WAV 格式。
2. 在 Scratch 声音中，🎤 录制新声音，属于 .WAV 文件类型；⏏ 上传声音，文件类型包括 .MP3 和 .WAV 文件格式。

提示

如果未安装麦克风，单击 ⏏ ，找到范例文件目录，选择【/声音 库/欢迎光临.mp3】。

多元观点

大家可以练习打开多个声音文件，利用【复制】或【效果】将录音文件和内建声音文件进行混合编辑。

9.3.2 播放声音

选择 脚本 ，单击 声音 ，拖曳 播放声音 录音1 直到播放完毕 。

9.4 以视频移动、声音或时间来启动程序

使用计时器、网络摄影机或响度来启动程序的执行。

计时器、视频与响度启动程序执行方式

计时器启动	响度启动	视频移动启动
当 计时器 > 10 当计时器时间大于 10 秒时，开始执行下一行程序指令积木。	当 响度 > 10 当侦测麦克风响度大于 10 时，开始执行下一行程序指令积木。响度为 1~100。	当 视频移动 > 10 当侦测网络摄影机的移动值大于 10 时，开始执行下一行程序指令积木。

9.4.1 开启摄像头

当绿旗被单击，程序开始执行时，先开启摄像头。

1. 选择 舞台 2 背景【舞台】，拖曳 当 被点击 。
2. 单击 侦测 ，拖曳 将摄像头 开启 、将视频透明度设置为 50 % 。

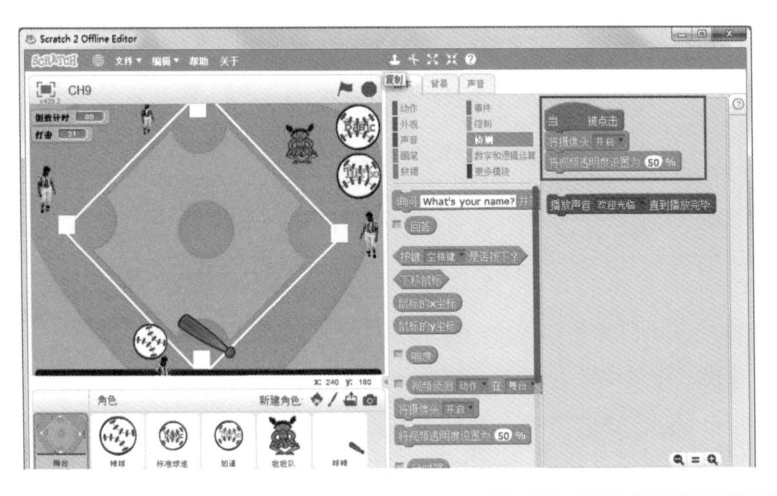

提示

已安装网络摄影机的请将网络摄影机打开，未安装网络摄影机的就暂时将 将摄像头 开启 设定为关闭 将摄像头 关闭 。

多元观点

将视频透明度设置为 50 % 透明度范围为0~100%，0可以显示完整的视频影像，100%则是视频影像全透明，请按照自己的设计来设置透明度。

提示

如果要关闭视频，用鼠标双击积木区的 将摄像头 关闭 。

9.4.2 侦测视频移动

侦测视频移动来启动程序播放“欢迎光临”声音。

1. 将 当 计时器 > 10 拖曳到 播放声音 录音1 直到播放完毕 上方。
2. 单击 ▼，再选择【视频移动】当 视频移动 > 10 。
3. 选择【10】，输入【20】。
4. 单击 控制 ，拖曳 等待 1 秒 ，输入【2】。

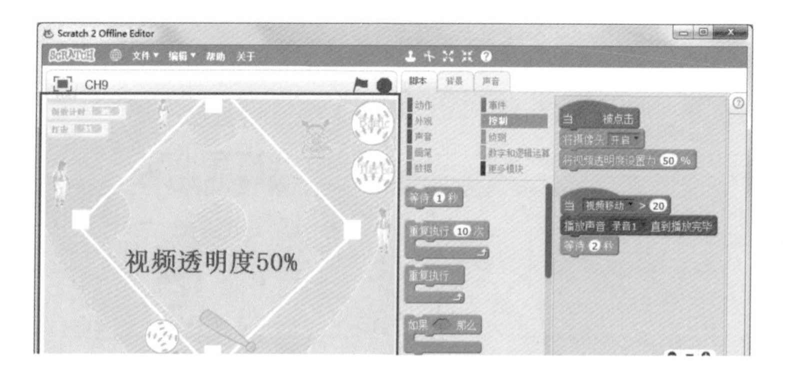

提示

1. 如果未安装网络摄影机，请将【视频移动】改成【计时器 > 10】。
2. 视频移动“值”越小，摄像头灵敏度就越高。只要开启影像摄影机，小移动就会启动 当 视频移动 > 10 下面的程序指令积木开始运行。

技巧

1. “欢迎光临”播放完毕，等待2秒，再侦测影像摄影机动作，继续重复播放，等待打击者选择球速。
2. 启动摄像头之后，舞台视频透明度为50%。

9.5 球速变化

有“标准球速”与“加速”两种球速角色，单击一下时广播球速。

1. 选择 标准球速 “标准球速”角色，单击 新建变量，输入【球速】。
2. 拖曳 当角色被点击时。
3. 拖曳 将 球速 设定为 0。
4. 拖曳 在 1 到 10 间随机选一个数 到“0”位置。
5. 选择“1 到 10”，输入【0.5 到 1】。

> **技巧**
>
> “球速设为 0.5 到 1 秒之间”控制棒球在 0.5 到 1 秒之间移到打击区球棒的位置，随机发球的每个球速都不同。

6. 拖曳 广播 message1。
7. 单击 ▼，再选择【新消息】，输入【开始】，再单击【确定】。
8. 拖曳 将摄像头 关闭。

> **技巧**
>
> 开始打棒球，关闭视频。

```
当角色被点击时
将 球速 设定为 在 0.5 到 1 间随机选一个数
广播 开始
将摄像头 关闭
```

9. 选择 加速【加速】角色，仿照步骤 1~8，单击 在 1 到 10 间随机选一个数，输入【0.1 到 0.5】。

> **技巧**
>
> “加速”角色的“球速设为 0.1 到 0.5 秒之间”控制棒球在 0.1 到 0.5 秒之间移到打击区球棒的位置，随机发球的每个球速都不同。

```
当角色被点击时
将 球速 设定为 在 0.1 到 0.5 间随机选一个数
广播 开始
将摄像头 关闭
```

9.6 从固定起始位置移到随机位置

棒球从舞台上方发球机的固定位置移到打击区随机位置。

9.6.1 设置固定起始位置

棒球从舞台上方发球机固定位置开始移动，移到舞台下方（$Y = -170$）任何一个 地方（$-240 < X < 240$）。

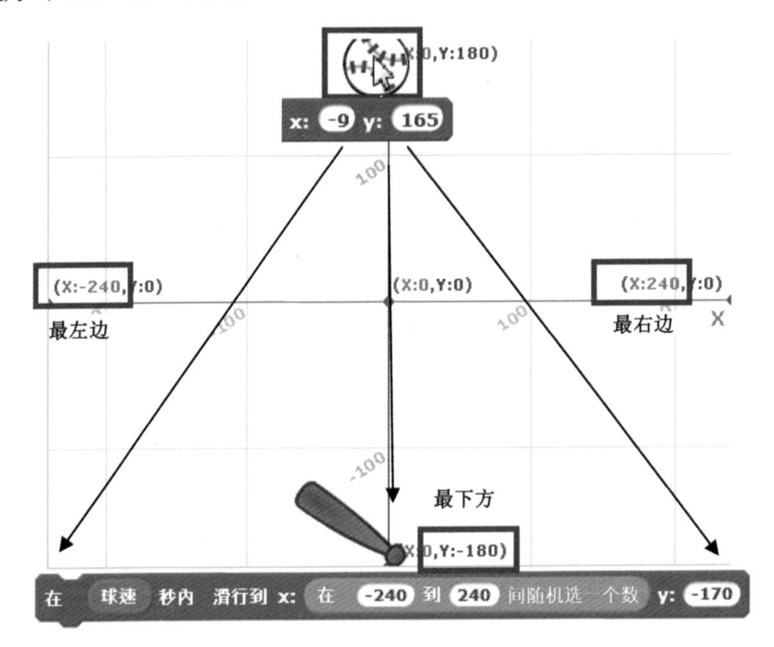

1. 选择【棒球】，调整棒球在舞台的位置及大小。
2. 拖曳 当接收到 开始 。
3. 拖曳 移到 x: -9 y: 165 。
4. 拖曳 显示 。

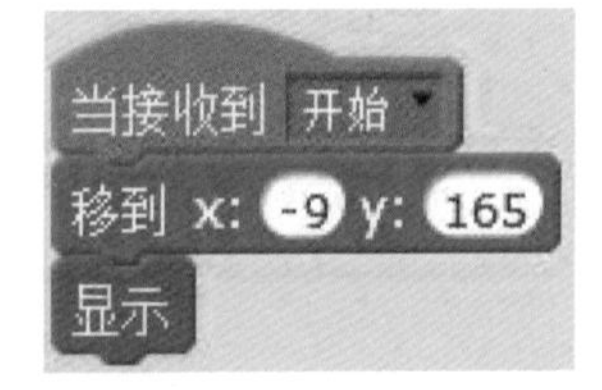

技巧

1. 将棒球的发球起始位置设于 移到 x: -9 y: 165 。
2. 棒球的造型中心与位置影响 XY 坐标值。

9.6.2 移到随机位置

将棒球移到舞台下方（$Y = -170$）打击区的随机位置（$-240 < X < 240$），棒球在移动时旋转。

棒球在移动时旋转。

移动时间越短，球速越快。

1. 拖曳 向右旋转 ↻ 15 度 。
2. 拖曳 在 1 秒内滑行到 x: -9 y: 165 。
3. 拖曳 球速 到“1 秒”位置。
4. 单击 数字和逻辑运算 ，拖曳 在 1 到 10 间随机选一个数 到“X 位置”。
5. 输入【-240 到 240】。
6. 选择【Y】，输入【-170】。
7. 用鼠标双击指令积木，检查棒球是否从舞台上方的（-9, 165）位置移到舞台下方的随机位置。

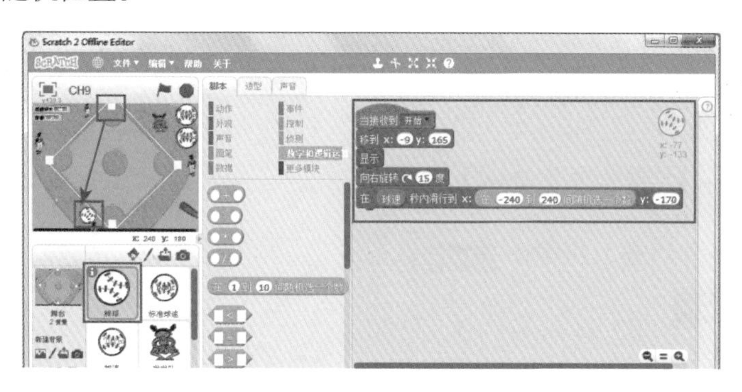

8. 拖曳 重复执行 到指令积木最外层。
9. 单击 ⚑，选择“棒球”角色，检查棒球是否重复执行从舞台上方移到下方。

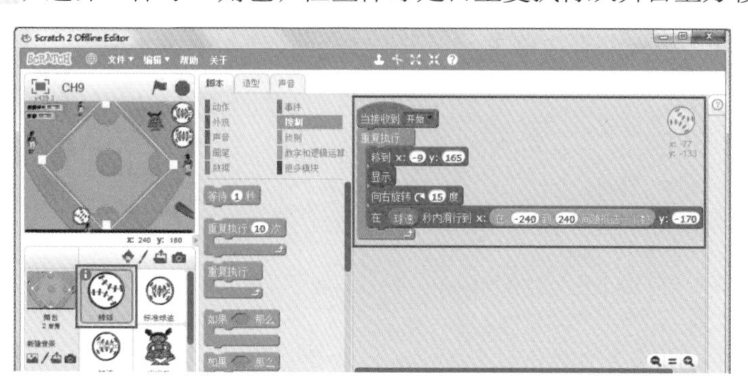

9.7 侦测碰到

如果“棒球”碰到“球棒”则添加声音效果、“打击”得 1 分、棒球反弹。

9.7.1 “棒球”碰到“球棒”

1. 选择【棒球】，拖曳 当接收到 开始。
2. 拖曳 重复执行 与 如果 那么。
3. 拖曳 碰到 ?，单击 ▼，再选择【球棒】。

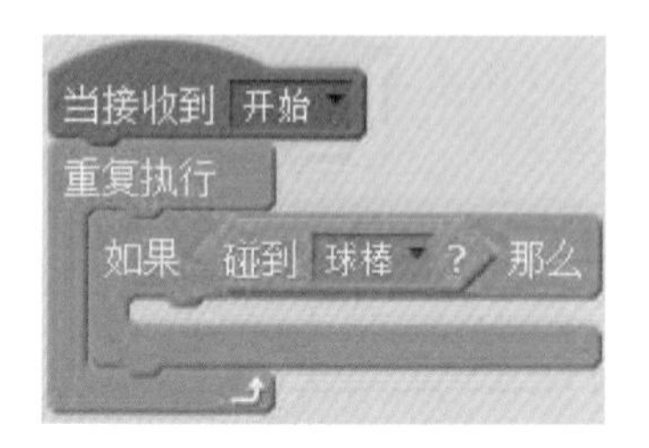

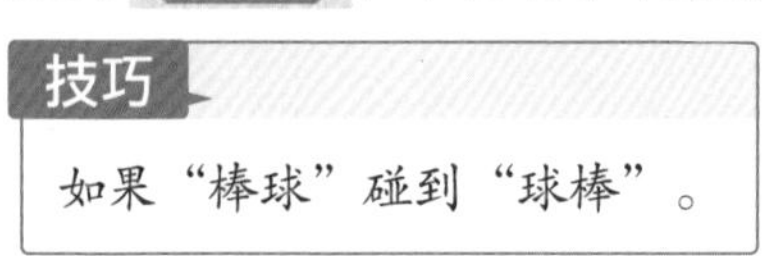

9.7.2 “棒球”碰到“球棒”播放声音

1. 单击 声音 标签，再单击【从声音库中选取声音】。
2. 选择【pop】，再单击【确定】按钮。
3. 选择 脚本 标签，再单击 声音，拖曳 播放声音 pop。

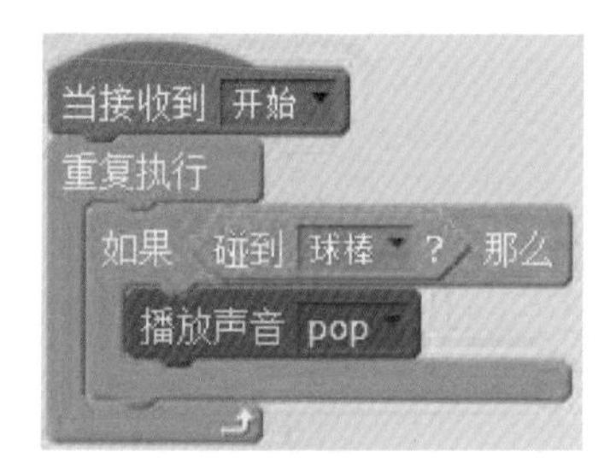

9.7.3 “棒球”碰到“球棒”打击加 1 分

1. 单击 数据，再选择 新建变量，输入【打击】。
2. 拖曳 将变量 打击 的值增加 1。

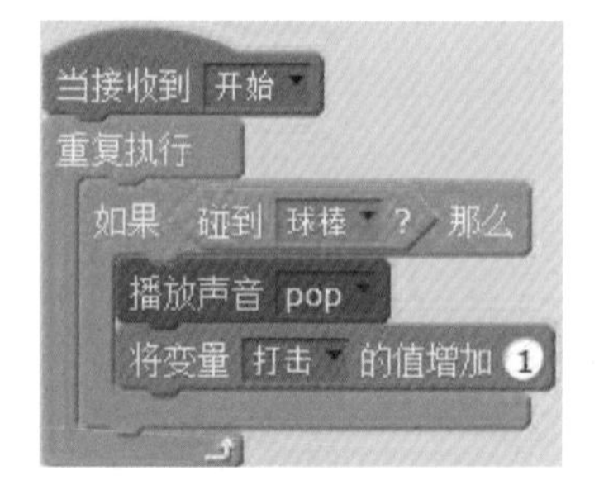

9.7.4 “棒球”碰到“球棒”时棒球反弹

1. 拖曳 在 1 秒内滑行到 x: -9 y: 165 。
2. 拖曳两个 在 1 到 10 间随机选一个数 到“*X*，*Y*”位置。*X* 坐标输入【-240 到 240】，*Y* 坐标输入【-180 到 180】。

提示

X 轴是宽度范围在 -240 ~ 240，*Y* 轴是高度范围在 -180 ~ 180。

技巧

棒球碰到球棒时反弹，移动到舞台的任何地方，因此 x: 在 -240 到 240 间随机选一个数（-240<*X*<240）、y: 在 -180 到 180 间随机选一个数（-180<*Y*<180）。

3. 拖曳 隐藏 。

技巧

反弹时，棒球要隐藏，重新再发球。

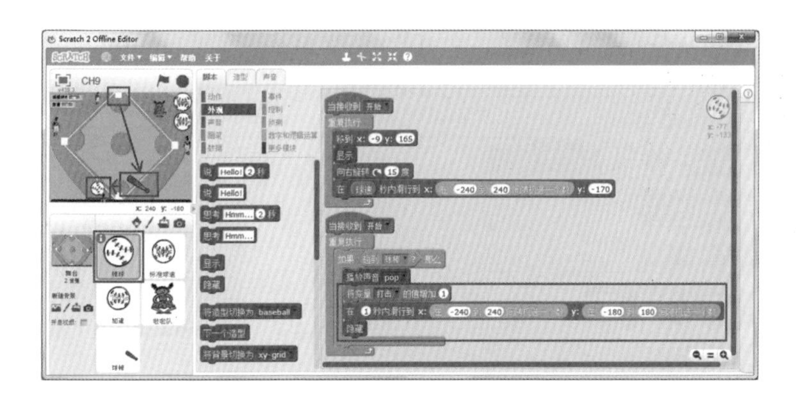

9.8 侦测鼠标坐标控制球棒移动

侦测鼠标坐标，控制球棒跟着鼠标指针移动。

设定坐标

设定 *X* 坐标	设定 *Y* 坐标
将x坐标设定为 0 将 *X* 坐标固定在 0 处不变	将y坐标设定为 0 将 *Y* 坐标固定在 0 处不变

侦测鼠标坐标

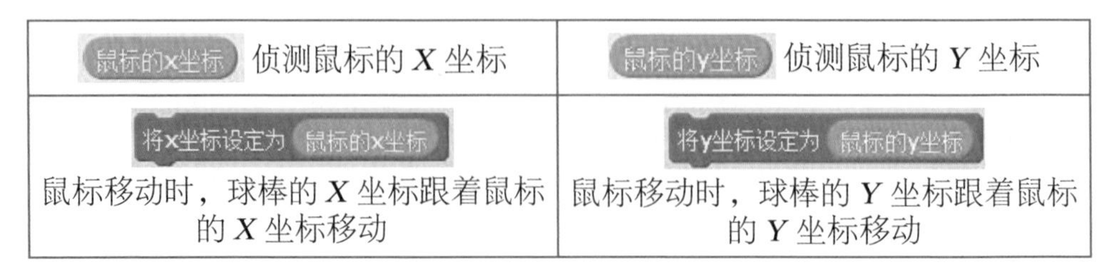

鼠标的x坐标 侦测鼠标的 X 坐标	鼠标的y坐标 侦测鼠标的 Y 坐标
将x坐标设定为 鼠标的x坐标 鼠标移动时，球棒的 X 坐标跟着鼠标的 X 坐标移动	将y坐标设定为 鼠标的y坐标 鼠标移动时，球棒的 Y 坐标跟着鼠标的 Y 坐标移动

9.8.1 侦测鼠标坐标

1. 选择【球棒】，调整球棒大小、位置及造型中心。
2. 拖曳 当 被点击 。
3. 拖曳 移到 x: -53 y: -123 。

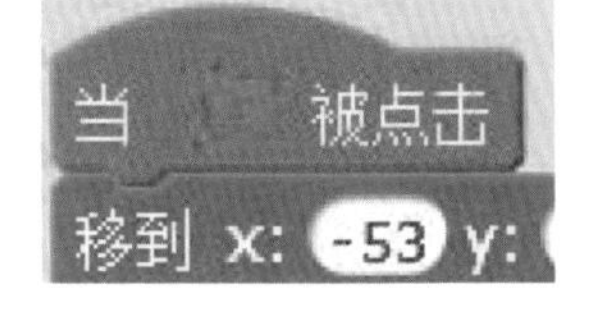

提示

设定程序开始执行时球棒的位置。

4. 单击 事件 ，拖曳 当接收到 开始 。
5. 拖曳 重复执行 。
6. 拖曳 将x坐标设定为 0 。
7. 拖曳 鼠标的x坐标 到“0”。

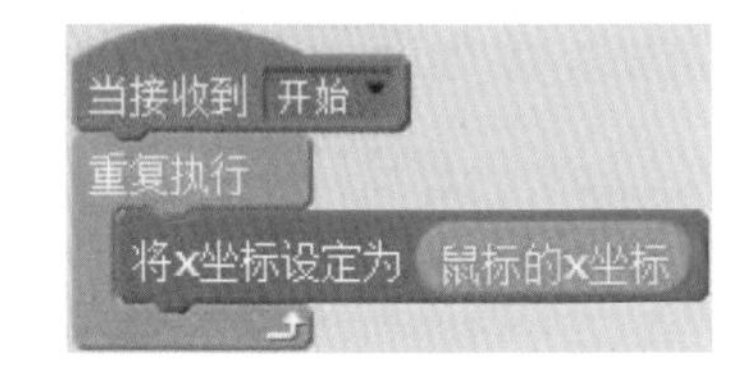

技巧

将x坐标设定为 鼠标的x坐标 表示球棒的 X 坐标跟着鼠标的 X 坐标移动。X 坐标表示水平横向位移。

8. 单击 ，选择“球棒”角色，检查球棒是否随着鼠标左右移动并且棒球不断从舞台上方移到下方，当球棒碰到棒球时播放声音、打击加 1 分、棒球反弹并隐藏。

9.8.2 挥棒时球棒旋转

球棒碰到棒球时，球棒旋转挥棒，否则保持向右方向。

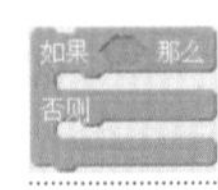

【如果 <> 那么 <> 否则】执行方式

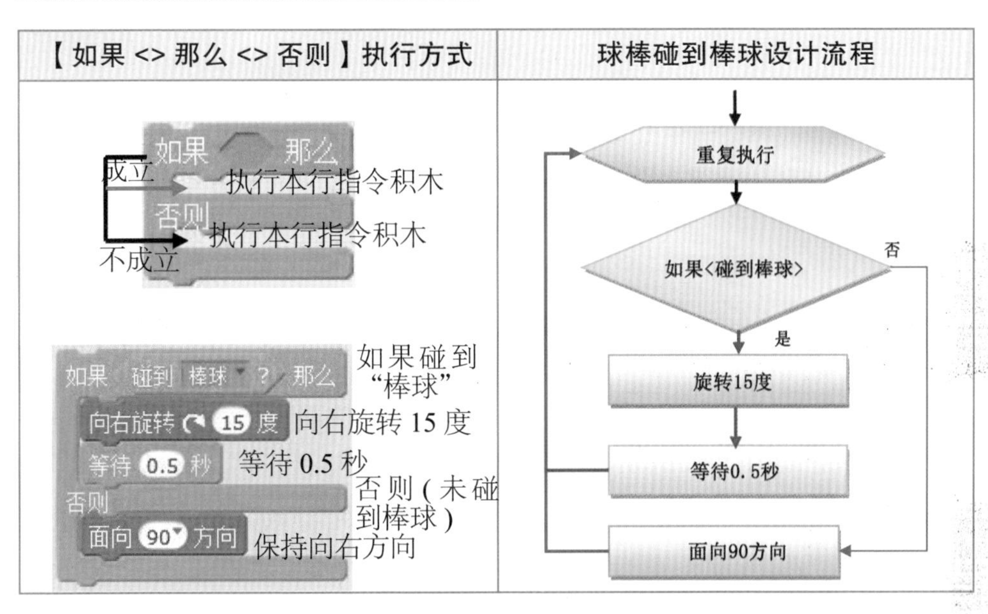

1. 选择 【球棒】，拖曳 当 被点击。
2. 拖曳 面向 90 方向。

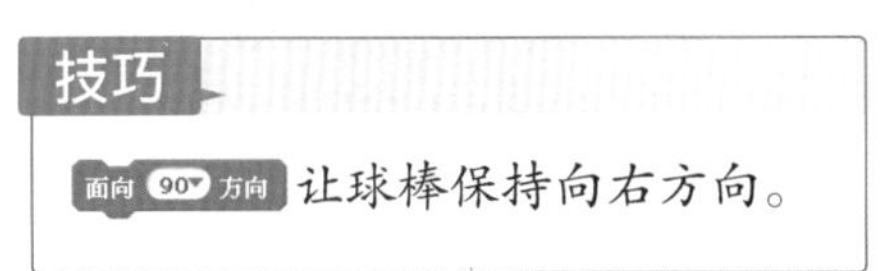

3. 拖曳 重复执行 与 如果 那么 否则。
4. 拖曳 碰到 ?，单击 ▾，再选择【棒球】。
5. 拖曳 向右旋转 15 度 到“如果”下一行。
6. 拖曳 等待 1 秒，输入【0.5】。

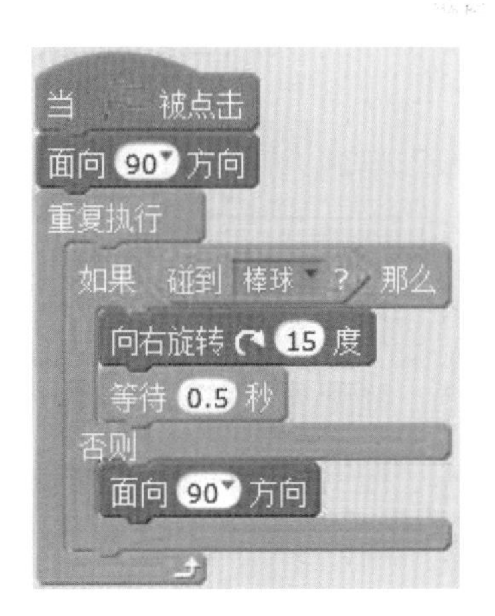

技巧

如果未设定球棒等待 0.5 秒，那么球棒重复执行碰到棒球，重复执行旋转。

7. 单击 动作，拖曳 面向 90 方向 到“否则”下一行。

技巧

如果球棒碰到棒球就旋转 15 度，否则保持向右方向。

8. 单击 ，选择“球棒”角色，检查球棒碰到棒球时是否旋转，未碰到棒球时保持向右方向。

技巧

未打击与打击比较。

9.9 定时显示与隐藏

当打击分数大于 5 分时，啦啦队显示，并跳舞加油，同时每隔 10 秒再显示，其余时间皆隐藏。

9.9.1 当打击分数大于 5 分时啦啦队显示

1. 选择 拉拉队，拖曳 当 被点击。
2. 拖曳 重复执行 与 如果 那么 否则。
3. 拖曳 □ > □。
4. 拖曳 打击 到“>”左侧，在右侧输入【5】。
5. 拖曳 显示。

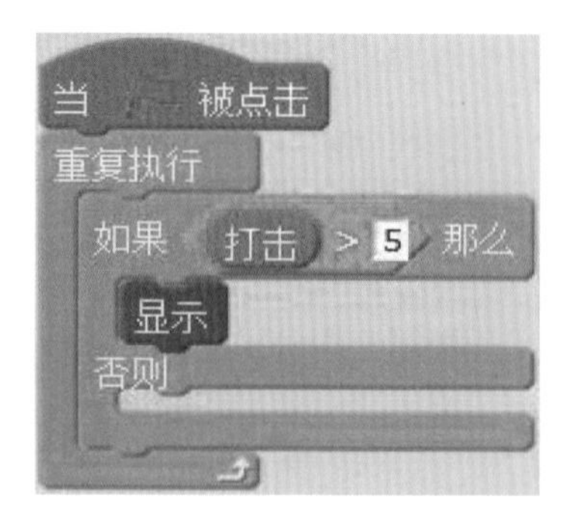

9.9.2 啦啦队加油切换造型

1. 拖曳 重复执行 10 次 到 显示 下方，输入【3】。
2. 拖曳 4 个 将造型切换为 ballerina-d 。

提示

如果角色不是“ballerina”那样有 4 个造型，可以针对选取的角色造型重复变化或添加其他造型。

3. 将 4 个造型按序改为“ballerina-a”、“ballerina-b”、“ballerina-c”、“ballerina-d”。
4. 拖曳 4 个 说 Hello! 2 秒 到每个造型下方，输入说【加油！0.1 秒】。

技巧

啦啦队重复变换造型 3 次。

9.9.3 啦啦队说完隐藏 10 秒后再出现

1. 拖曳 隐藏 到“重复 3 次”下方。
2. 拖曳 等待 1 秒，输入【10】。
3. 拖曳 显示 。

技巧

啦啦队加完油之后，等待 10 再显示。

4. 单击 ⚑，选择“球棒”角色，检查打击 6 分时，啦啦队是否出现加油，加油之后隐藏，等待 10 秒再显示。
5. 拖曳 隐藏 到“否则”下方。

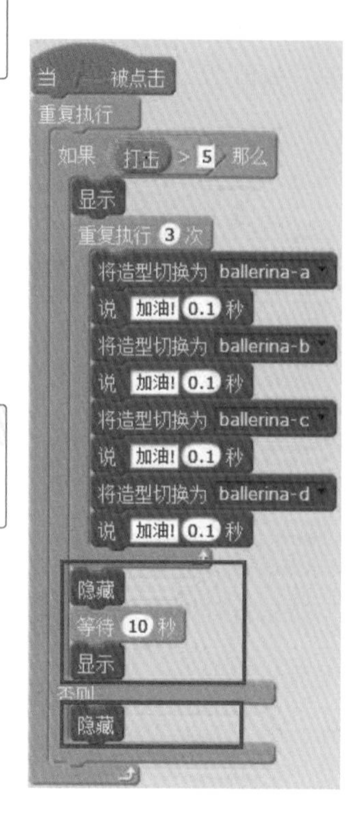

技巧

在打击没有大于 5 分之前，啦啦队重复执行“隐藏”。

9.10 倒数计时

新建倒数计时变量，倒数计时 3 分钟（180 秒）。

9.10.1 倒数计时 180 秒

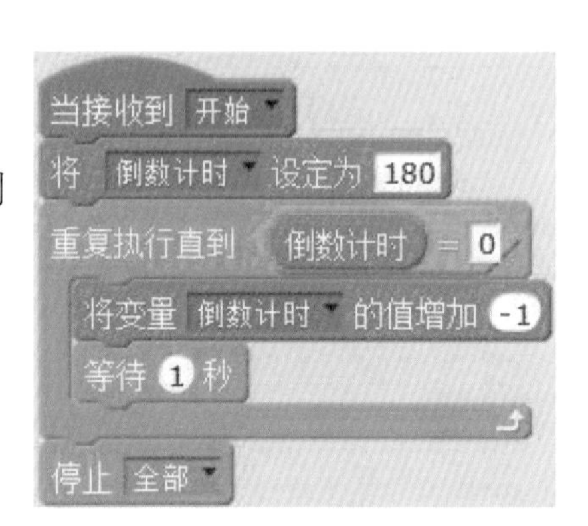

1. 单击 数据，再选择 新建变量，输入【倒数计时】。
2. 选择【舞台】，单击 事件，拖曳 当接收到 开始。
3. 拖曳 将 倒数计时 设定为 0，输入【180】。
4. 拖曳 重复执行直到。
5. 拖曳 =。
6. 拖曳 倒数计时 到“=”左侧，在右侧输入【0】。
7. 拖曳 将变量 倒数计时 的值增加 1，输入【-1】。

技巧

直到“倒数计时 = 0”之前都重复执行将“倒数计时 -1”。

8. 拖曳 等待 1 秒。

技巧

Scratch 计时以“0.1”秒为单位。

9. 拖曳 停止 全部 到 重复执行直到 的下一行。

技巧

当 180 秒倒数计时结束，停止所有程序的执行。

9.10.2 设定变量的起始值

开始执行程序时打击与倒数计时都归零。

1. 拖曳两个 将 倒数计时 设定为 0 到 当 被点击 。
2. 单击 ▼，再选择【打击】。

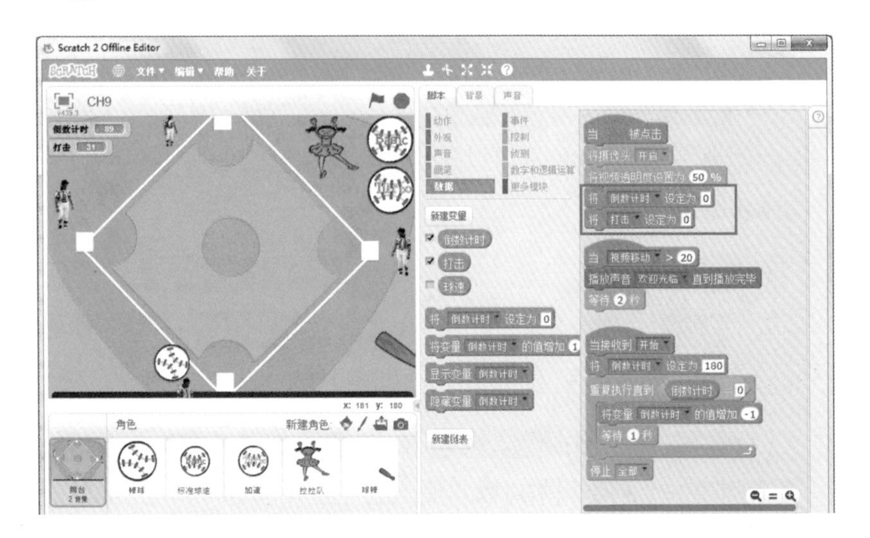

提示

程序开始执行时，将变量设为 0。可以写在任何角色喔！

3. 单击 ⚑，检查倒数计时与打击是否设定为“0”。
4. 保存程序文件。

课后练习

一、选择题

1. （　）下列哪一种文件类型无法上传至 Scratch 作为 Scratch 声音？

   (A).mp3　　(B).wav　　(C).wma

2. （　）如果想设计由“视频移动”启动程序的执行，应该使用下列哪一个指令积木？

   (A) 当接收到 开始　(B) 当 视频移动 > 10　(C) 当 计时器 > 10　(D) 当 响度 > 10

3. （　）下列哪一个指令积木可以设定舞台“完全透明”，只显示“网络摄影机的视频画面”？

   (A) 将摄像头 开启　　(B) 将视频透明度设置为 0 %

   (C) 将视频透明度设置为 50 %　　(D) 将视频透明度设置为 100 %

4. （　）下列哪一个指令积木可以“设定角色的 *X* 坐标”在固定位置？

   (A) 将x坐标增加 10　(B) 将y坐标增加 10　(C) 将x坐标设定为 0　(D) 将y坐标设定为 0

5. （　）下列哪一个指令积木可以“侦测鼠标的 *X* 坐标”？

   (A) 鼠标的x坐标　(B) 鼠标的y坐标　(C) x座标　(D) y座标

6. （　）关于指令积木的叙述哪一个是“错误的”？

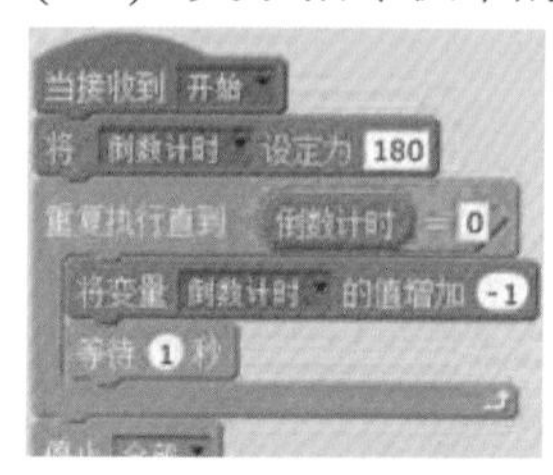

   (A) 倒数计时 = 0 时停止程序的执行

   (B) 程序接收到开始时，设定倒数计时为 180

   (C) 在 180 ~ 1 秒之间，倒数计时会自动减 1 秒

   (D) 倒数计时变量值不会随着程序执行而改变

7. （　）

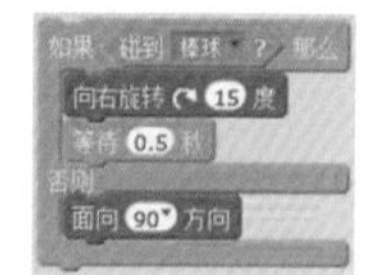

   指令积木的含义是什么?

   (A) 如果碰到棒球就旋转 15 度

   (B) 如果碰到棒球就面向 90 方向

   (C) 如果碰到棒球就旋转并面向 90 方向

   (D) 如果没碰到棒球就旋转 15 度

8. （　）承接第 7 题，这段程序属于哪一种执行流程？

延伸练习

(A) 顺序结构 (B) 循环结构 (C) 选择结构 (D) 以上都是

9. (　　) 下图指令积木的含义是什么？

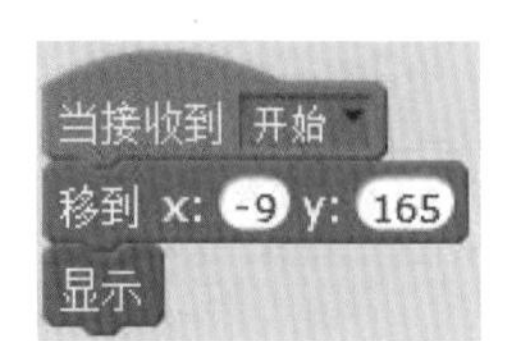

(A) 接收到广播“开始”时，将角色移到 XY 坐标并显示

(B) 当绿旗被单击，将角色移到 XY 坐标并显示

(C) 接收到广播“开始”时，角色会先隐藏再显示

(D) 程序执行流程属于“条件选择”结构

10. (　　) 下图指令积木的含义是什么？

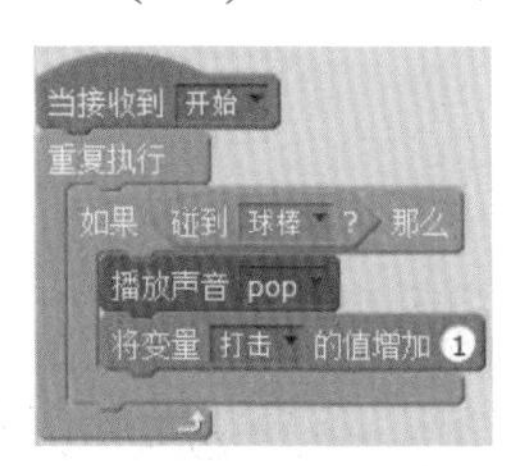

(A) 如果碰到球棒则播放声音

(B) 如果碰到球棒，将“打击”变量加 1

(C) 接收到广播“开始”才开始执行程序

(D) 以上都是

二、实践题

1. 请将 将x坐标设定为 鼠标的x坐标 指令积木删除，设计利用键盘左右键控制球棒的移动。

提示

X，Y 坐标改变

X 正数：往右移动	X 负数：往左移动	Y 正数：往上移动	Y 负数：往下移动
将x坐标增加 10	将x坐标增加 -10	将y坐标增加 10	将y坐标增加 -10

2. 请练习将倒数计时 180 秒的指令积木修改成“从 0 秒开始计算到 180”秒结束。

10 在线测验大考验

简介

本章将利用 Scratch 变量、提问与造型，设计在线测验程序。首先，新建角色，利用角色造型设计测验题目，再由题目角色出题并判断用户输入的回答是否正确，如果正确就将“正确变量”增加 1 分。

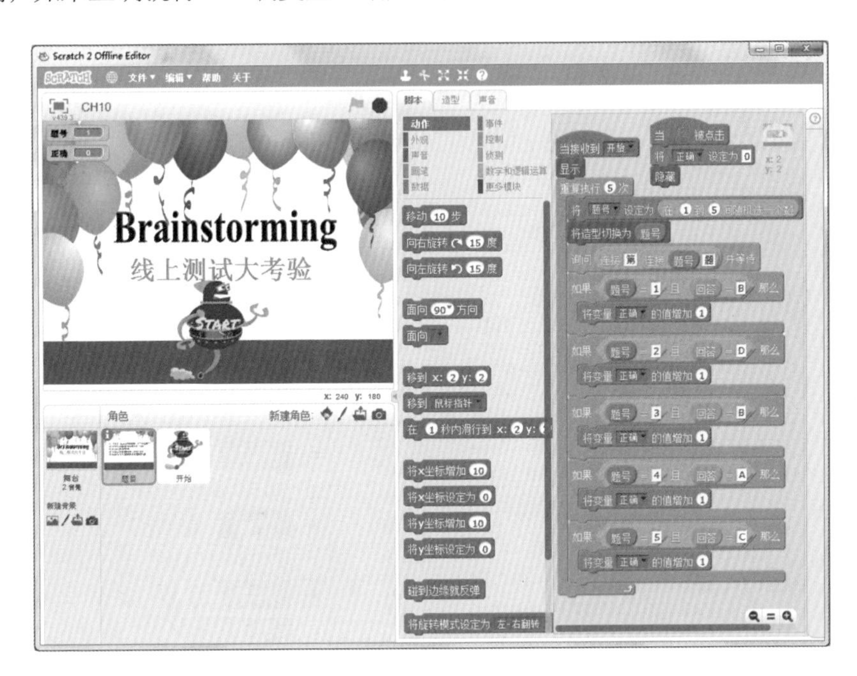

本章学习目标

完成本章节练习，将可学习到下列功能：

- 能够了解角色和背景的编辑功能。
- 能够应用图片或图像处理软件编辑中文角色。
- 能够应用变量、造型与提问功能设计程序。
- 能够设计在线测验程序。
- 能够应用多种方式设计特效功能。

10.1 脚本规划

程序设计前先规划测验说明舞台，一个角色内含 5 道题目造型相关的动画内容以及 Scratch 指令积木相关的脚本。

在线测验大考验脚本规划

舞台	角色	动画情景	Scratch 指令积木
舞台一测验说明	开始角色	▪ 程序开始显示 ▪ 当距离鼠标指针小于 30，则显示特效 ▪ 当角色被单击时 ▪ 广播开始后隐藏	▪ 事件 绿旗被单击、当角色被单击时、广播 ▪ 控制 重复执行、如果否则 ▪ 数字和逻辑运算 小于 ▪ 侦测 到鼠标距离 ▪ 外观 显示、隐藏、颜色特效
舞台二测验开始	题目角色	▪ 5 题 5 个造型 ▪ 重复出 5 题 ▪ 设定题号为造型编号 ▪ 询问“第 *n* 题” ▪ 判断“题号与输入回答” ▪ 回答正确则加 1	▪ 事件 当绿旗被单击、接收广播 ▪ 外观 隐藏、显示、设定造型 ▪ 控制 重复 10 次、如果 ▪ 数据 题号、正确变量 ▪ 侦测 询问、回答 ▪ 数字和逻辑运算 等于、随机、连接、与

*脚本规划前建议使用本书附录C中提供的表格，将个人想法填入“我的创意规划”。

10.2 编辑中文角色造型

从背景库选择背景，保存到本地文件。启动图片处理程序，设计测验题目造型，再利用新建角色新建造型。

10.2.1 从背景库选择背景

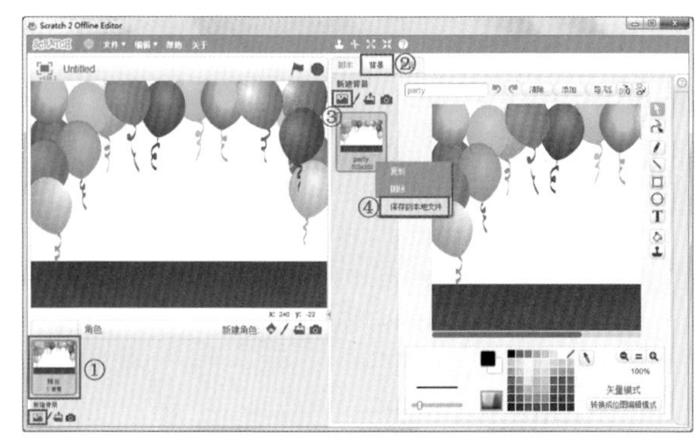

1. 选择【开始 > 所有程序 > Scratch 2.0】启动 Scratch，将猫咪角色删除。
2. 选择【舞台】，单击 背景 标签，再单击 选择背景。
3. 选择【party > 确定】。
4. 用鼠标右键单击“party”，选择【保存到本地文件】。

> **提示**
>
> 导出舞台背景文件类型为 .png。

10.2.2 上传中文角色造型

上传题目角色以及 5 道题目造型。

1. 按照“课后提高”介绍的方法编辑中文造型或在造型区输入 5 道题目的英文造型。

> **提示**
>
> 打开本书提供的范例文件所在的文件夹，打开为本范例提供的“题目”角色文件。

2. 在【新建角色】中，单击 【从本地文件上传角色】。
3. 选择【1 > 打开】文件。
4. 单击 ，输入角色名称【题目】。

5. 单击 造型 ，再单击 转换成矢量编辑模式 ，然后单击 【设置造型中心】并调整舞台题目的位置。

技巧

如果角色的图形未显示，就重新选择【导入】。

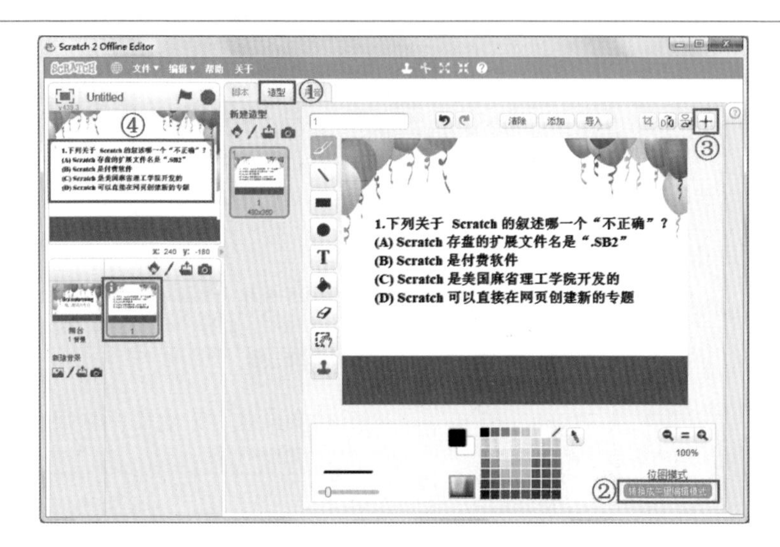

6. 单击 【从本地文件上传造型】。

7. 拖曳【2~5】文件并【打开】。

8. 将造型“1~5” 转换成矢量编辑模式 ，调整位置并按照造型编号按序排列。

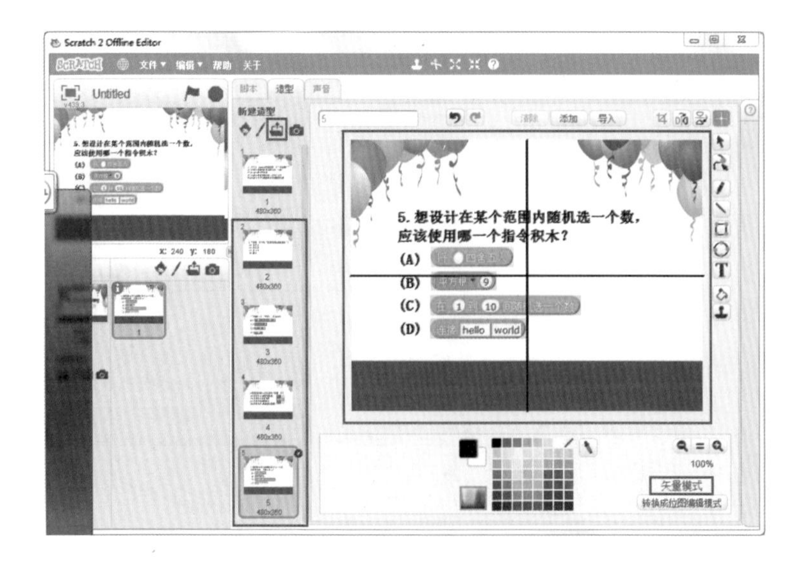

10.2.3 上传舞台背景

1. 选择【舞台】，单击 【从本地文件中上传背景】。
2. 选择【b101】。
3. 拖曳舞台背景顺序，第二个背景为空白背景。

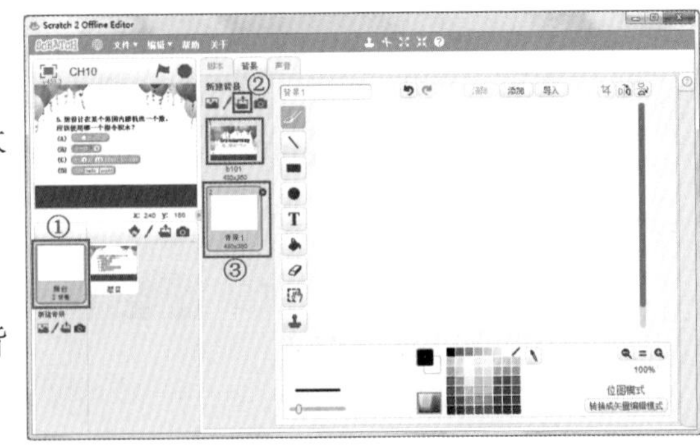

提示

删除第一个导出的背景。

10.2.4 新建开始角色

1. 在【新建角色】中，单击 【从角色库中选取角色 】。
2. 选择【Robot1】，再单击【确定】按钮。
3. 单击 造型 ，再单击 ，输入【Start】。
4. 单击 ，输入角色名称【开始】。

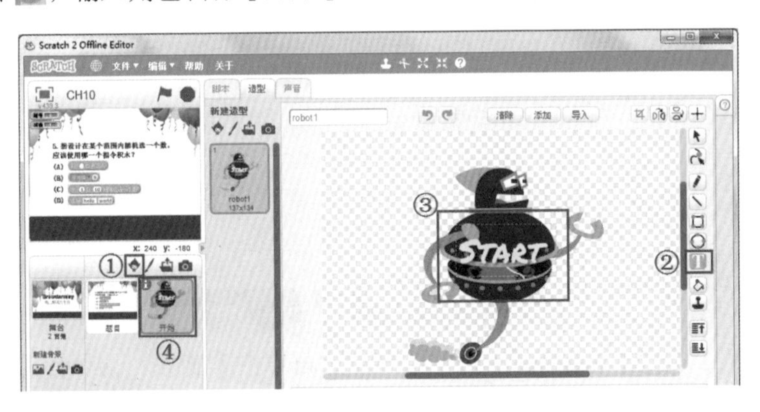

10.3 广播控制程序开始

10.3.1 设定开始舞台及角色

当单击绿旗开始执行程序时，会显示测验说明的首页以及开始角色，将题目隐藏。

1. 选择【舞台】，单击 脚本 ，拖曳 当 被点击 。
2. 拖曳 将背景切换为 背景1 ，单击▼，选择【b101】。

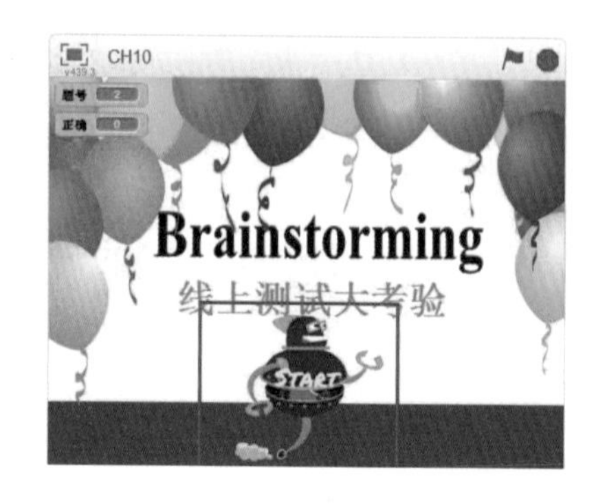

3. 单击【开始】，拖曳 当 被点击 与 显示 。
4. 单击 ，选择【题目】，拖曳 当 被点击 与 隐藏 。
5. 单击▶，检查舞台是否切换 b101、显示“开始”角色、隐藏“题目”角色。

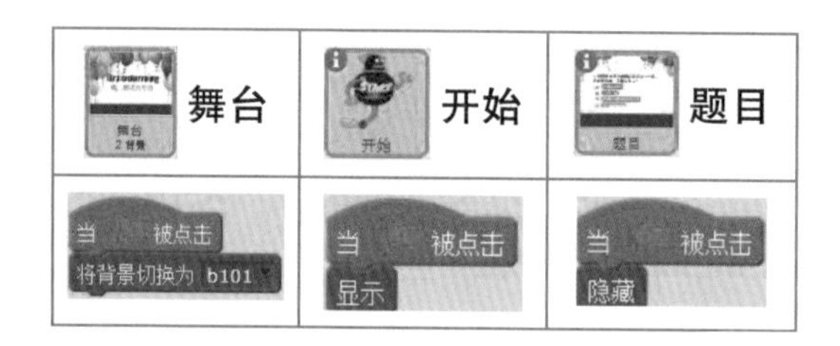

舞台	开始	题目
当 被点击 将背景切换为 b101	当 被点击 显示	当 被点击 隐藏

10.3.2　广播控制程序开始

当“开始”角色被单击时，广播“开始”消息。舞台接收到“开始”消息后切换到下一个背景，“题目”角色接收到“开始”消息后显示出来。

开始广播后隐藏

1. 单击【开始】，拖曳 当角色被点击时 与 广播 message1 。
2. 单击▼，选择【新消息】，输入【开始】，再单击【确定】按钮。
3. 拖曳 隐藏 。

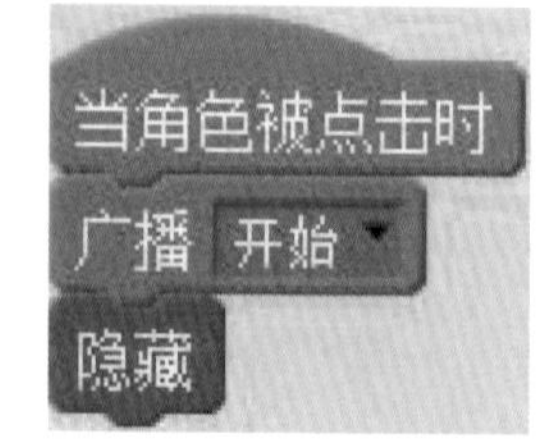

技巧

开始广播“开始”消息后隐藏。

切换舞台与显示题目

1. 选择【舞台】，拖曳 当接收到 开始。
2. 拖曳 将背景切换为 背景1。
3. 选择【题目】，拖曳 当接收到 开始。
4. 拖曳 显示。
5. 单击🏴，再单击“开始”角色，检查是否切换到下一个舞台、“开始”角色被隐藏、显示出“题目”角色。

10.4 距离侦测特效

鼠标距离“开始”角色小于30时显示特效，远距离则不显示特效。

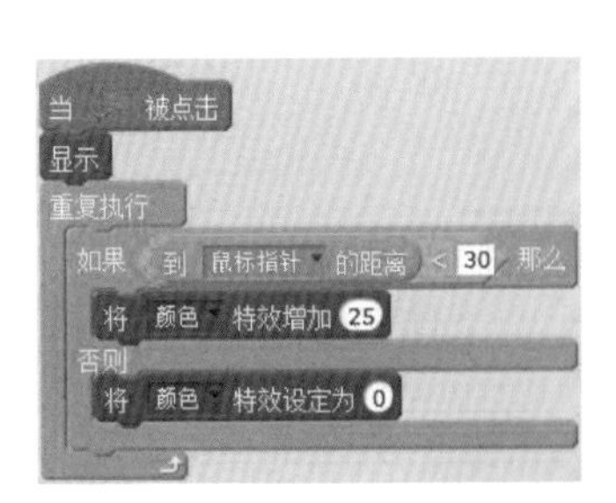

1. 单击【开始】,拖曳 重复执行 与 如果 那么 否则。
2. 拖曳 < 与 到 的距离，选择【鼠标指针】，在“<”右侧输入【30】。
3. 拖曳 将 颜色 特效增加 25 到“如果”下一行。
4. 拖曳 将 颜色 特效设定为 0 到“否则”下一行。
5. 单击🏴，检查鼠标指针到“开始”距离小于30时显示特效。

10.5 接收到广播开始就出题

当“题目”接收到广播时，开始出题。

10.5.1 出题设计流程

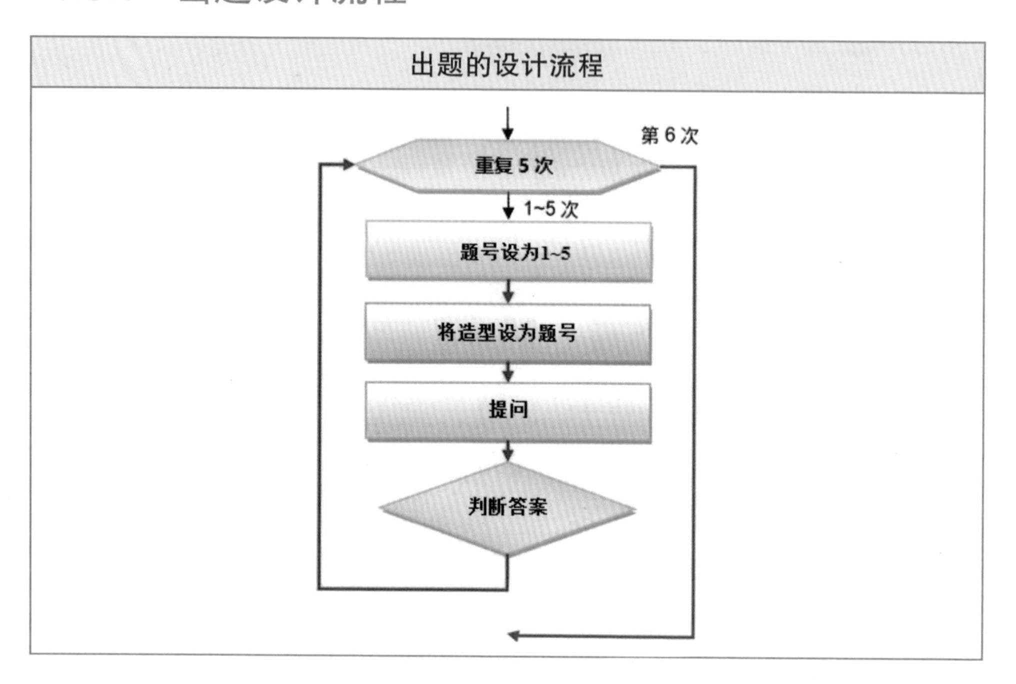

10.5.2 接收到广播开始出题

“题目”角色执行次数

选择【题目】，拖曳，输入【5】。

技巧

重复次数为题目的道数，Scratch 设计为重复出题，因此按照题目道数更改执行次数。

题号变量与出题

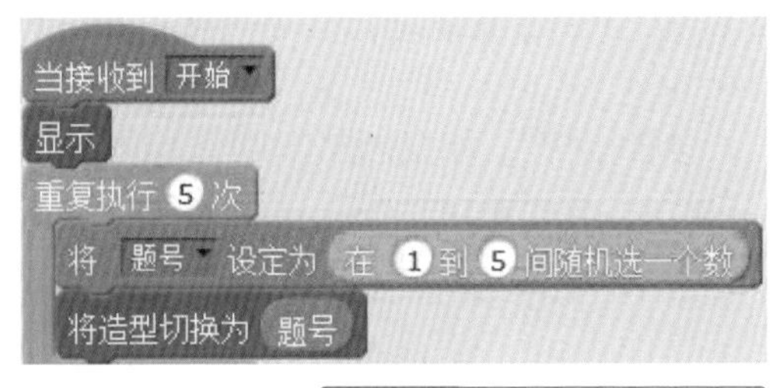

新建“题号”变量再出题。

1. 单击 新建变量，输入【题号】。
2. 拖曳 将 题号 设定为 0。
3. 拖曳 在 1 到 10 间随机选一个数，输入【1 到 5】。
4. 拖曳 将造型切换为 5。
5. 拖曳 题号 到“5”的位置。
6. 单击 ▶，选择 ，检查是否随机出题。

技巧

题号在“1~5”之间随机选号。

技巧

随机选出“题号”，设定“造型”题目。

10.6 答题

10.6.1 询问与回答

提问第“题号”题。

1. 拖曳 询问 What's your name? 并等待。
2. 拖曳两个 连接 hello world。
3. 按序输入【第】到第一个“hello”。
4. 拖曳 题号 到第二个“hello”，输入【题】。

10.6.2 判断回答

判断回答，如果题号与回答相同就是正确的。创建正确变量，如果回答正确就将“正确”变量加 1。

题号	1	2	3	4	5
答案	B	D	B	A	C

❖ 如果“题号 = 1 且 回答 = B”。

1. 拖曳 如果 那么 。
2. 拖曳 且 。
3. 拖曳两个 = 到“且”。
4. 拖曳 题号 到“=”左侧，在右侧输入【1】。
5. 拖曳 回答 到“=”左侧，在右侧输入【B】。

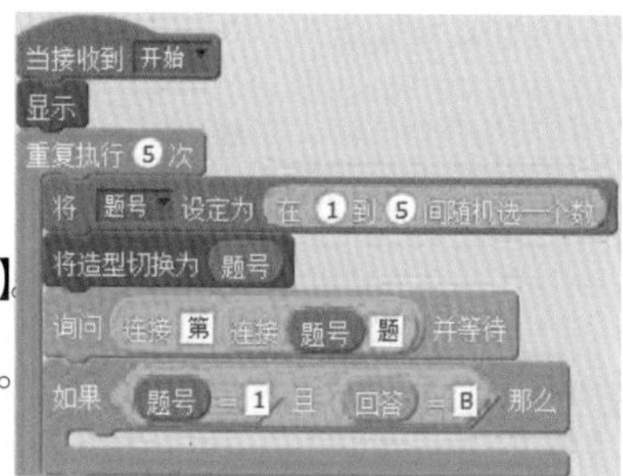

❖ 回答正确则“正确”变量加 1。

1. 单击 新建变量 ，输入【正确】。
2. 拖曳 将变量 正确 的值增加 1 。
3. 单击 ，再选择 开始 ，输入回答，检查“正确”变量是否改变。

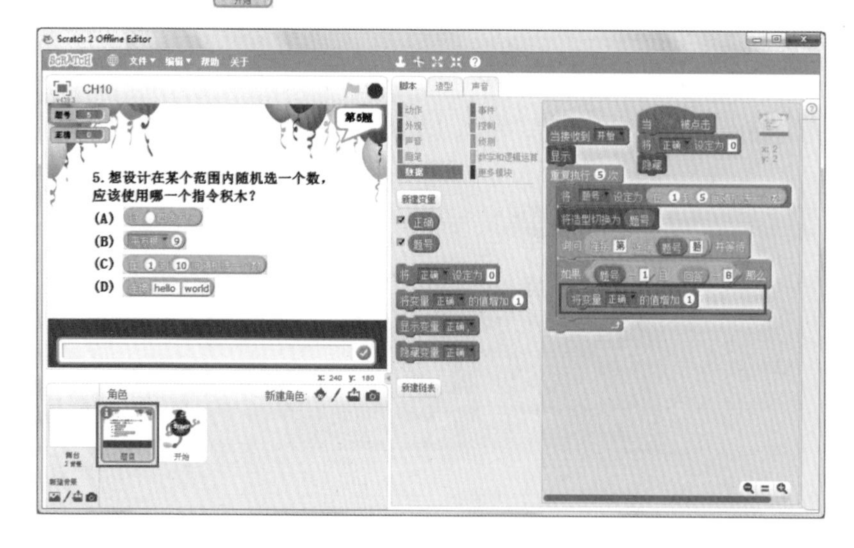

4. 仿照前面的步骤，判断 2~5 题回答是否正确。

5. 拖曳 将 正确 设定为 0 到 当 被点击 下方。

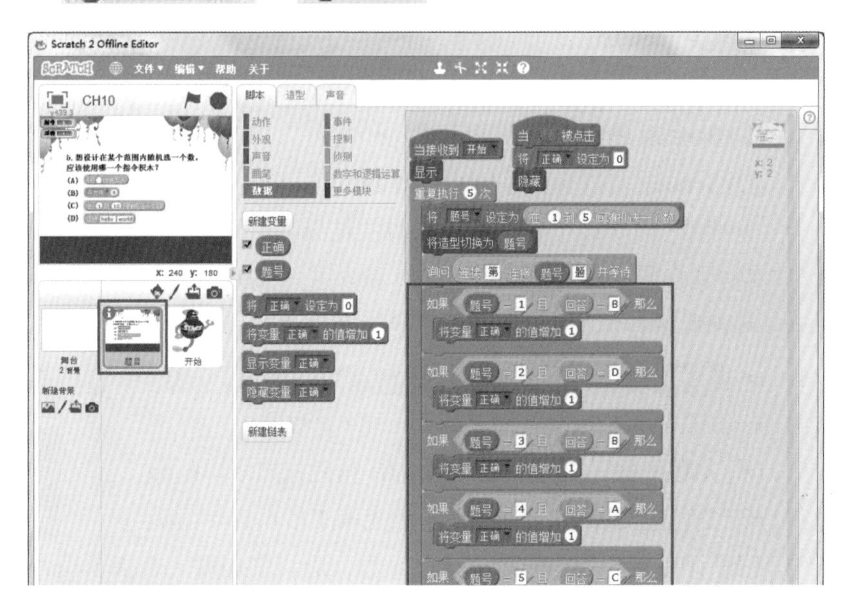

6. 保存程序文件。

课后练习

一、选择题

1. (　) 下列关于 Scratch 的叙述哪一个是“不正确的”？

(A) Scratch 保存的扩展名为“.sb2”　　(B)Scratch 是付费软件

(C) Scratch 是美国麻省理工学院开发的

(D) Scratch 可以直接在网页创建新的项目

2. (　) 下列哪一区可以“预览程序执行的结果”？

(A) 角色区　(B) 造型区　(C) 积木区　(D) 舞台

3. (　) 下列哪一个“不可以”移动角色？

(A) 在 1 秒内滑行到 x: 0 y: 0 (B) 将y坐标设定为 0 (C) 移到 x: 0 y: 0 (D) 移动 10 步

4. (　) 右图指令积木的意思为下列哪一个?

(A) 角色先显示 1 秒后再隐藏　(B) 角色先显示再隐藏

(C) 角色先隐藏再显示　(D) 角色先等 1 秒再显示隐藏

5. (　) 想设计在某个范围内随机选一个数，应该使用哪一个指令积木？

(A) 将 四舍五入 (B) 平方根 9 (C) 在 1 到 10 间随机选一个数 (D) 连接 hello world

6. (　) 如果想要设计“答对时将正确分数加 1”应该使用下列哪一个指令积木?

(A) 将 正确 设定为 0 (B) 将变量 正确 的值增加 1 (C) 显示变量 正确 (D) 隐藏变量 正确

7. (　) 如果想要设计询问“第 " 题号 " 题”题目，应该如何设计？(“题号”为变量)

(A) 询问 第题号题 并等待 (B) 询问 题号 并等待 (C) 询问 连接 第 题号 并等待 (D) 询问 连接 第 连接 题号 题 并等待

8. (　) 下列叙述哪一个是“正确的”？

(A) ☑ 正确 舞台显示正确变量　(B) ☑ 回答 舞台显示回答

(C) ☐ 正确 舞台隐藏正确变量　(D) 以上都是

9. (　) 如果想要设计“角色被点一下时，广播开始”应该使用下列哪一类指令积木？

(A) 事件　(B) 控制　(C) 动作　(D) 数据

10. (　) 如果已经在其他图像处理程序设计好 .PNG 图片，那么想要上传作为角色的新造型应该使用下列哪一个功能？

(A)　(B)　(C)　(D)

延伸练习

二、实践题

1. 动动脑，将“开始”角色的指令积木“如果碰到鼠标指针”时显示特效改成“如果未碰到鼠标指针”时显示特效，应该如何修改设计？

2. 动动脑，利用 不成立 指令积木设计“开始”角色的指令积木“如果碰到鼠标指针”时显示特效，应该如何设计？

课后提高

编辑中文角色

从背景库选取题目舞台背景，另存舞台背景到本地文件。启动图像处理软件编辑中文题目，再导入 Scratch 作为角色及造型。

将背景保存到本地文件

在舞台上，单击 背景 ，用鼠标右键单击【party】，再选择【保存到本地文件】。

图像处理程序

1. 启动图像处理程序 GIMP。

2. 选择菜单【文件 > 打开 > party > 打开】。

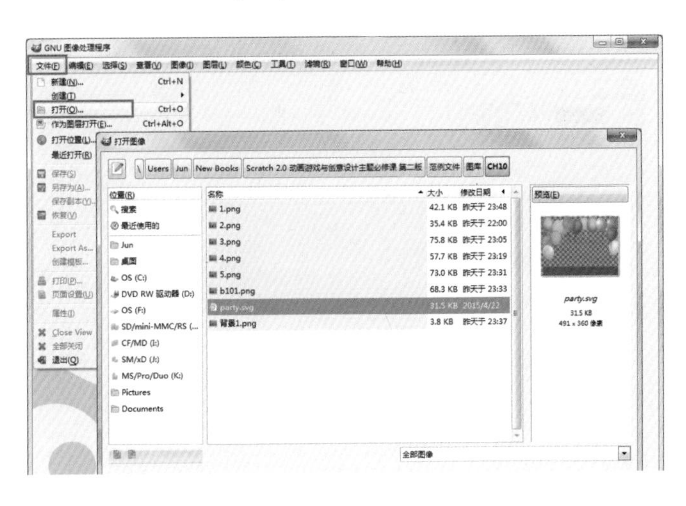

课后提高

3. 选择 矩形选择工具，拖曳要删除的舞台背景部分。
4. 选择【编辑 > 清除】。

提示

清除背景上半部，GIMP 将背景设成透明。

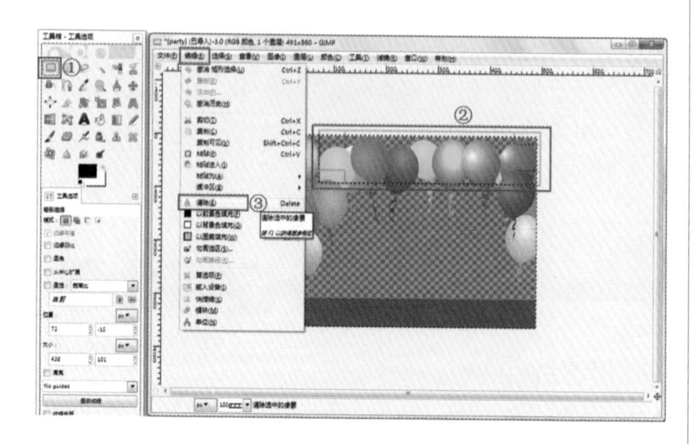

5. 选择 文字工具，再选择字体、大小、颜色等，输入【线上测验大考验】标题。

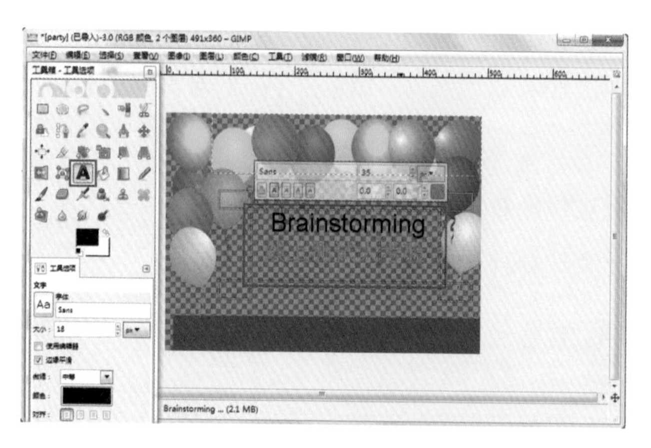

提示

测验题目及版面配置可按照自己的设计出题进行编排，例如心理测验题目或与学科内容相关的题目。

6. 选择【文件 > Export As（导出）】，再选择【PNG 图像】。

课后提高

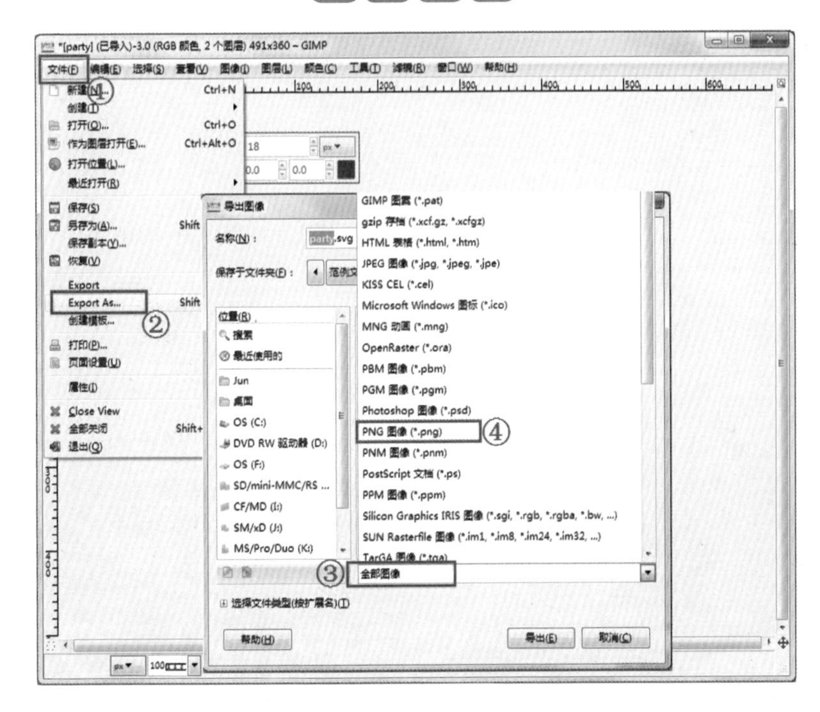

7. 在【名称】处输入【b101.png】，再单击【导出】。

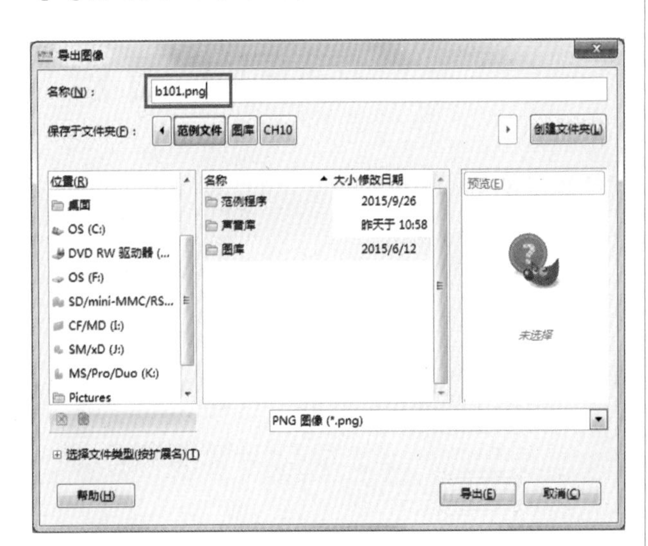

提示

在线测验大考验的5道题目可以参考课后练习1~5题。

8. 仿照步骤3~7制作另外5道题目，导出图像文件名称为“1.png~5.png”。

11 画圆求面积

11.1 脚本规划

11.2 上传背景与新建角色

11.3 提问输入半径

11.4 画笔落笔

11.5 计算周长

11.6 计算面积

简介

本章将利用 Scratch 运算及画笔，设计画圆求面积的计算步骤及计算结果。首先输入半径、开始画圆、完成之后抬笔、计算圆周长与圆面积。指令积木执行过程中会说明每个计算的公式及结果。

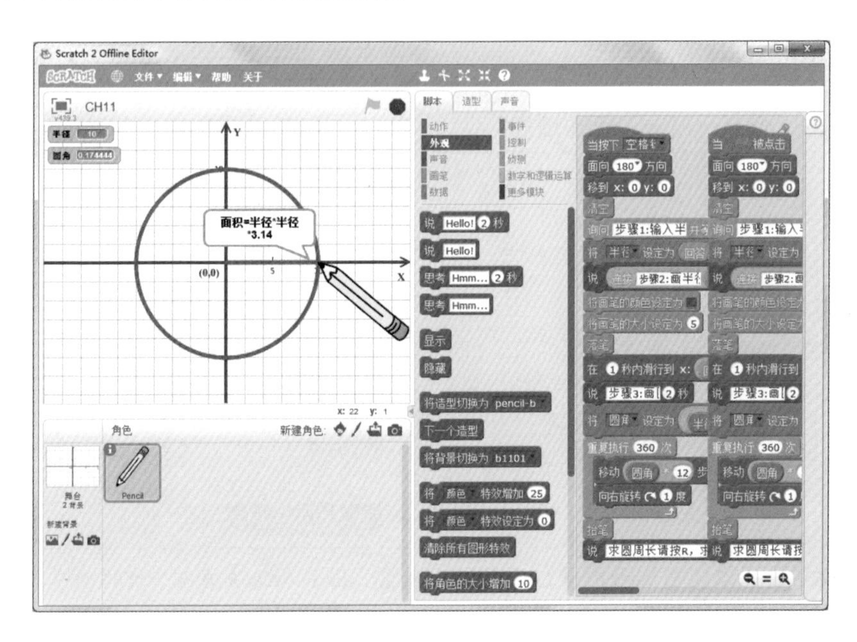

本章学习目标

完成本章节练习，将可学习到下列功能：

- 能够了解运算与数学概念的关联性。
- 能够将运算功能应用于数学原理。
- 能够理解画笔的功能。
- 能够应用画笔功能帮助理解数学运算过程。
- 能够应用运算指令积木解决数学问题。

11.1 脚本规划

程序设计前先规划舞台的 XY 坐标图、画笔角色与计算“直径、圆周长及圆面积”相关公式动画内容以及 Scratch 指令积木相关的脚本。

画圆求面积脚本规划

舞台	角色	动画情景	Scratch 指令积木
舞台 XY 坐标	画笔	▪ 提问输入半径 ▪ 落笔 ▪ 画半径 ▪ 画圆周 ▪ 抬笔 ▪ 计算圆周长 ▪ 计算圆面积	▪ 事件 当绿旗被击、当按下 ▪ 画笔 设置颜色、大小、落笔、抬笔、清除笔迹 ▪ 侦测 询问、回答 ▪ 数据 半径、圆角、圆周长、面积 ▪ 外观 说 ▪ 控制 重复 360 次 ▪ 动作 移动、旋转、移到 XY、1 秒内移到 XY ▪ 数字和逻辑运算 乘、除、连接字符串

*脚本规划前建议使用本书附录C中提供的表格，将个人想法填入“我的创意规划”。

11.2 上传背景与新建角色

找到本书提供的范例文件所在的文件夹，从中上传 XY 坐标背景文件与新建角色 。

11.2.1 从本地文件中上传背景

1. 单击【开始 > 所有程序 > Scratch 2.0】启动 Scratch，将猫咪角色删除。
2. 在【舞台】上，单击 【从本地文件中上传背景】。
3. 找到本书提供的范例文件所在的文件夹，用鼠标双击【/ 范例文件 / 图库 / CH11】。
4. 选取【b1101 > 打开】。

11.2.2 新建角色

新建画笔角色。

1. 在【新建角色】中，单击 【从角色库中选取角色】。
2. 选择【pencil】，再单击【确定】按钮。
3. 调整画笔大小及位置，单击 造型 ，再单击 ，设置造型中心在笔尖上。

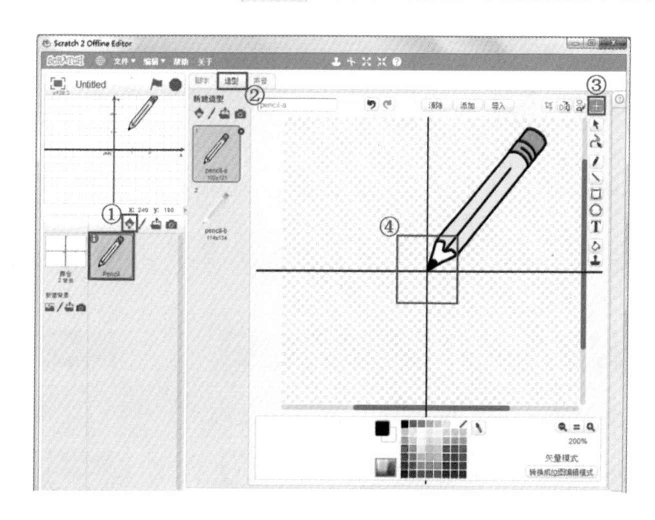

11.3 提问输入半径

当单击绿旗开始执行程序时提问“输入半径”，并将半径设定为由用户来回答。

11.3.1 将半径设定为输入回答

1. 单击 新建变量 ，输入【半径】。
2. 选择 【pencil】角色，拖曳 当 被点击 。
3. 拖曳 询问 What's your name? 并等待 ，输入【步骤 1：输入半径】。
4. 拖曳 将 半径 设定为 0 ，拖曳 回答 到【0】。

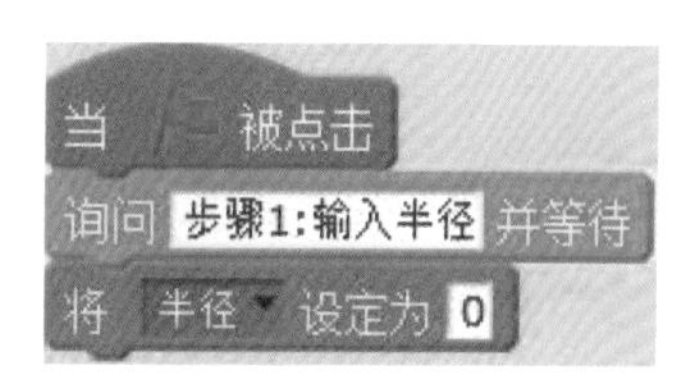

11.3.2 说：“画半径”

说：“步骤 2：画半径”。

1. 拖曳 说 Hello! 2 秒 。
2. 拖曳 连接 hello world ，在左侧输入【步骤 2：画半径】，右侧拖曳 回答 到“world”。
3. 单击 ，输入半径，检查是否说【步骤 2：画半径 r】。

11.4 画笔落笔

用开始画笔画半径。

画笔指令积木

落笔 / 抬笔	将画笔的大小设定为 1	将画笔的颜色设定为
开始落笔画 / 抬笔停止画	将画笔的大小设定为 1	设定画笔的颜色
清空	将画笔的大小增加 1	将画笔的颜色值增加 10
清除全部笔迹	将画笔的大小增加 1	将画笔的颜色值增加 10

11.4.1 设定落笔颜色及大小

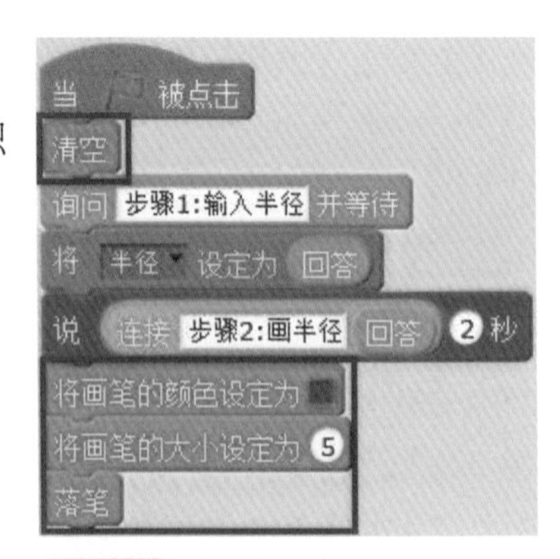

1. 拖曳 将画笔的颜色设定为 ，单击 ，到指令积木单击一下，选取颜色。
2. 拖曳 将画笔的大小设定为 1 ，输入【5】。
3. 拖曳 落笔 。

技巧

画笔颜色及大小自行设定。

4. 将 清空 拖曳到 当 被点击 下方。

技巧

当程序开始执行时，清除所有笔迹。

11.4.2 画半径

舞台宽度 $0 < X < 240$，划分成 20 小格，因此每格为 12，将半径放大 12 倍。

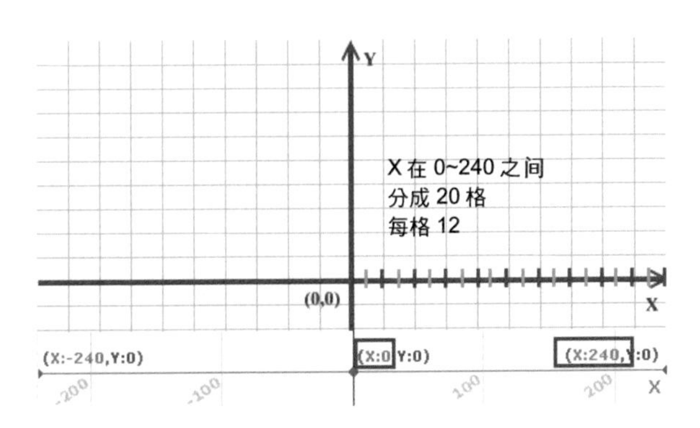

1. 拖曳 在 1 秒内滑行到 x: 0 y: 0 。
2. 拖曳 (*) 到“X”。
3. 拖曳 回答 到“*”并输入【12】。
4. 单击 ⚑，输入【半径 :5】，检查是否说【步骤 2：画半径 5】并画半径 。
5. 拖曳 移到 x: 0 y: 0 到 当 ⚑ 被点击 下方。

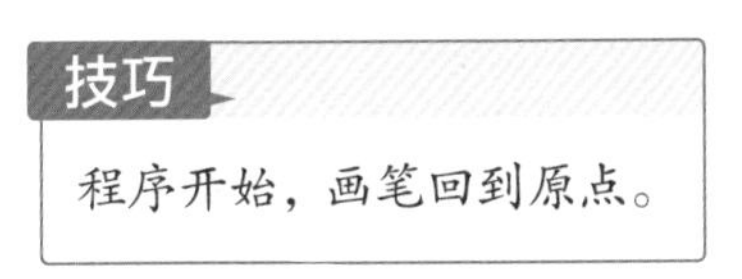

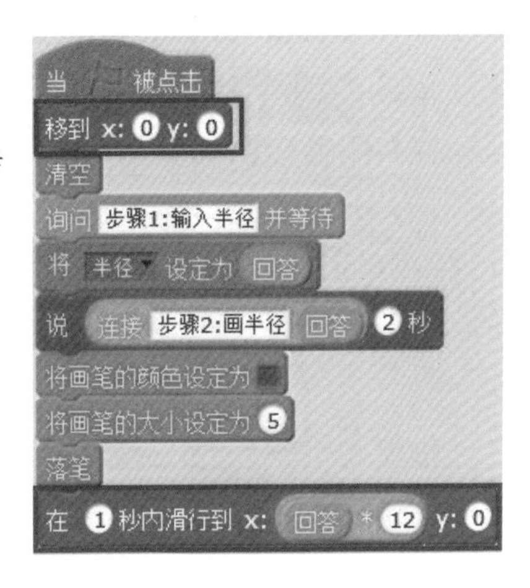

11.4.3 画圆

画圆方法

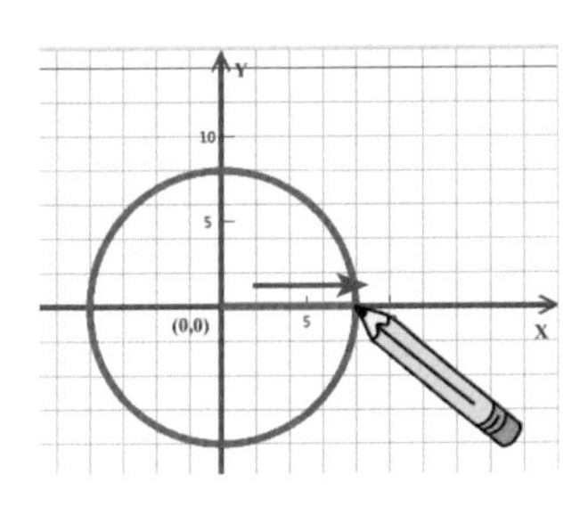

1. 圆周长 = 直径 ×3.14。
2. 直径 = 半径 ×2。
3. 圆周长 = 半径 ×2×3.14。
4. 画笔画一圆 = 360。
5. 画笔重复画 360 次，每次需移动。
6. (半径 ×2×3.14) / 360。

设定圆角

将圆角设定为（半径 ×2×3.14）/360 (半径 * 2 * 3.14 / 360)。

1. 拖曳 说 Hello! 2 秒，输入【步骤 3：画圆】。
2. 单击 新建变量，输入【圆角】。
3. 拖曳两个 (*)。
4. 拖曳 半径 到 (*) 左侧，在右侧输入【2】。
5. 拖曳 (半径 * 2) 到 (*) 左侧，在右侧输入【3.14】。
6. 拖曳 (/)。
7. 拖曳 (半径 * 2 * 3.14) 到 “/” 左侧，在右侧输入【360】。
8. 拖曳 (半径 * 2 * 3.14 / 360) 到圆角“0”。

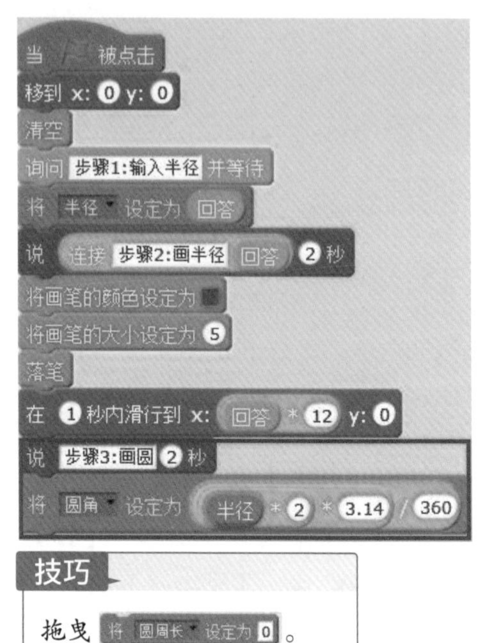

技巧

拖曳 将 圆周长 设定为 0。

画圆

1. 拖曳 重复执行 10 次，输入【360】。
2. 拖曳 移动 10 步。
3. 拖曳 (*) 到 “10”。
4. 拖曳 圆角 到 “*” 左侧，在右侧输入【12】。
5. 拖曳 向右旋转 15 度，输入【1】。
6. 单击 ⚑，输入【5】，检查是否说【步骤 2：画半径 5】、画半径 5 并画圆。

```
当 被点击
移到 x: 0 y: 0
清空
询问 步骤1:输入半径 并等待
将 半径 设定为 回答
说 连接 步骤2:画半径 回答 2 秒
将画笔的颜色设定为
将画笔的大小设定为 5
落笔
在 1 秒内滑行到 x: 回答 * 12 y: 0
说 步骤3:画圆 2 秒
将 圆角 设定为 半径 * 2 * 3.14 / 360
重复执行 360 次
    移动 圆角 * 12 步
    向右旋转 1 度
```

技巧

坐标放大 12 倍，因此圆角移动也要放大 12 倍。

抬笔

1. 拖曳 抬笔 。
2. 拖曳 说 Hello! 2 秒 ，输入【求圆周长请按 R，求面积请按 S】。

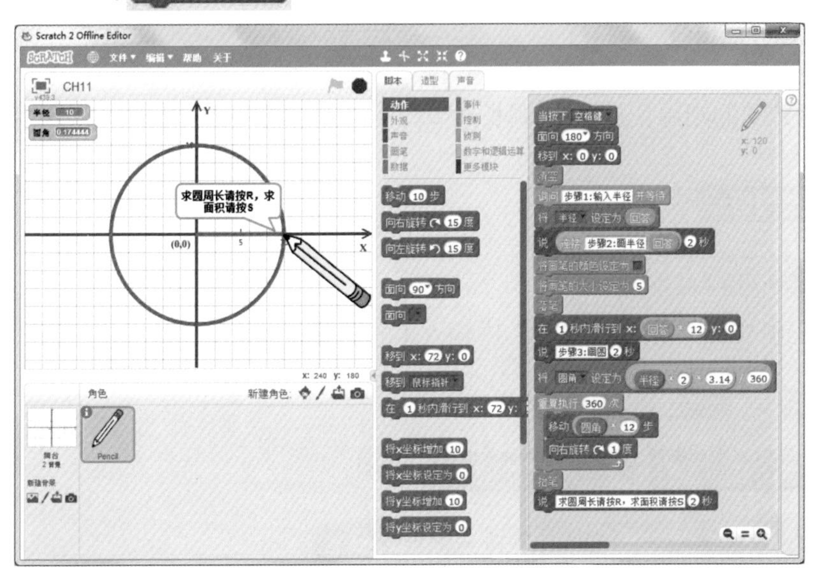

提示

1. 方向: 180° 单击 i ，角色信息更改方向 180 度向下画圆。
2. 拖曳 面向 180 方向 到 当 被点击 下方，让画笔画圆时保持 180 度向下画圆。

11.5 计算周长

圆周长 = 半径 ×2 ×3.14。当按下 r 后，计算圆周长。

11.5.1 计算圆周长

1. 拖曳 当按下 空格键 ，选择【r】。
2. 拖曳 说 Hello! 2 秒 ，输入【圆周长 = 半径 * 2 * 3.14】。

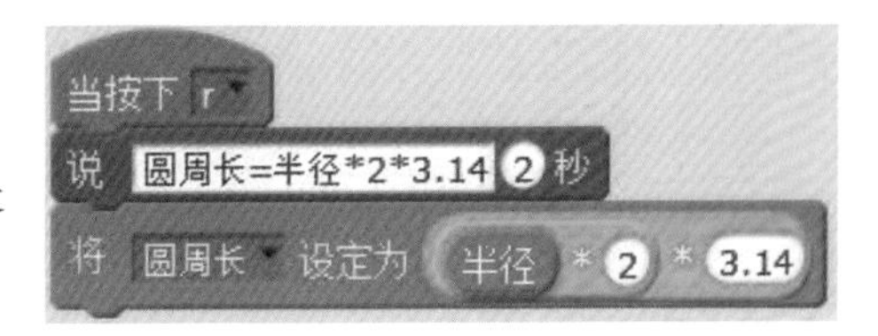

3. 单击 新建变量 ，输入【圆周长】。
4. 拖曳 将 圆周长 设定为 0 。
5. 复制圆角 半径 * 2 * 3.14 指令积木并拖曳到“0”。

11.5.2　说圆周长

说：“半径 r”“的圆周长是”“圆周长 R”。

1. 拖曳 说 Hello! 2 秒 。
2. 拖曳两个 连接 hello world 。
3. 拖曳 半径 到“hello”，在“world”中输入【的圆周长是】。
4. 拖曳 圆周长 到 连接 hello world 右侧。
5. 拖曳 连接 半径 的圆周长是 到 连接 hello 圆周长 左侧。
6. 拖曳 连接 连接 半径 的圆周长是 圆周长 到 说 Hello! 2 秒 。
7. 拖曳 说 Hello! 2 秒 ，输入【求面积请按 S】。
8. 单击 ，输入【5】，检查是否说：【步骤 2：画半径 5】、画半径 5 并画圆，按 r 后，说：“5 的圆周长是 31.4”及“求面积请按 S”。

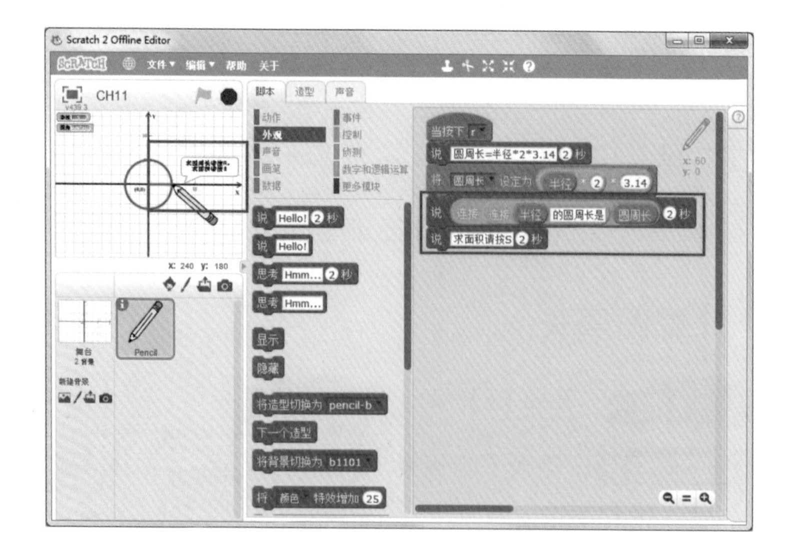

11.6 计算面积

圆面积 = 半径 × 半径 ×3.14。当按下 s 后，计算圆面积。

11.6.1 计算圆面积并说圆面积

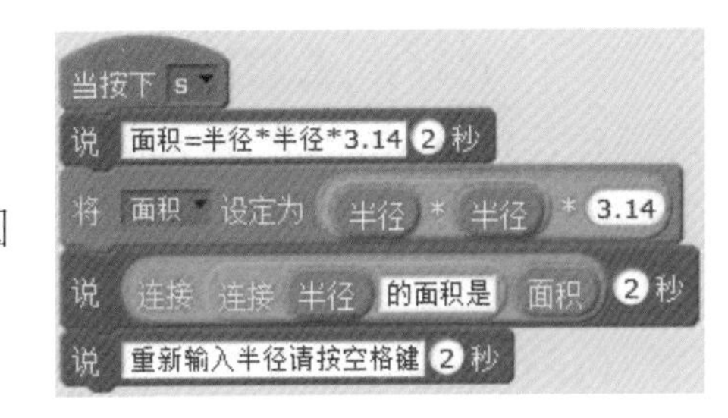

1. 复制圆周长指令积木。
2. 单击 新建变量，输入【面积】。
3. 将“圆周长 = 半径 * 2 * 3.14”改成“圆面积 = 半径 * 半径 * 3.14”。
4. 将说:“半径”“的圆周长是”“圆周长”改成【“半径” “的面积是” “面积”】。
5. 将说：“求面积请按 S”，改成【重新输入半径请按空格键】。

11.6.2 按空格键重新输入

说：“重新输入半径请按空格键”。

1. 复制 当 被点击 画圆所有指令积木。
2. 将 当 被点击 改成 当按下 空格键 。
3. 按空格键，检查程序是否重新开始执行，并要求输入半径。
4. 保存程序文件。

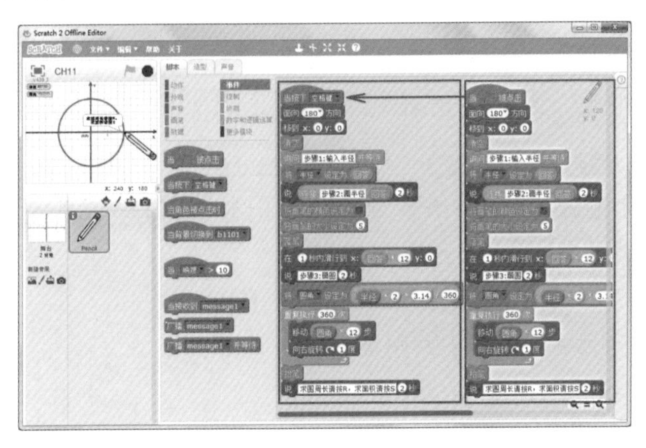

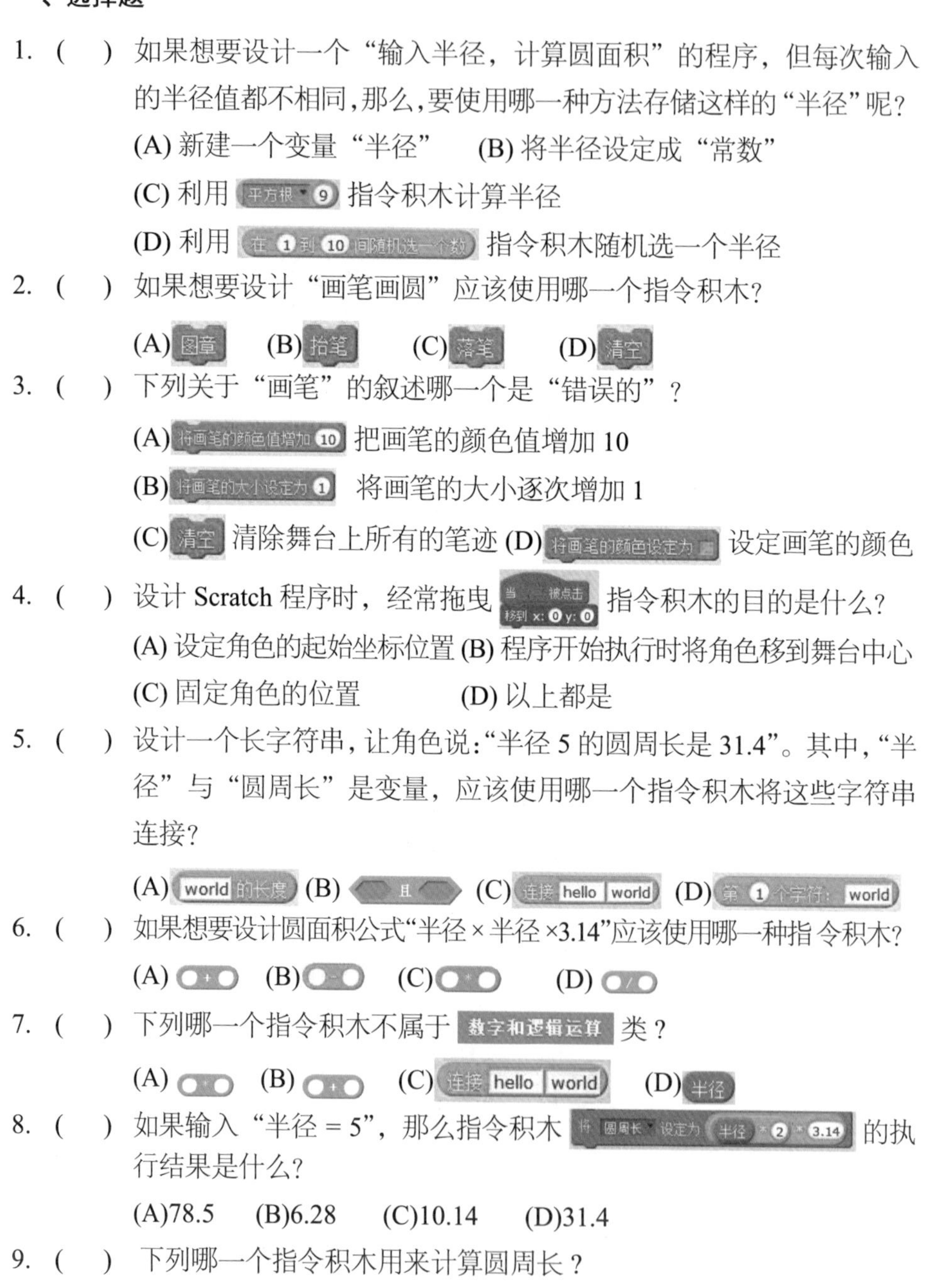

课后练习

一、选择题

1.（ ）如果想要设计一个“输入半径，计算圆面积”的程序，但每次输入的半径值都不相同，那么，要使用哪一种方法存储这样的“半径”呢？

(A) 新建一个变量“半径” (B) 将半径设定成“常数”

(C) 利用 [平方根 9] 指令积木计算半径

(D) 利用 [在 1 到 10 间随机选一个数] 指令积木随机选一个半径

2.（ ）如果想要设计“画笔画圆”应该使用哪一个指令积木？

(A) [图章] (B) [抬笔] (C) [落笔] (D) [清空]

3.（ ）下列关于“画笔”的叙述哪一个是“错误的”？

(A) [将画笔的颜色值增加 10] 把画笔的颜色值增加 10

(B) [将画笔的大小设定为 1] 将画笔的大小逐次增加 1

(C) [清空] 清除舞台上所有的笔迹 (D) [将画笔的颜色设定为 ■] 设定画笔的颜色

4.（ ）设计 Scratch 程序时，经常拖曳 [当 被点击 / 移到 x: 0 y: 0] 指令积木的目的是什么？

(A) 设定角色的起始坐标位置 (B) 程序开始执行时将角色移到舞台中心

(C) 固定角色的位置 (D) 以上都是

5.（ ）设计一个长字符串，让角色说：“半径 5 的圆周长是 31.4”。其中，“半径”与“圆周长”是变量，应该使用哪一个指令积木将这些字符串连接？

(A) [world 的长度] (B) [且] (C) [连接 hello world] (D) [第 1 个字符：world]

6.（ ）如果想要设计圆面积公式“半径 × 半径 ×3.14”应该使用哪一种指令积木？

(A) [+] (B) [-] (C) [*] (D) [/]

7.（ ）下列哪一个指令积木不属于 [数字和逻辑运算] 类？

(A) [*] (B) [+] (C) [连接 hello world] (D) [半径]

8.（ ）如果输入“半径 = 5”，那么指令积木 [将 圆周长 设定为 (半径 * 2 * 3.14)] 的执行结果是什么？

(A)78.5 (B)6.28 (C)10.14 (D)31.4

9.（ ）下列哪一个指令积木用来计算圆周长？

延伸练习

(A) 半径 * 半径 * 3.14　　(B) 半径 * 2 * 3.14

(C) 连接 半径 圆周长　　(D) 半径 * 2 * 3.14 / 360

10. (　　) 右图指令积木的“执行结果”是什么？

(A) 画半径　　(B)1 秒内移到 (0，0)

(C) 询问输入半径　(D) 画笔落笔画图

二、实践题

1. 将“询问半径与输入半径作为回答”改成“计算机随机选择半径”，应该如何设计程序？

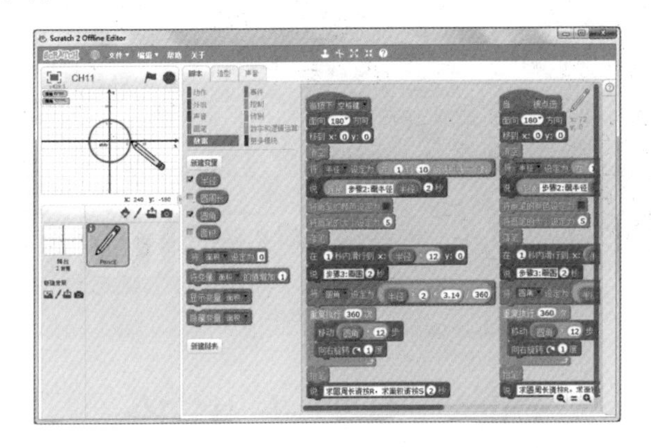

2. 续接上题，如果将“自动计算圆周长及面积”的指令积木改成“询问”，让用户输入“回答”，再让计算机判断输入的“圆周长及面积”是否正确，应该如何设计程序？

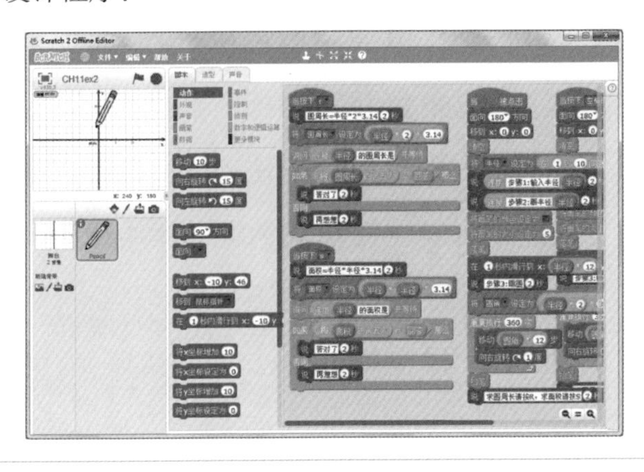

Scratch 2.0

12 打字练习大考验

简介

本章将制作英文打字键盘指法练习程序。程序开始执行时，先显示键盘 A—Z 的位置，等待用户输入按键位置“Q—P”“A—L”或“Z—M”三行选项、再开始指法练习。当用户选择“A-L”角色时，开始练习 A—L 键。练习时在键盘上按下“A”，播放 A 字母的声音再隐藏，按序重复练习三次，接着出现“S”按序练习。程序中除了指法练习之外还包括“Quiz”、“Stop”及“Shou”角色，当用户选择了“Quiz”角色时就进入“英文输入大考验”游戏动画，选择“Stop”角色停止所有程序的执行，选择“Show”角色显示按键位置。

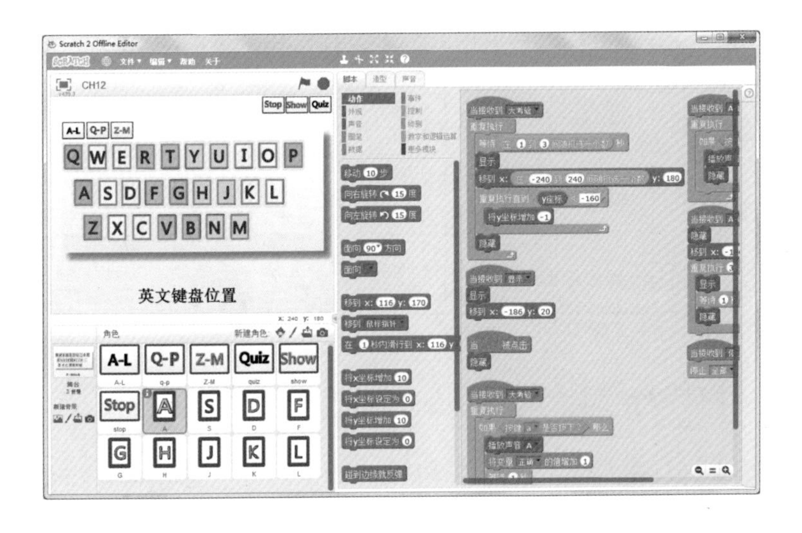

本章学习目标

完成本章节练习，将可学习到下列功能：

- 能够了解侦测键盘输入的功能。
- 能够应用键盘输入侦测功能设计打字练习程序。
- 能够设计打字练习游戏动画。
- 能够将按键菜单应用于程序设计中。
- 能够用等待功能来控制程序的运行时间。

12.1 脚本规划

程序设计前先规划“A—Z 键盘位置”、“指法练习”与“大考验”的舞台背景与“Show”角色显示全部键盘位置、“Stop”角色停止程序的执行、键盘第一行“Q—P”按键选项角色、键盘第二行“A—L”按键选项角色、键盘第三行“Z—M”按键选项角色与“Quiz”大考验角色相关动画情景以及 Scratch 指令积木相关的脚本。

12.1.1 打字练习大考验角色与舞台情景规划

舞台 \ 角色	Stop	Show	Quiz	A—L、Q—P、Z—M	A-Z 按键
背景一 A—Z 键盘位置	显示	显示	显示	显示	显示
背景二 指法练习	显示	显示	显示	显示	显示
背景三 大考验	显示	显示	显示	隐藏	隐藏

12.1.2 打字练习大考验脚本规划

舞台	角色	动画情景	Scratch 指令积木
舞台一 A—Z 键盘位置	Stop Show	▪ 当绿旗被单击，显示 ▪ 设定 A—Z 键盘位置背景 ▪ 当角色被单击时，广播显示或停止	▪ 事件 当绿旗被单击、当角色被单击时、广播 ▪ 外观 显示、切换背景
	A—L Q—P Z—M	▪ 当绿旗被单击，显示 ▪ 当角色被单击时，广播 A—L、Q—P 或 Z—M ▪ 切换指法练习背景	▪ 事件 当绿旗被单击、当角色被单击时、广播 ▪ 外观 显示、切换背景
	Quiz	▪ 当绿旗被单击，显示 ▪ 当角色被单击时，广播“大考验” ▪ 广播后隐藏 ▪ 切换大考验背景	▪ 事件 当绿旗被单击、当角色被单击时、广播 ▪ 外观 显示、切换背景、隐藏
	A—Z 按键	▪ 程序开始先隐藏	▪ 事件 当绿旗被单击 ▪ 外观 隐藏

舞台	角色	动画情境	Scratch 指令积木
舞台二 指法练习	A—Z 按键	Case 1：接收到（A—L/Q—P/Z—M）广播显示 ▪ 移到按键位置 ▪ 重复显示与隐藏 3 次 ▪ 当键盘按下正确按键隐藏 Case 2：接收到“停止”时停止程序的执行 Case 3：接收到“显示”时显示在舞台	▪ 事件 当绿旗被单击 ▪ 外观 隐藏 Case 1：练习 A—L ▪ 事件 接收到广播 ▪ 动作 移到 XY ▪ 控制 重复执行、等待 1 秒 ▪ 外观 显示、隐藏 ▪ 侦测 按下“A—Z” ▪ 聲音 播放 A Case 2：停止 ▪ 事件 接收到广播 ▪ 控制 停止全部 ▪ 动作 移到 XY ▪ 外观 显示 Case 3：显示 ▪ 事件 接收到广播 ▪ 外观 显示 ▪ 动作 移到 XY
舞台三 大考验	A—L Q—P Z—M	▪ 接收到“大考验”广播 ▪ 隐藏	▪ 事件 接收到广播则 ▪ 外观 隐藏
	A—Z 按键	▪ Case 4：接收到“大考验”显示 ▪ 重复执行 ▪ 从上往下掉落 ▪ 如果键盘按下正确按键 ▪ 播放声音 A ▪ 将“正确”变量加 1 ▪ 等待 1 秒 ▪ 隐藏	Case 4：大考验 ▪ 事件 接收到广播 ▪ 控制 重复执行、等待 ▪ 数字和逻辑运算 1~3 随机 ▪ 外观 显示 ▪ 动作 移到 XY ▪ 控制 直到 ~ 重复执行 ▪ 数字和逻辑运算 小于 ▪ 动作 Y 坐标、Y 坐标改变 ▪ 控制 重复执行、如果 ▪ 侦测 按下“A—Z” ▪ 声音 播放 A ▪ 数据 正确变量增加 1

*脚本规划前建议使用本书附录C中提供的表格，将个人想法填入“我的创意规划”。

12.2 上传背景与角色

找到本书提供的范例文件所在的文件夹，从中上传“A—Z 键盘位置”、“指法练习”与“大考验”的舞台背景文件，“Show”“Stop”“Q—P”“A—L”“Z—M”与“Quiz”6 个角色以及“A”—“Z”26 个按键角色。

12.2.1 从本地文件中上传背景

1. 选择【开始 > 所有程序 > Scratch 2.0】启动 Scratch，将猫咪角色删除。

> **提示**
>
> 打开本书提供的范例文件的文件夹，【范例文件 / 练习范例 /ch12.sb2】内有完整的背景文件及角色文件。

2. 在【舞台】中，单击【从本地文件中上传背景】。
3. 找到范例文件所在的文件夹，用鼠标双击【/ 范例文件 / 图库 /CH12】。
4. 选取【b1201~1203】，单击【打开】。

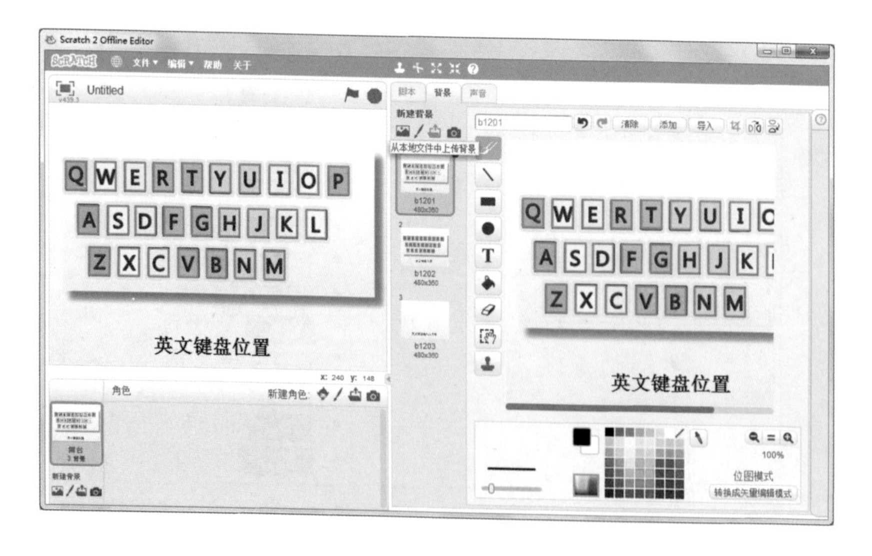

12.2.2 从本地文件中上传角色

从本地文件上传“Show”、“Stop”、“Q—P”、“A—L”、“Z—M”与“Quiz”6个角色以及“A”—“Z”26个按键角色。

1. 在【新建角色】中，单击【从本地文件中上传角色】。
2. 选择【Show、Stop、Q—P、A—L、Z—M与Quiz】，再单击【确定】按钮。
3. 单击 造型 ，再单击 转换成矢量编辑模式 ，接着单击 设置造型中心在角色中心上。
4. 单击【放大】、【缩小】来调整角色的大小及位置。

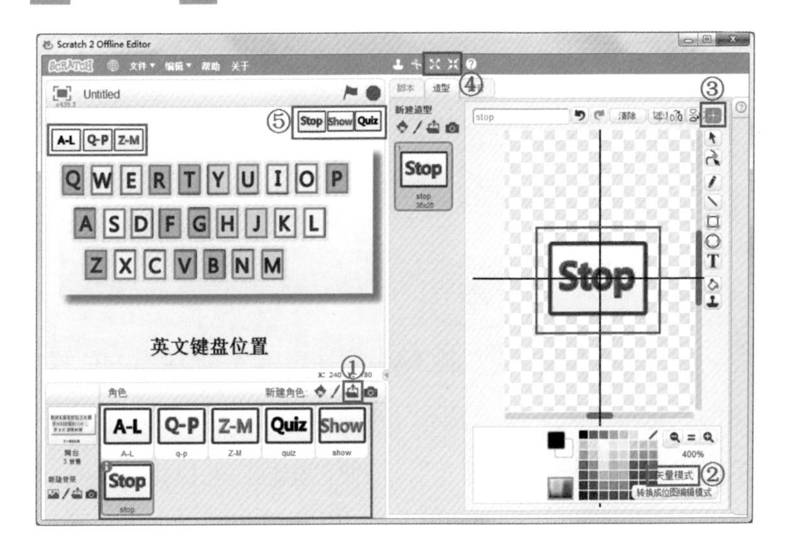

5. 重复步骤1~4，从本地文件中上传角色，选择“A—Z”按键，转换成矢量图，并设置造型中心。
6. 拖曳“A—Z”按键到与背景图相同的位置。

技巧

键盘从上往下总共有Q—P、A—L、Z—M三行按键，三行按键的操作方法都相同，本章以A—L为范例。

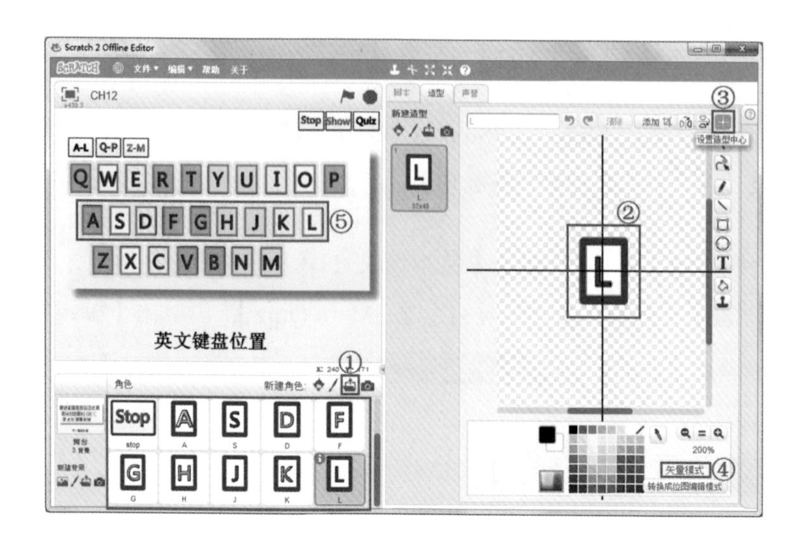

12.3 广播控制角色执行

利用广播控制每个角色的显示或隐藏。

12.3.1 角色点一下广播

（1）“A—L”角色被单击就广播“A—L”，显示A—L键盘的位置。

（2）单击“Show”就广播“显示”，以便显示A—Z全部键盘的位置。

（3）单击“Stop”就广播“停止”，以便停止程序的执行。

（4）单击“Quiz”就广播“大考验”，以便执行打字“大考验”部分的指令积木。

选择下列四个按钮角色，建立下列广播消息 。

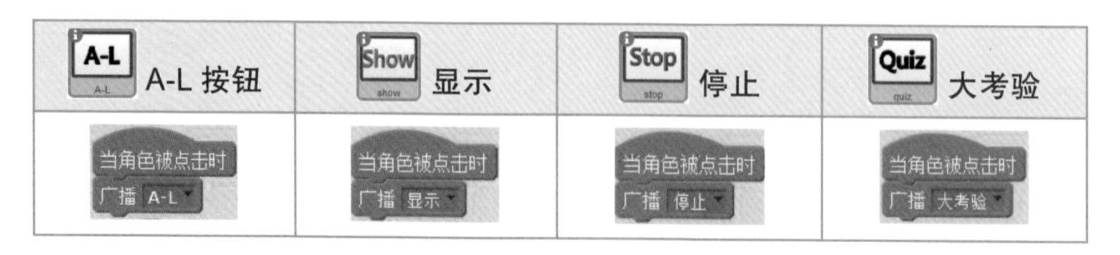

A-L 按钮	显示	停止	大考验
当角色被点击时 广播 A-L	当角色被点击时 广播 显示	当角色被点击时 广播 停止	当角色被点击时 广播 大考验

12.3.2 角色接收消息

舞台及“A”—“L”按键角色，当绿旗被单击或接收到广播“A—L”、“显示”、“停止”消息时就切换背景、隐藏或显示。

1. 选择 舞台，拖曳 当 被点击 与 将背景切换为 b1201。
2. 选择 A 角色，拖曳 当 被点击 与 隐藏。
3. 选择 舞台，拖曳 当接收到 A-L 与 将背景切换为 b1202。
4. 选择 A 角色，拖曳 当接收到 A-L 与 隐藏。
5. 选择 A 角色，拖曳 当接收到 显示 与 显示。
6. 选择 A 角色，拖曳 当接收到 停止 与 停止 全部。

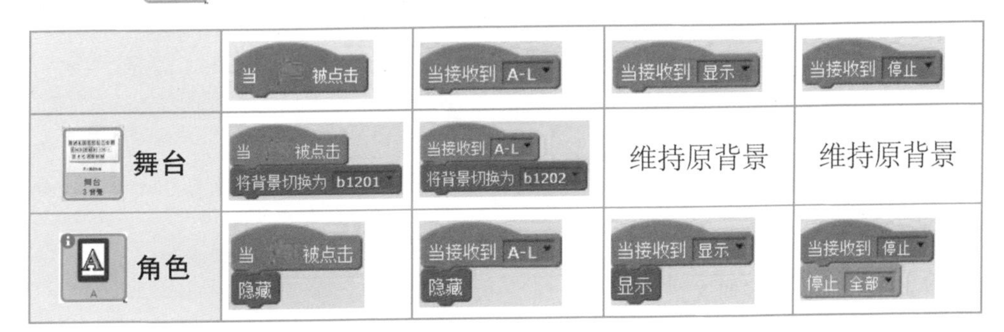

	当 被点击	当接收到 A-L	当接收到 显示	当接收到 停止
舞台	当 被点击 将背景切换为 b1201	当接收到 A-L 将背景切换为 b1202	维持原背景	维持原背景
角色	当 被点击 隐藏	当接收到 A-L 隐藏	当接收到 显示 显示	当接收到 停止 停止 全部

7. 单击 或 A-L，检查 A 是否隐藏。
8. 用鼠标右键单击 A 来复制所有指令积木到“S、D、F、G、H、J、K、L”按键。

提示

A “A”到 L “L”按键指令积木的差异是参数设置不同，因此，也可以在程序完成之后再复制，修改参数即可。

12.4 角色起始坐标

设置"A"到"L"按键开始练习以及接收到显示广播时显示在正确位置。

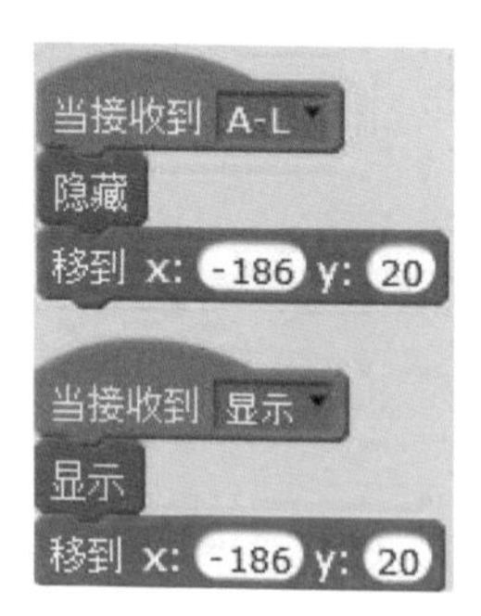

1. 选择 A 角色，拖曳两个 移到 x: -183 y: 22，分别拖到 当接收到 A-L 与 当接收到 显示。
2. 仿照步骤 1，分别选择“S、D、F、G、H、J、K、L”按键，拖曳“移到 X，Y”。

12.5 舞台显示指法

当“A”到“L”按键角色接收到广播，按序开始显示在舞台。每个角色每次显示 1 秒，重复显示 3 次。

第一个角色“A”直接显示

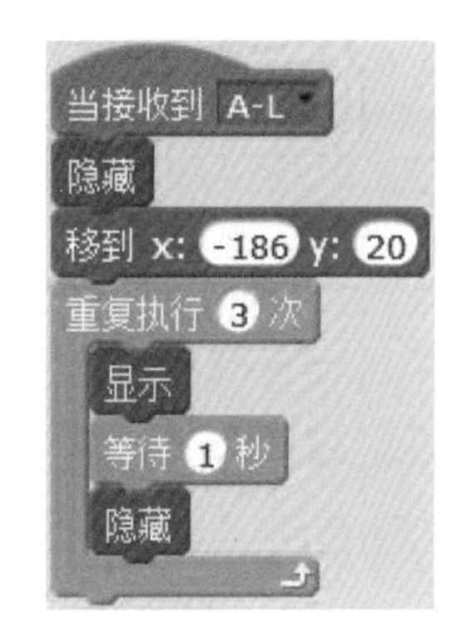

1. 选择 A 角色，拖曳 重复执行 10 次，输入【3】。
2. 拖曳 显示、等待 1 秒 与 隐藏。

技巧

显示“A”等待 1 秒再隐藏，让用户练习输入 3 次，练习的次数根据自己的设计来决定。

提示

每个按键的 *X* 和 *Y* 坐标都会随着角色在舞台的位置和造型中心而变化，不一定与这里显示的完全相同。

第二个角色

第二个角色开始按序先等待 3 秒，等待前一个角色练习 3 秒之后再显示。

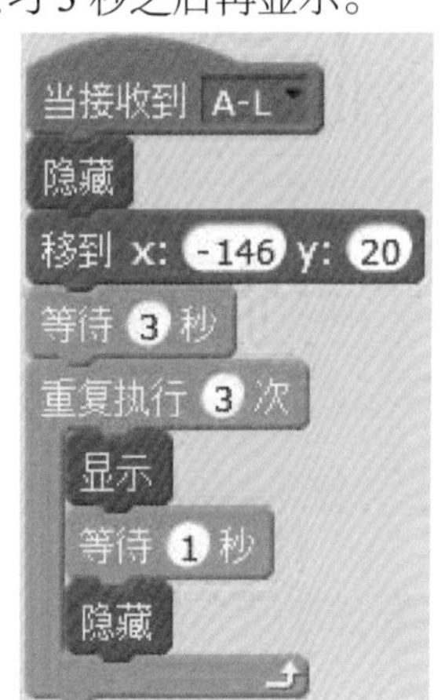

1. 选择 S 角色，仿照角色“A”的步骤 1~2 执行命令。
2. 拖曳 等待 1 秒，输入【3】。
3. 单击 ，再单击 A-L，检查是否“A”先显示，3 秒后“S”再显示。

提示

“S”等待“A”练习完 3 秒之后才显示。

技巧

以此类推，“D”等待 6 秒、“F”等待 9 秒。

12.6 侦测键盘输入与声音控制

侦测键盘是否输入“A”，正确输入“A”则角色隐藏，并播放“A”的声音。

12.6.1 侦测键盘输入

1. 选择 A 角色，拖曳 重复执行 与 当接收到 A-L 。
2. 拖曳 如果 那么 。
3. 拖曳 按键 空格键 是否按下？ 到“如果 <条件>”位置，选择【a】。
4. 拖曳 隐藏 。
5. 仿照步骤 1~4，复制指令积木到“S”—“L”角色，并将 按键 空格键 是否按下？ 改成“S”—“L”键。

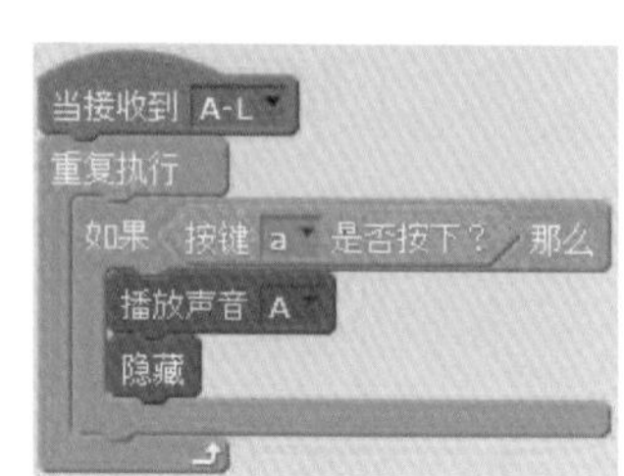

12.6.2 播放声音

正确输入“A”就播放“A”的声音。

1. 选择 A 角色，再单击 声音 标签。
2. 单击 ，上传声音文件。
3. 找到本书提供的范例文件存放的文件夹，选择【/范例文件/声音库 > a.mp3】。

提示

如果已安装麦克风，就利用 ● 录音。

4. 拖曳 播放声音 A 。
5. 仿照步骤 1~4，将指令积木复制到 S “S”— L “L”键盘角色，并将 播放声音 A 改成“S”—“L”。

12.7 随机从上往下掉落

当“Quiz”角色广播“大考验”时，舞台切换到“B1203”大考验背景舞台。同时 A-L 角色隐藏，A “A”—L “L”角色随机从上往下掉落。

12.7.1 舞台坐标与垂直 / 水平移动

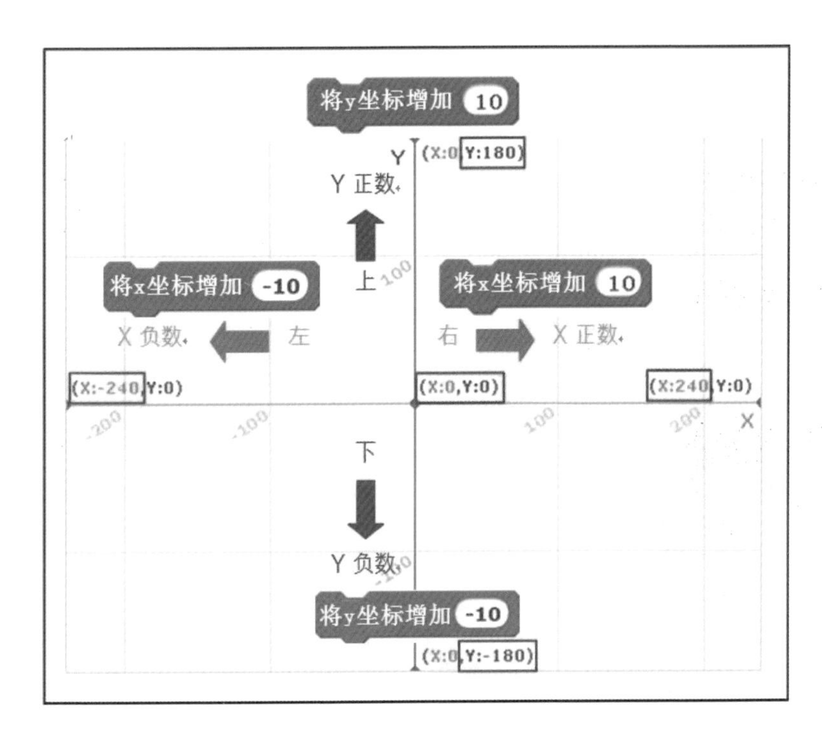

12.7.2 广播控制背景与角色

舞台接收到广播“大考验”时，舞台切换到“B1203”，A-L 角色隐藏。

1. 选择舞台，拖曳 当接收到 大考验 与 将背景切换为 b1203。
2. 选择 A-L 角色，拖曳 当接收到 大考验 与 隐藏。

3. 选择 A-L 角色，拖曳 当 被点击 与 显示。

4. 仿照步骤 2~3 拖曳相同指令积木到 Q-P 与 Z-M 角色。

12.7.3 在舞台上方随机显示

1. 选择 A 角色，拖曳 当接收到 大考验 与 重复执行。

2. 拖曳 等待 1 秒 与 在 1 到 10 间随机选一个数，输入【1】到【3】。

3. 拖曳 显示。

4. 拖曳 移到 x: 0 y: 0。

5. 拖曳 在 1 到 10 间随机选一个数 到“Y:0”。

6. 选择“Y”，输入【180】，选择“X”，输入【-240】到【240】。

技巧

避免 A “A”到 L “L”按键角色同时显示，先随机等待 1~3 秒再显示。

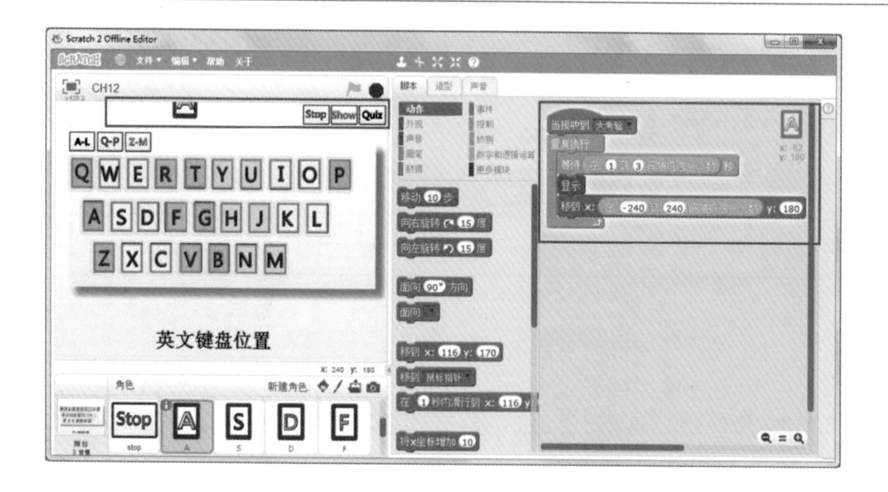

提示

“Y:180”每次从舞台最上方“-240 < X < 240”随机出现。

7. 用鼠标双击 移到 x: 在 -240 到 240 间随机选一个数 y: 180，检查是否重复执行等待 1~3 秒后字母再出现在舞台最上方。

技巧

- 舞台设置 Y=180，从最上方开始显示。
- A 角色造型中心在正中央。
- 因此 A 只显示一半。
- 让 A 角色在舞台上方完整显示，将 Y=180 更改为 Y=160 或较小参数，或将造型中心设置在 A 上方。

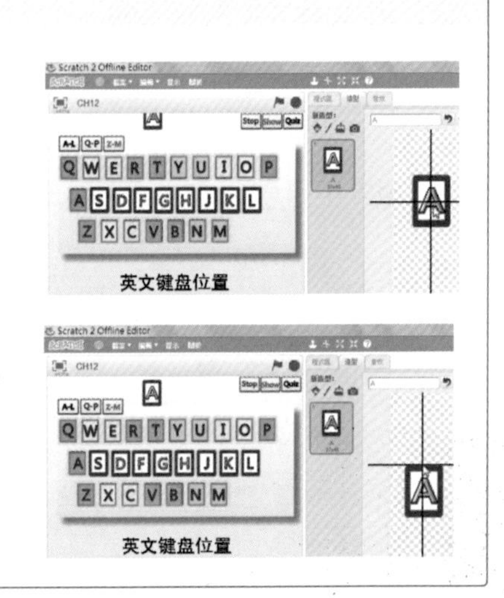

12.7.4 在舞台上方随机往下移动

1. 拖曳 重复执行直到。
2. 拖曳 □<□。
3. 拖曳 y座标 到“<”左边，右边输入【-160】。

提示

直到“Y < -180”舞台最下方之前，不停重复往下移动“Y 负数”。

提示

舞台最下方“Y:-180”，避免让 A 太靠近舞台边缘而停留在边缘不动，大家可以自行调整 Y 值，原理与上述角色完整显示相同。

4. 拖曳 将y坐标增加 10，选择“10”，输入“-1”。
5. 拖曳 隐藏 到 重复执行直到 下方。

多元观点

将y坐标增加 10 每次往上移动 10，要变慢可调整为“1”，要变快可调整为“20”。

6. 用鼠标双击指令积木，检查 A 是否不断地从舞台最上方往下移动，直到最下方“Y=-160”时“隐藏”，等待 1~3 秒再从最上方“显示”，重复相同的动作。

提示

“A”移到最下方（Y: -160）时“隐藏”，再从最上方（Y:180）重新出现，所以在“重复执行”第一行加“显示”。

7. 仿照以上步骤，将指令积木复制到 S “S”— L “L”键盘角色。

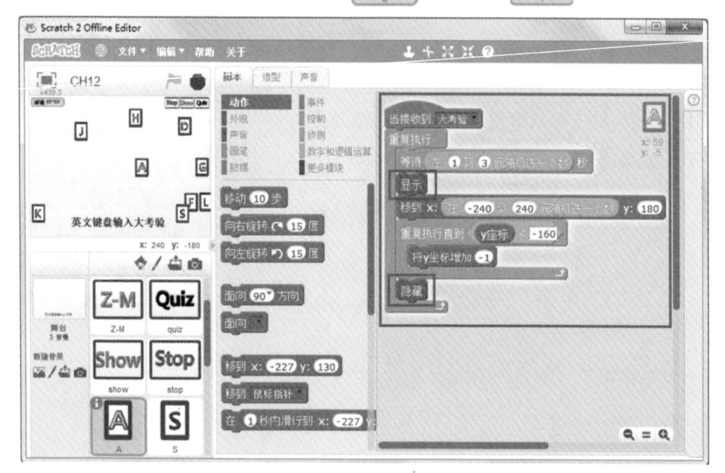

12.8 键盘输入

键盘正确输入 A，“正确”变量加 1。

12.8.1 正确变量

新建“正确”变量，单击绿旗开始隐藏并将变量值设为“0”，接收到“大考验”广播消息。

1. 单击 新建变量 ，输入【正确】。
2. 选择【舞台】，拖曳 当 被点击 。
3. 拖曳 隐藏变量 正确 与 将 正确 设定为 0 。

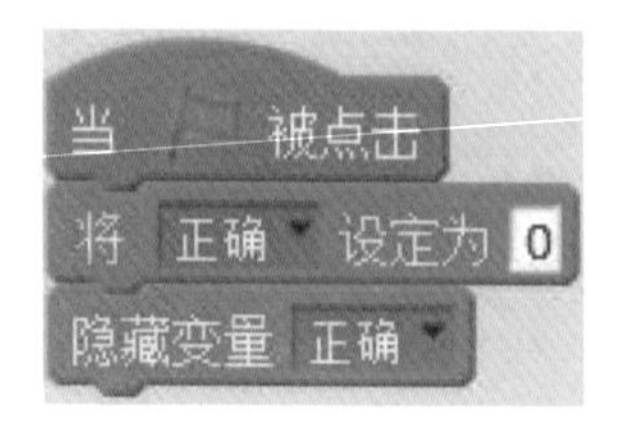

4. 拖曳 显示变量 正确 到 当接收到 大考验 下方。

技巧

变量的设置与显示适用于全部角色，因此，可以写在任何一个角色或舞台，建议写在舞台，避免“A”—“L”角色众多不易调试或修改。

12.8.2 正确输入就将正确变量值加 1

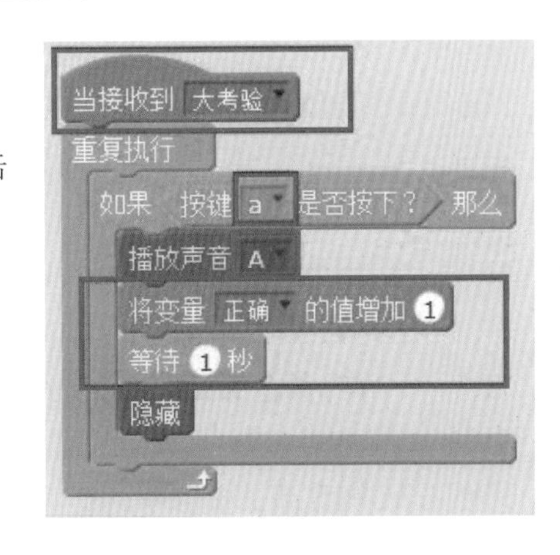

正确输入“A”将正确变量加 1。

1. 选择 A 角色，用鼠标右键单击 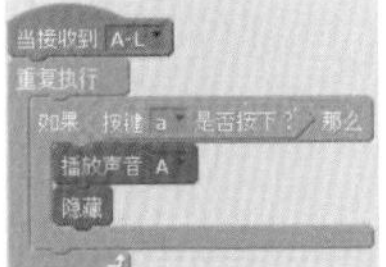 ,再选择复制指令积木。

2. 更改 当接收到 大考验 、 将变量 正确 的值增加 1 、 等待 1 秒 。

3. 将指令积木复制到 S “S” — L “L” 键盘角色，将 按键 a 是否按下？ 与 播放声音 A 改为“S” — “L”。

4. 保存程序文件。

课后练习

一、选择题

1. (　　) 如果想要设计“侦测用户是否从键盘 A—Z 输入任何键”的功能，应该使用哪一类指令积木？

   (A) 动作　(B) 控制　(C) 外观　(D) 侦测

2. (　　) 如果想要设计“角色从上往下掉落”，应该使用哪一个指令积木？

   (A) 将x坐标增加 10　(B) 将x坐标增加 -10　(C) 将y坐标增加 10　(D) 将y坐标增加 -10

3. (　　) 下列哪一个指令积木可以用来“侦测键盘输入”？

   (A) 按键 空格键 是否按下？　(B) 下移鼠标　(C) 询问 What's your name? 并等待
   (D) x座标 of Sprite1

4. (　　) 等待 在 1 到 3 间随机选一个数 秒 指令积木的目的是什么？

   (A) 控制动作　(B) 控制声音　(C) 控制时间　(D) 控制外观

5. (　　) 下列关于舞台坐标的叙述哪一个是“正确的”？

   (A) *X* 轴范围介于 -180~180 之间　(B) *Y* 轴范围介于 -180~180 之间
   (C) 舞台 *X* 轴宽度为 360　(D) *Y* 轴高度为 480

6. (　　) 想要设计“当用户从键盘输入 A—Z 等任何键时，启动程序执 行”的功能，应该使用哪一类指令积木？

   (A) 当按下 空格键　(B) 按键 空格键 是否按下？
   (C) 当角色被点击时　(D) 下移鼠标

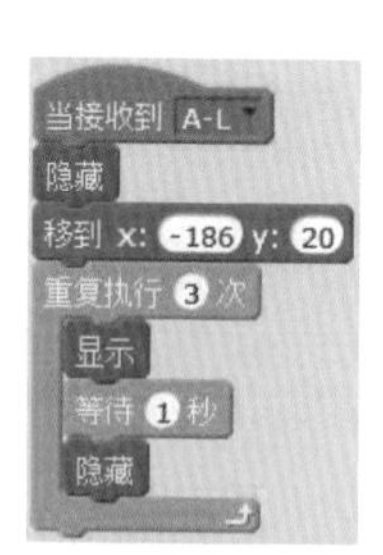

7. (　　) 右图“重复执行 3 次”指令积木属于哪一种程序执行流程？

   (A) 顺序结构　(B) 重复结构
   (C) 条件选择结构　(D) 循环结构

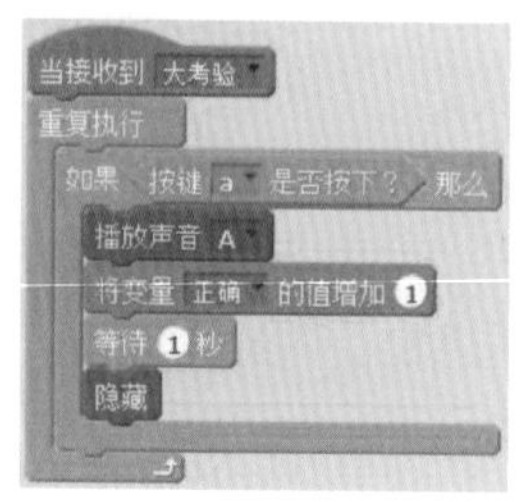

8. (　　) 右图指令积木的叙述“正确的”是哪一项？

   (A) 播放声音 A 才开始执行程序
   (B) 按下 A 键才执行程序
   (C) 接收到广播消息才执行程序
   (D) 按下 A 键才开始执行程序并隐藏

延伸练习

9. (　　) 指令积木 移到 x: 在 -240 到 240 间随机选一个数 y: 180 的执行结果是什么?
   (A) 在 舞台最上方随机显示 (B) 在舞台最下方随机显示
   (C) 在舞台最左边随机显示 (D) 在舞台最右边随机显示

10. (　　) 当"角色往左移动"时，下列叙述哪一个是"正确的"？
   (A) 使用指令积木 移动 10 步 (B) 使用指令积木 将x坐标增加 -10
   (C) 使用指令积木 将x坐标设定为 -10 (D) 使用指令积木 x座标 - 10

二、实践题

1. 如果想利用"计时器"控制程序开始执行的时间，程序开始执行 3 秒之后，如果用户一直没有选择"A—L"角色启动程序，该如何让程序自动执行?

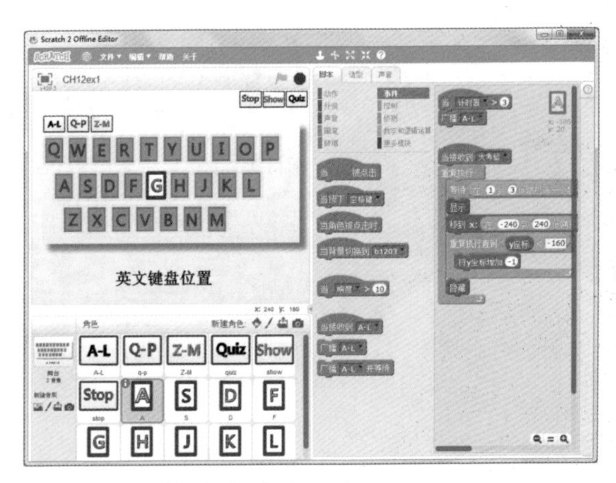

2. 新建一个"加油"变量，并将角色"A"指令积木中"如果角色移到舞台下方 Y = -160"改成"侦测碰到颜色"，应该如何设计程序?

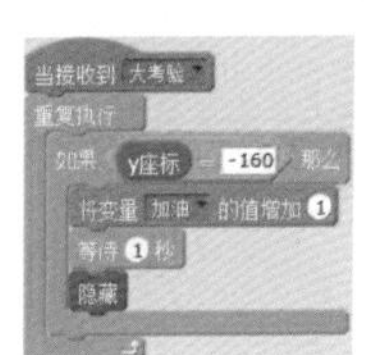

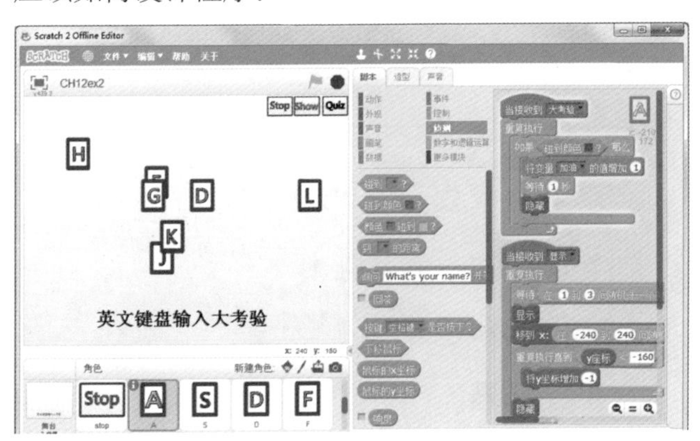

13 认识台湾地区拼图

简介

本章将利用“距离侦测”制作台湾地区拼图（局部，后面不再强调）。程序开始先显示台湾地区地图特效，等待用户用鼠标单击开始拼图。拼图过程中每一个县市的拼图会随着鼠标指针而移动，当每个县市移到距离正确位置小于 10 时，县市地图自动移到正确的位置。拼图的功能还包括：计时器，计算拼图所需的时间；说明按钮，当用户单击说明按钮时，显示台湾地区地图提示。

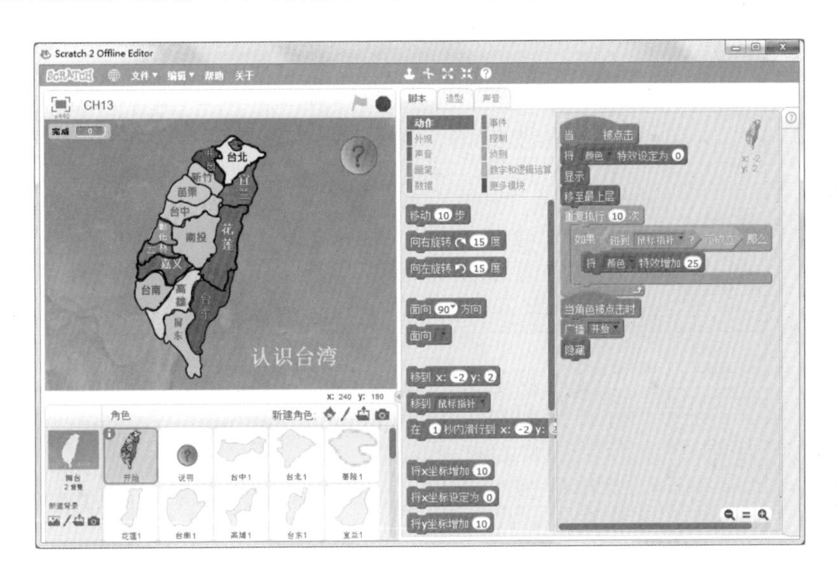

本章学习目标

完成本章节练习，将可学习到下列功能：

- 能够了解并把计时器应用到程序中。
- 能够应用动作与侦测功能设计拼图。
- 能够使用变量及运算功能计算程序的完成时间。
- 能够了解“距离侦测”的功能。
- 能够运用角色间的距离侦测功能。

13.1 脚本规划

程序设计前先规划“台湾地区地图”及“台湾地区底图”的舞台背景、“说明”角色显示台湾地区地图提示说明、“开始”角色开始执行程序、各县市拼图、底图角色相关动画情景以及 Scratch 指令积木相关的脚本。

认识台湾地区拼图脚本规划

舞台	角色	动画情景	Scratch 指令积木
舞台一 台湾地区地图	说明	▪ 当绿旗被单击，碰到鼠标显示特效、未碰到鼠标不显示特效 ▪ 当角色被单击时，显示台湾地区地图说明的提示并改变大小	▪ 事件 当绿旗被单击、当角色被单击时 ▪ 外观 设定说明造型、改变大小、特效 ▪ 控制 重复执行、重复 10 次、如果
	开始	▪ 当绿旗被单击，如果没有碰到鼠标，显示特效并移到最上层 ▪ 当角色被单击时，广播开始后隐藏	▪ 事件 当绿旗被单击、当角色被单击时、广播 ▪ 外观 显示、移到最上层、特效、隐藏 ▪ 控制 重复 10 次、如果 ▪ 数字和逻辑运算 不成立
舞台二 台湾地区底图	各县市拼图	▪ 当绿旗被单击，移到随机位置 ▪ 当角色被单击时，移到最上层、跟着鼠标指针移动 ▪ 当距离底图小于 10 时，移到底图的位置 ▪ 将完成变量加 1 ▪ 停止程序执行	▪ 事件 当绿旗被单击、当角色被单击时、接收广播 ▪ 外观 移到最上层 ▪ 控制 重复执行、重复执行～直到、停止这个程序 ▪ 动作 移到 XY ▪ 侦测 角色 XY 坐标
	各县市底图	▪ 当绿旗被单击，移到台湾地区地图正确的位置	▪ 事件 当绿旗被单击 ▪ 动作 移到 XY

舞台	角色	动画情景	Scratch 指令积木
舞台或任何角色		▪ 接收到开始时 ▪ 计时器归零 ▪ 如果完成 16 县市，说计时器的时间 ▪ 停止所有程序的执行	▪ 事件 接收广播 ▪ 外观 说 ▪ 控制 重复执行、如果、停止全部 ▪ 侦测 计时器 ▪ 数据 完成变量 ▪ 数字和逻辑运算 等于

* 脚本规划前建议使用本书附录C中提供的表格，将个人想法填入“我的创意规划”。

13.2 上传背景与角色

找到本书提供的范例文件所在的文件夹，从本章图库文件夹中上传“台湾地区地图”及“台湾地区底图”舞台背景文件与“开始”、“说明”角色。

13.2.1 从本地文件中上传背景

1. 选择【开始 > 所有程序 > Scratch 2.0】启动 Scratch，将猫咪角色删除。

> **提示**
>
> 找到本书提供的范例文件所在的文件夹，其中【/ 练习范例 / ch13.sb2】内有完整的上传背景及角色文件。

2. 在【舞台】中，单击 【从本地文件中上传背景】。
3. 找到本书提供的范例文件所在的文件夹，用鼠标双击【/ 范例文件 / 图库 / CH13】。
4. 选取【b1301~b1302】，再单击【打开】。

13.2.2 从本地文件中上传角色

上传“开始”与“说明”角色。

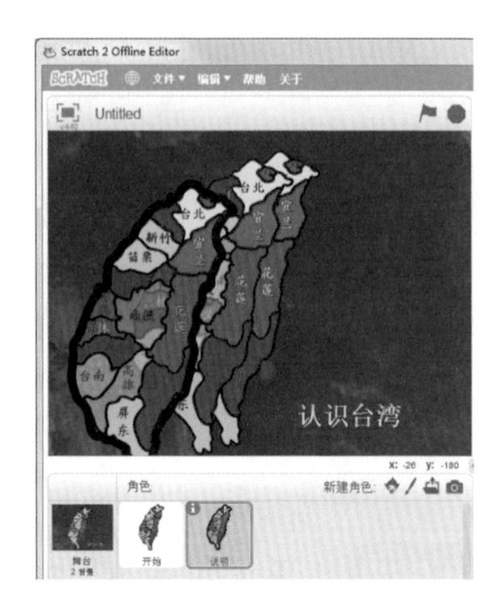

1. 在【新建角色】中，单击【从本地文件中上传角色】。
2. 选择【开始】与【说明】，再单击【打开】。

3. 选择【开始】的台湾地区地图，将开始的台湾地区地图移到底图正上方。
4. 选择【说明】的台湾地区地图，将说明的台湾地区地图移到舞台右上方并缩小。

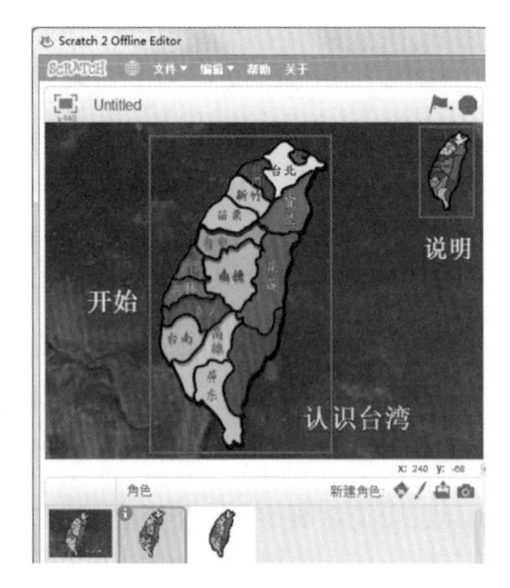

5. 选择【说明】的台湾地图，再单击 造型 ，接着单击 转换成矢量编辑模式 ，利用 设置造型中心在台湾地区地图的中心。
6. 单击 绘制新造型，输入作为造型的名称【说明 1】。
7. 单击【椭圆】以及【文本】，设计“说明 1”造型，设计完成，单击设置造型中心。

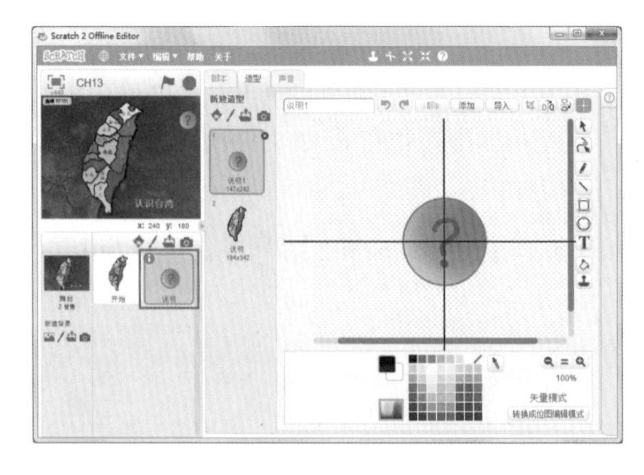

13.3 拼图与底图角色坐标布置

上传“各县市拼图”及“各县市底图”各16个角色。

13.3.1 底图坐标布置

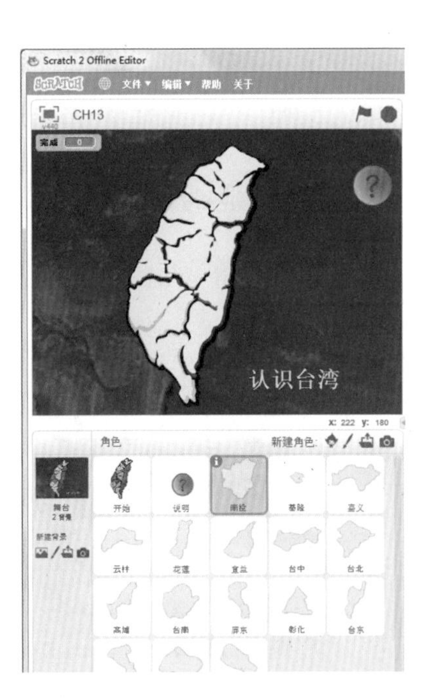

1. 在【新建角色】中，单击【从本地文件中上传角色】。
2. 找到存放本书范例文件的文件夹，用鼠标双击【/范例文件/图库/CH13/地图底图】。
3. 按照台湾地区地图位置拖曳各县市底图到地图相对应的位置。

技巧

各县市地图拖曳完成，确认各县市的XY坐标。

4. 选择各县市底图，首先单击 造型 ，再单击 转换成矢量编辑模式 ，并利用设置造型中心。

提示

如果图片消失，就重新导入。

13.3.2 拼图坐标布置

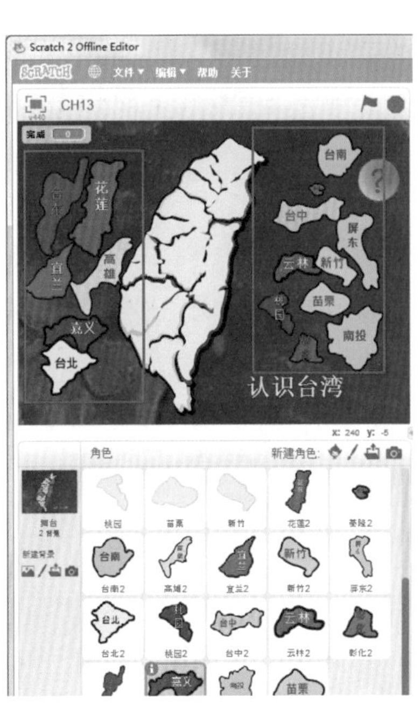

1. 在【新建角色】中，单击【从本地文件中上传角色】。
2. 找到存放本书范例文件的文件夹，用鼠标双击【/范例文件/图库/CH13/地图拼图】
3. 将各县市拼图放在两侧。

技巧

当拼图拖曳到底图坐标位置时拼图正确。

4. 选择各县市拼图，单击 造型 、 转换成矢量编辑模式 ，并利用 ＋ 设置造型中心。

13.4 条件不成立执行特效

程序开始执行时，“开始”角色移到最上层显示特效，当开始角色“碰到鼠标指针”后停止特效，“当被单击”时开始角色广播消息并隐藏。

13.4.1 碰到鼠标指针不成立

如果“开始”角色“没有碰到鼠标指针”显示特效，“碰到鼠标指针”则不显示特效。

1. 选择 开始 【开始】角色，拖曳 当 被点击 、 显示 与 移至最上层 。
2. 拖曳 重复执行 10 次 。
3. 拖曳 如果 那么 与 不成立 。
4. 拖曳 碰到 ? ，选择【鼠标指针】。
5. 拖曳 将 颜色 特效增加 25 。

技巧

可根据需要设置不同的特效执行次数。

6. 拖曳 将 颜色 特效设定为 0 到 当 被点击 下方。

技巧

程序开始将特效还原为 0，或拖曳清除所有图形特效。

7. 单击 ，检查“开始”时台湾地区地图是否移到最上层，并显示特效。当鼠标碰到台湾地区地图时，特效停止。

13.4.2　点一下广播消息

1. 拖曳 当角色被点击时 与 广播 message1 。
2. 单击▼，再选择【新消息】，输入【开始】，再单击【确定】按钮。
3. 拖曳隐藏。

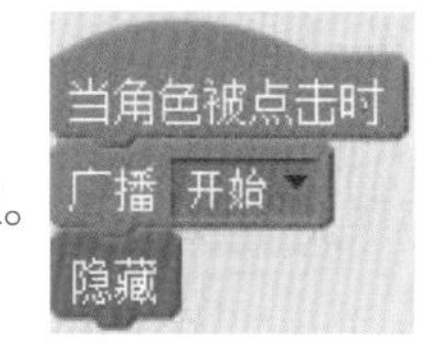

13.5　条件成立执行特效

当鼠标碰到“说明”角色时，显示特效。当“说明”被单击时，显示2秒台湾地区地图的提示。

13.5.1　碰到鼠标指针

当“说明”角色“碰到鼠标指针”显示特效,“未碰到鼠标指针”则不显示特效。

1. 选择 说明【说明】角色，拖曳 当 被点击 与 重复执行 。
2. 拖曳 如果 那么 否则 。
3. 拖曳 碰到 ？，选择【鼠标指针】。
4. 拖曳 将 颜色 特效增加 25 到“如果”下一行。
5. 拖曳 将 颜色 特效设定为 0 到“否则”下一行。
6. 单击🏴，鼠标指针移到“说明”角色，检查是否显示特效。当鼠标指针离开“说明”时，特效还原。

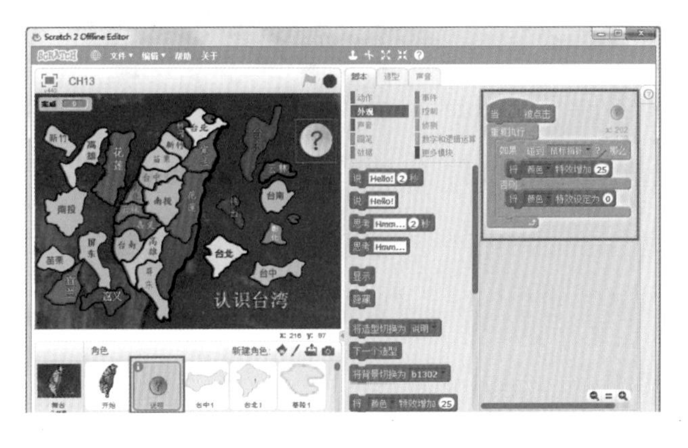

13.5.2 单击显示说明地图

当“说明”角色被单击时，显示台湾地区地图，逐步放大后再切换到说明图标。

1. 拖曳 当角色被点击时 与 。

2. 拖曳 将造型切换为 说明 。
3. 拖曳 将角色的大小增加 10 ，输入【1】。
4. 拖曳 等待 1 秒 ，输入【0.1】。
5. 拖曳 将造型切换为 说明1 。
6. 拖曳 将角色的大小设定为 40 。

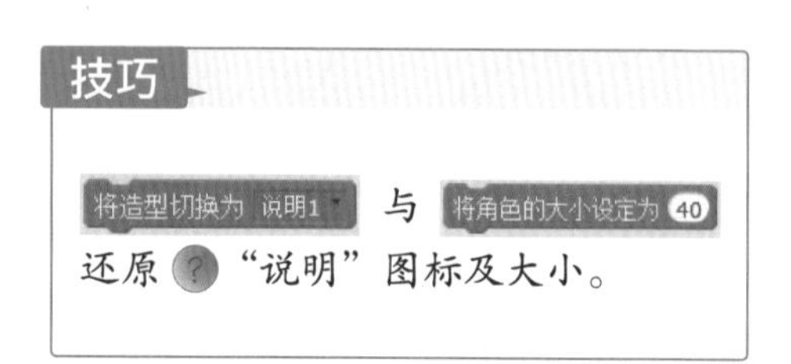

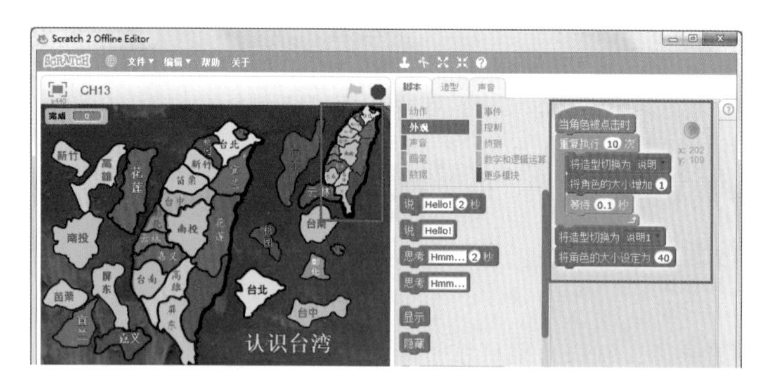

13.6 设定角色起始坐标

13.6.1 设定底图坐标

设定每个县市底图的坐标。

1. 选择 台中1 【台中1】，拖曳

技巧

将每个县市的底图移到 正确的位置时 XY 坐标也要正确。

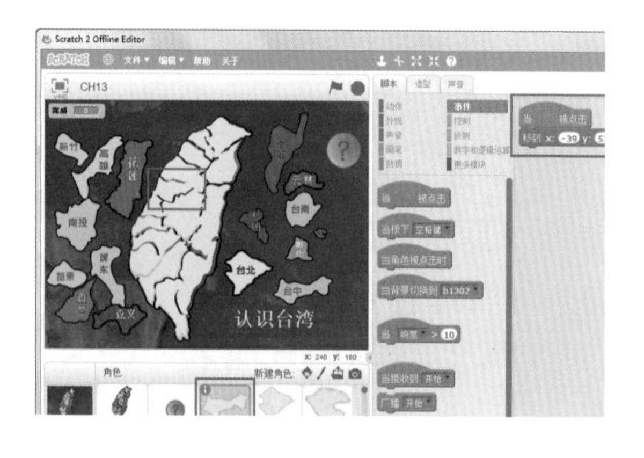

2. 仿照步骤1，按序选择每个县市角色，拖曳相同的指令积木。

13.6.2 设定拼图坐标

设定每个县市拼图坐标。

1. 选择【台中】，仿照底图步骤1，拖曳相同的指令积木。
2. 仿照步骤1，拖曳每个县市拼图至对应的坐标。

13.7 侦测角色距离

单击拼图，拼图跟着鼠标移动，当台中拼图与台中底图距离小于10时，会自动移到台中正确的位置。

13.7.1 确定角色距离

直到“距离 <10”之前都移到鼠标指针位置。

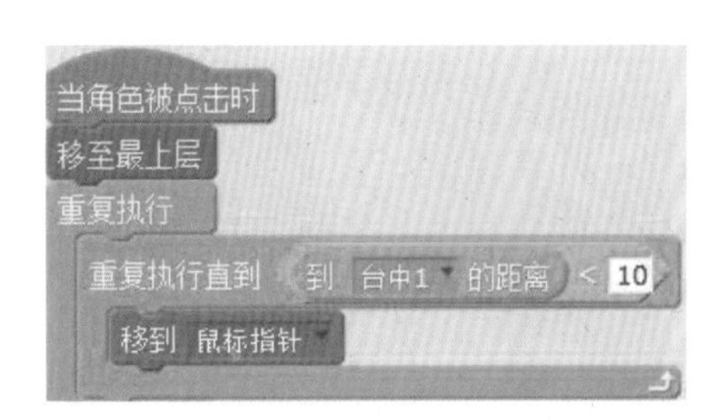

1. 选择【台中】角色，拖曳 当角色被点击时 与 移至最上层。
2. 拖曳 重复执行 与 重复执行直到。
3. 拖曳 < 到“直到”。
4. 拖曳 到 的距离 到“<”左侧，选择【台中1】，在右侧输入【10】。
5. 拖曳 移到 鼠标指针。

6. 单击 ，单击【台湾】，再单击 ，检查台中是否跟着鼠标指针移动。

13.7.2 侦测角色坐标

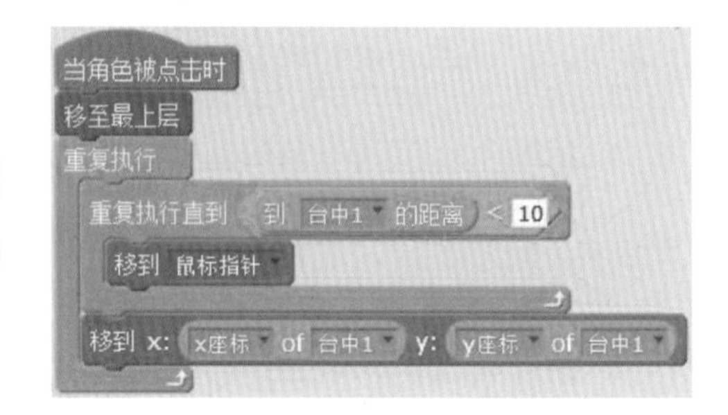

当 台中拼图与 台中底图距离小于10时，自动移到台中正确的位置。

1. 拖曳 移到 x: 150 y: -102 到“直到”下一行。
2. 拖曳两个 x座标 of 台中，选择【X坐标】、【Y坐标】与【台中1】。

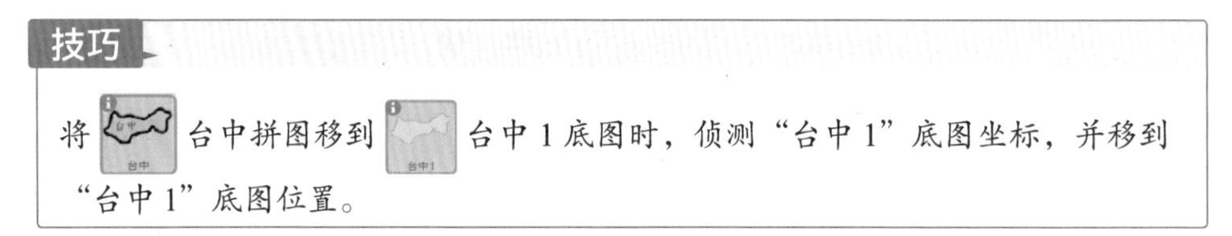

技巧

将 台中拼图移到 台中1底图时，侦测“台中1”底图坐标，并移到“台中1”底图位置。

3. 单击一下 “台中”拼图，移动鼠标，检查 “台中”与 “台中1”距离小于10时，是否自动移到“台中1”底图位置。

13.8 计时器

启动计时器，新建一个“完成”变量，当完成 16 个拼图时，说：“完成拼图时间”。

13.8.1 计算拼图次数

1. 单击 新建变量，输入【完成】。
2. 拖曳 将变量 完成 的值增加 1 到“移到”台中 1 的下一行。
3. 拖曳 停止 全部，选择【当前脚本】。

技巧

当 台中 台中移到 台中 1 位置，拼图完成，完成拼图数加 1，并结束执行 台中 跟着鼠标指针移动。

13.8.2 说完成拼图时间

当“完成 =16”时，说：“完成拼图时间”。

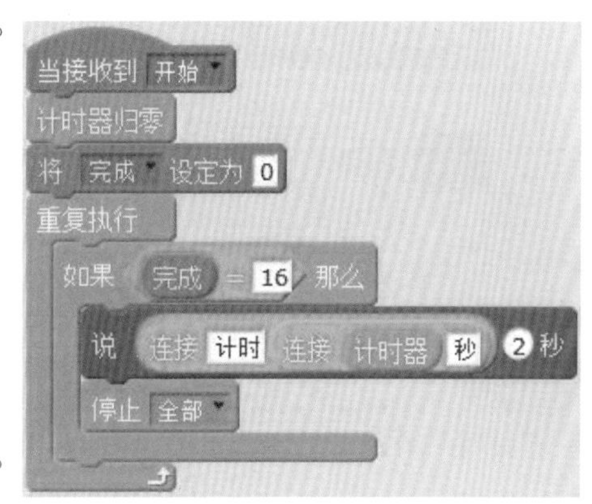

1. 拖曳 当接收到 开始 与 计时器归零。
2. 拖曳 将 完成 设定为 0。
3. 拖曳 重复执行 与 如果 那么。
4. 拖曳 = 到“如果”。
5. 拖曳 完成 到“=”左侧，在右侧输入【16】。
6. 拖曳 说 Hello! 2 秒。
7. 拖曳两个 连接 hello world，输入【计时】、计时器 与【秒】。
8. 拖曳 停止 全部。

13.8.3 背景切换与复制指令

当“开始”被单击时，切换台湾地区底图

1. 选择【舞台】，拖曳 当 被点击 与 将背景切换为 b1301 。
2. 拖曳 当接收到 开始 与 将背景切换为 b1302 。

复制指令

1. 选择【台中】角色，复制 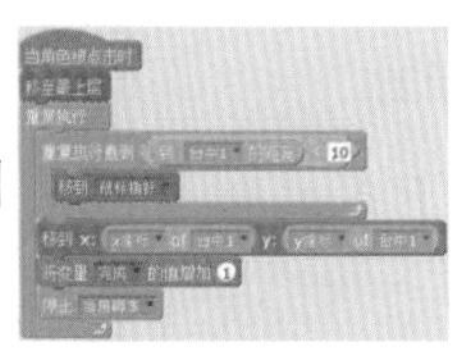 到每个县市。
2. 更改 到 台中1 的距离 到【各县市 1】的距离。
3. 更改 移到 x: x座标 of 台中1 y: y座标 of 台中1 为【各县市 1】的 XY 坐标。

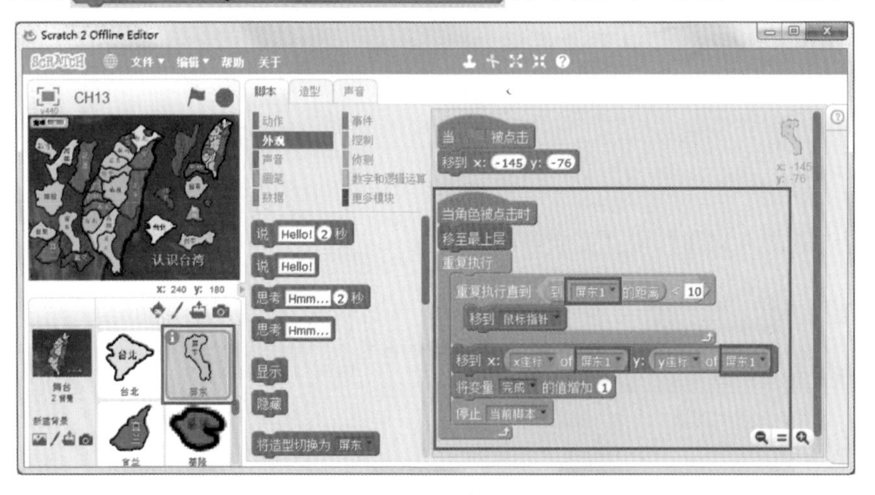

> **提示**
>
> 直接将“台中”的指令积木拖曳到“屏东”就可以复制。

4. 保存程序文件。

课后练习

一、选择题

1. ( ) 下列哪一个指令积木在“条件不成立”时才执行？

(A) 且 (B) 或 (C) 连接 hello world (D) 不成立

2. ( ) 想要设计“侦测两个角色之间的距离”的程序，应该使用哪一 个指令积木？

(A) x座标 of Sprite1 (B) 到 的距离 (C) 视频侦测 动作 在 角色 上
(D) 碰到 ?

3. ( ) 如果想要设计“计时器”功能，应该如何操作？

(A) 拖曳 计时器 (B) 程序开始执行时，拖曳 计时器归零
(C) 利用 当 计时器 > 10 开始执行 (D) 以上均可

4. ( ) 移到 x: x座标 of 台中1 y: y座标 of 台中1 指令积木的执行结果是什么?

(A) 角色移到台中 1 角色的 XY 坐标
(B) 角色与台中 1 角色的 XY 坐标相同
(C) 角色与台中 1 角色会重叠 (D) 以上都是

5. ( ) 如何在舞台显示“计时器”设备?

(A) 拖曳 说 计时器 2 秒 (B) 计时器 不勾选计时器
(C) 计时器 勾选计时器 (D) 拖曳 当 计时器 > 10

6. ( ) 如果想要设计“角色 1 到台中 1 之间的距离小于 10 之前，都跟着鼠标指针移动”，那么应该如何设计?

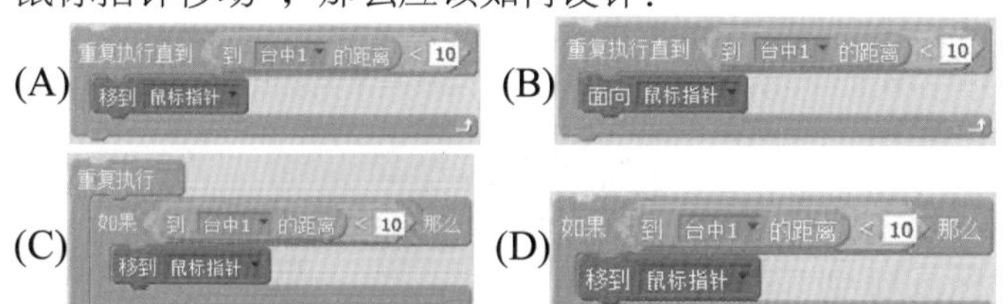

7. ( ) 下列哪一个指令积木可以将“特效还原成默认值”？

(A) 清除所有图形特效 (B) 将角色的大小设定为 100 (C) 显示 (D) 将 颜色 特效增加 25

8. ( ) 关于 Scratch 右键单击复制功能的叙述，哪一个是“正确的”？

(A) 用鼠标右键单击角色，再选择【复制】，只能复制角色造型
(B) 用鼠标右键单击程序开始执行的事件，再选择【复制】，会在相

延伸练习

同位置复制一组指令积木

(C) 用鼠标右键单击角色造型，再选择【复制】，能够复制造型及指令积木

(D) 用鼠标右键单击舞台背景，再选择【复制】，能够复制背景及指令积木

9. (　) 下列哪一类指令积木“无法”用于舞台？

(A) 事件　(B) 控制　(C) 动作　(D) 声音

10. (　) 下列哪一个指令积木功能既可以设定在“角色”上，也可以设定在“舞台”？

(A) 下一个造型　(B) 移至最上层　(C) 将背景切换为 背景1　(D) 造型 #

二、实践题

1. 在“程序开始执行及完成全部拼图”时加入“声音”，应该如何设计？

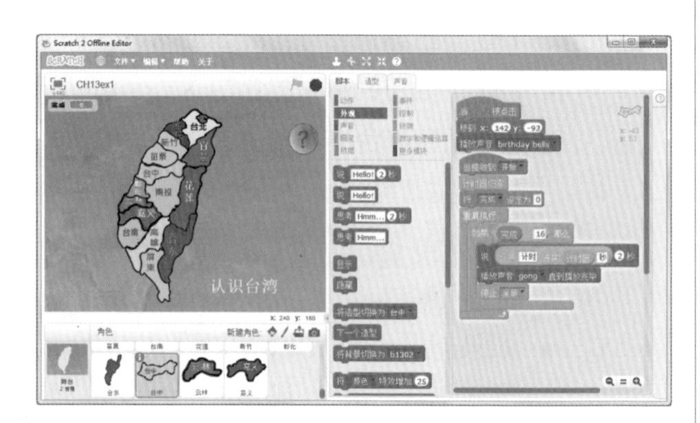

2. 仿照说明角色的特效，将“开始”的台湾地区角色特效改成“当鼠标没碰到角色时改变旋转或像素化等其他特效”、“当鼠标碰到角色时特效恢复成默认值”。

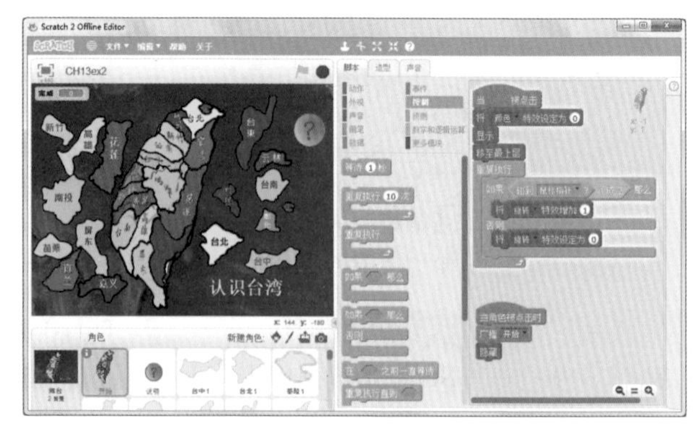

14 想象力超链接

简介

本章将利用“舞台背景”设计想象力超链接程序。利用 A—Z 字母制作与字母相关的单词及图片。当用户点一下字母“A”链接到“A”字母相关的图片背景。当用户点一下“首页”链接回到 A—Z 字母首页。

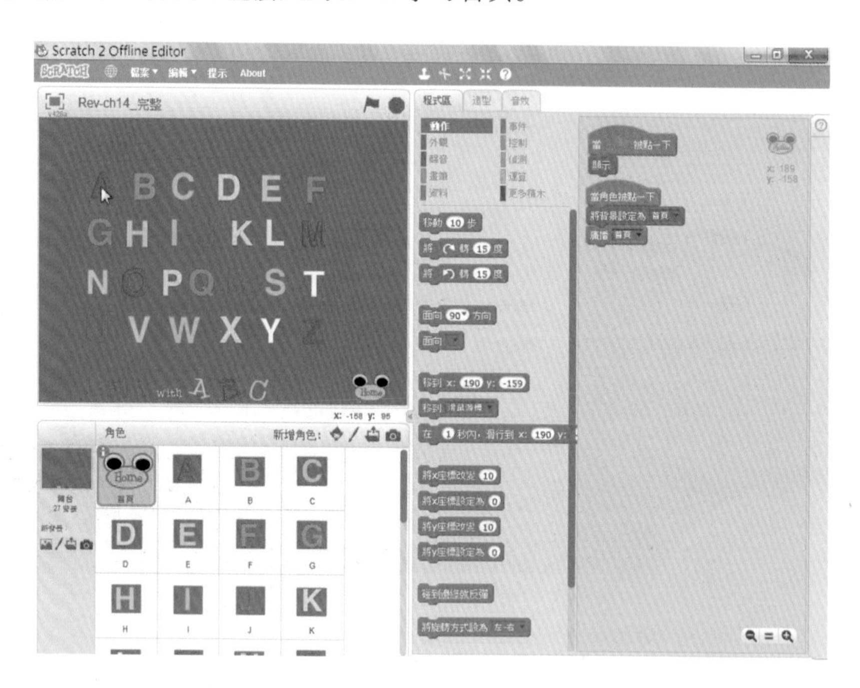

本章学习目标

完成本章节练习，将可学习到下列功能：

- 能够应用因特网搜索与学科内容相关的正确知识。
- 能够合理引用网络搜索数据。
- 能够了解舞台背景与角色的关联。
- 能够应用外观显示、隐藏及背景功能设计超链接概念的程序。
- 能够应用角色及背景复制功能，设计一致性的角色及舞台。

14.1 脚本规划与设计流程

程序设计前先规划想象力超链接“首页”的舞台背景与26个字母及图片的舞台背景共27个。在角色方面，规划26个字母超链接相关角色动画情景及Scratch指令积木相关的脚本。

14.1.1 想象力超链接脚本规划

动画情景规划	字母角色	首页角色
首页舞台	▪ 当绿旗被单击，显示 ▪ A被选择，广播“隐藏” ▪ 切换A背景舞台 ▪ B—Z接收到“隐藏”广播消息，全部隐藏	▪ 当绿旗被单击，显示 ▪ 首页被选择，广播“首页”消息 ▪ 切换到首页背景舞台
A字母背景	▪ B—Z接收到“首页”广播，全部显示	▪ 当首页被选择，广播“首页”消息 ▪ 切换到首页背景舞台

*脚本规划前建议使用本书附录C中提供的表格，将个人想法填入“我的创意规划”。

14.1.2 想象力超链接设计流程

当角色被选择时，广播隐藏、切换到A舞台背景

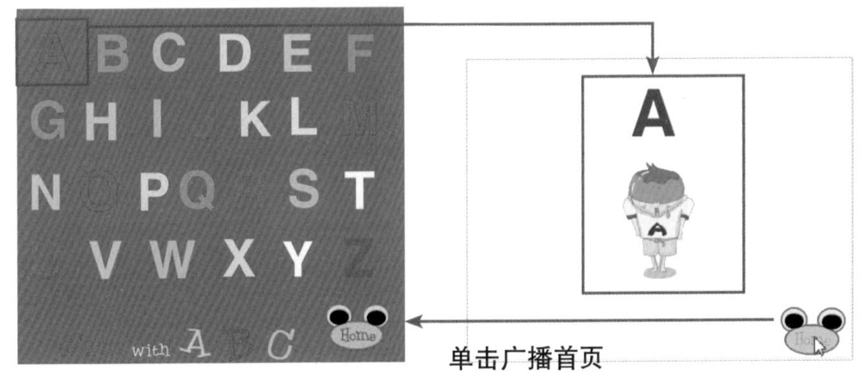

14.2 画新背景

绘制新背景并从本书提供的范例文件所在的文件夹中导入“A–Z”背景图片。

14.2.1 绘制新背景

绘制首页背景

1. 选择【开始 > 所有程序 > Scratch 2.0】启动 Scratch，将猫咪角色删除。
2. 在【舞台】中，选择【绘制新背景】。
3. 输入背景名称【首页】。
4. 单击 【文本】、选择文字“颜色”与字体“Scratch”设计首页背景。

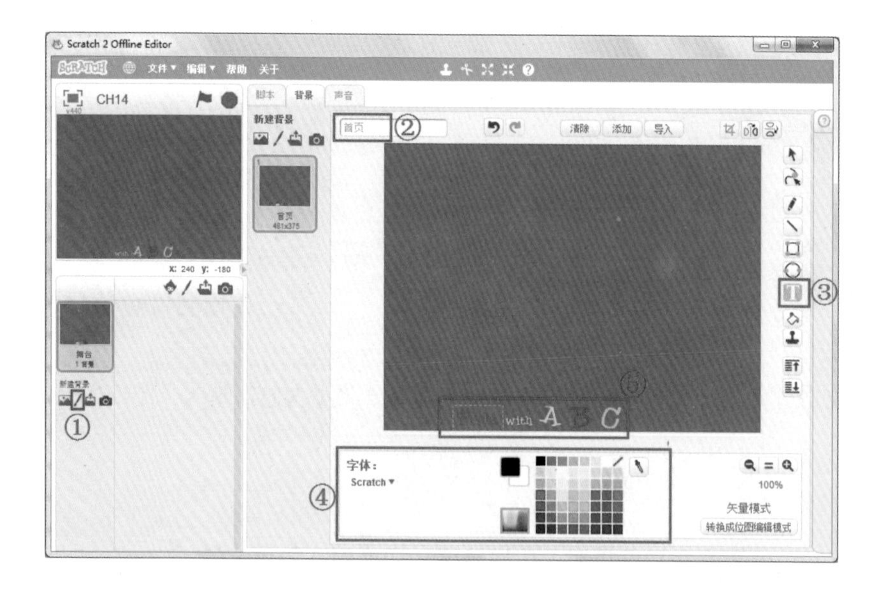

绘制 A–Z 背景

1. 在【新建背景】中，单击 【绘制新背景】。
2. 输入背景名称【A】。
3. 单击 ，选择文字“颜色”与字体“Scratch”，输入【A】与【与 A 相关的英文单词，比如 apology】。

4. 单击 导入 ，找到本书提供的范例文件所在的文件夹，用鼠标双击【 / 范例文件 / 图库 /CH14 】。

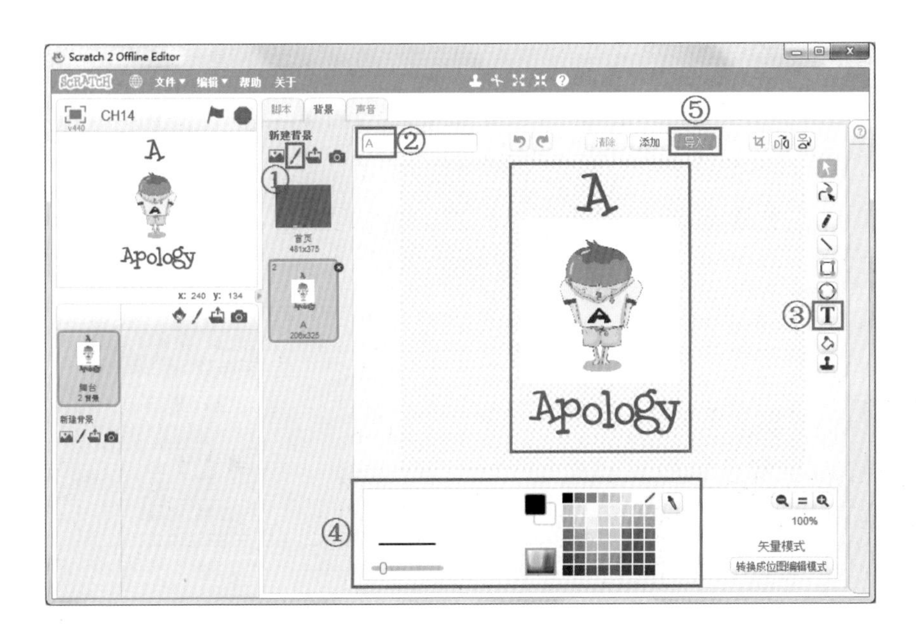

技巧

英文字母链接，按照自己设计的主题上网查询相关字母图片。

5. 用鼠标右键单击“A”背景，再选择【复制】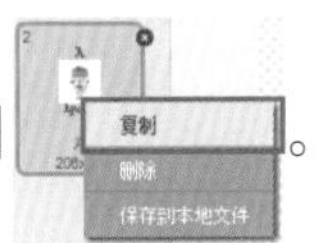。

6. 输入背景名称【B】、导入【Bank】图片，输入【B】与【Bank】。

技巧

背景 B—Z 利用复制“A”背景的方式让背景位置及字体大小一致。

提示

A—Z 的指令积木与背景做法相同，本章以 A—C 为范例。

14.2.2 绘制新角色

绘制“A”角色及“首页”。

绘制“A”角色

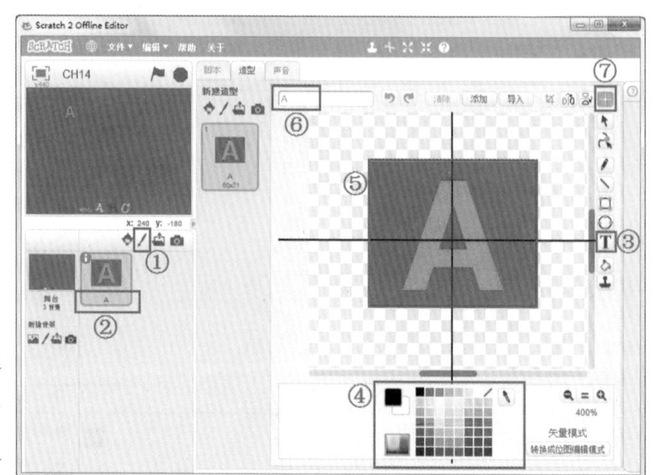

1. 在【新建角色】中，单击【绘制新角色】。
2. 单击，输入角色名称【A】。
3. 单击【文本】、选择文字“颜色”与字体“Helvetica”，输入【A】与造型名称【A】，并切换造型中心。

技巧

1. 在A字母下方画一个与背景相同颜色的正方形，帮助程序执行时更容易选择A字母。
2. “A”字母完成所有指令积木之后，再将角色及指令积木同时复制到B—Z。

绘制“首页”角色

4. 仿照步骤1~3绘制【首页】角色，输入【角色名称:首页】与【造型名称:首页】。

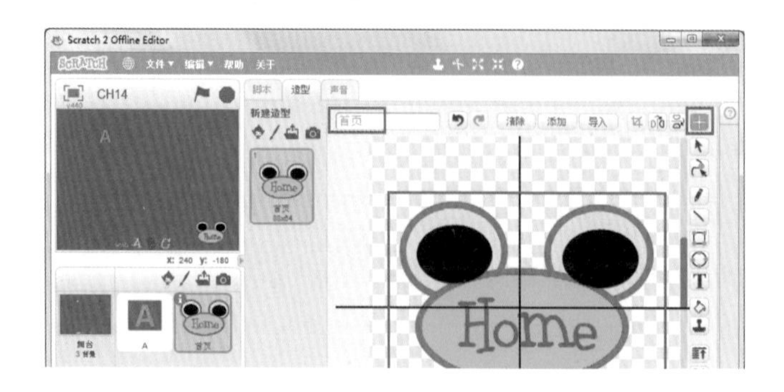

14.3 首页与字母链接

14.3.1 当绿旗被单击时显示

当绿旗被单击时，显示舞台首页与全部角色。

1. 选择【舞台】，拖曳 当 被点击 与 将背景切换为 首页。
2. 选择【A】，拖曳 当 被点击 与 显示。

14.3.2 角色点一下隐藏

当“A”被单击时，切换“A”背景并广播“隐藏”。

1. 选择【A】，拖曳 当角色被点击时。
2. 拖曳 将背景切换为 A。
3. 拖曳 广播 message1。
4. 单击▼，再选择【新消息】，输入【隐藏】，再单击【确定】。
5. 拖曳 隐藏。

技巧

“A”角色广播完之后，切换到A字母舞台背景，因此A角色要隐藏。

14.3.3 字母隐藏

选择【A】，拖曳

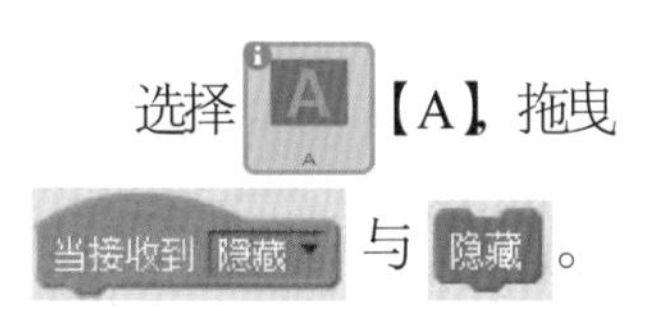

与 隐藏。

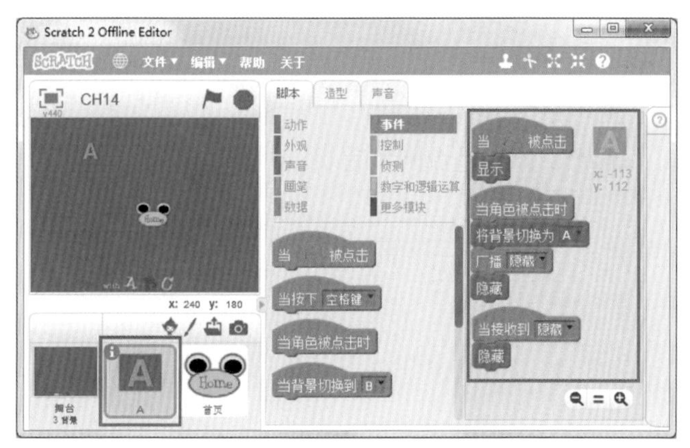

14.4 显示首页

当首页角色被单击时，广播“首页”并切换到首页舞台背景，其他角色接收到“首页”广播消息时显示。

1. 选择 【首页】，拖曳 当角色被点击时。
2. 拖曳 广播 message1。
3. 单击 ，再选择【新消息】，输入【首页】，再单击【确定】按钮。
4. 拖曳 将背景切换为 首页。

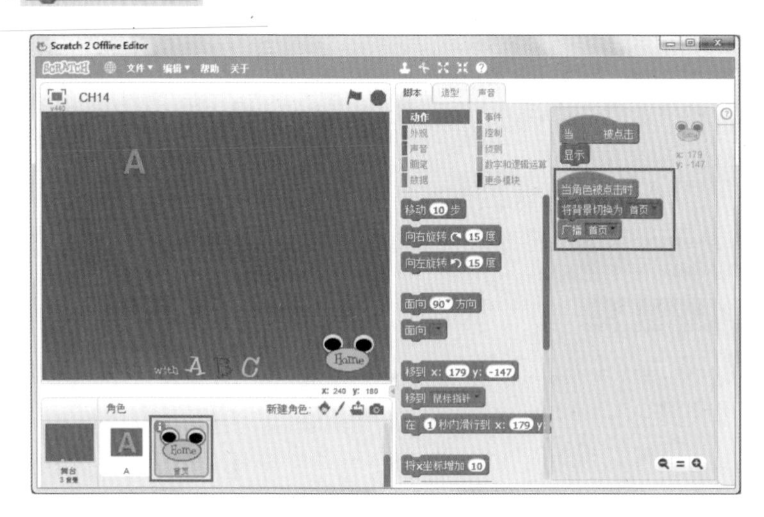

5. 选择 【A】，拖曳 当接收到 首页。
6. 拖曳 显示。
7. 单击 ，再选择舞台角色 ，检查是否链接到 A 字母舞台背景，再单击 ，检查是否回到首页。

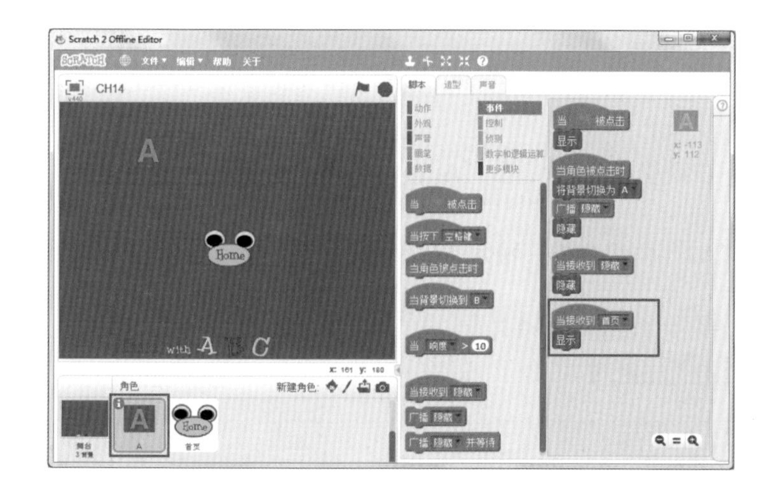

14.5 添加注释

在指令积木添加注释。

1. 选择【A】，用鼠标右键单击 当角色被点击时，再选择【添加注释】。
2. 输入【A 字母点击一下链接到 A 背景】。
3. 单击 当接收到 首页，添加注释【回到首页显示】。

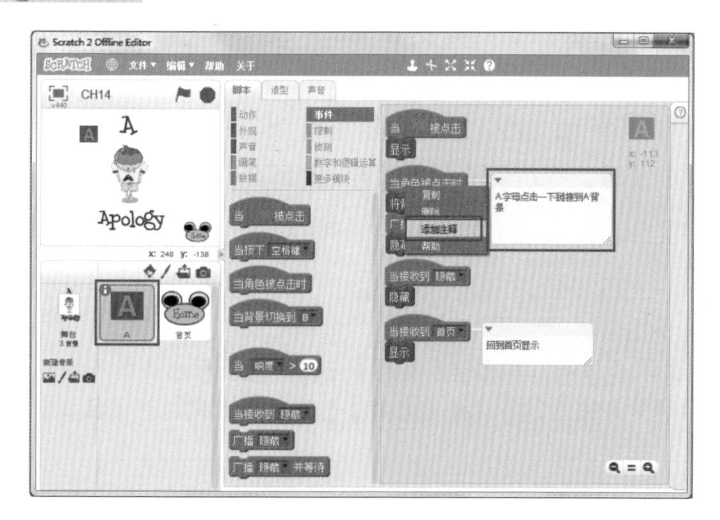

技巧

针对不易理解的指令积木添加注释，可以帮助其他人理解。

14.6 复制角色及指令积木

1. 用鼠标右键单击角色“A”，再选择【复制】。
2. 更改“A2”角色名称，输入【B】。
3. 单击造型，输入字母【B】。
4. 单击将背景切换为B。

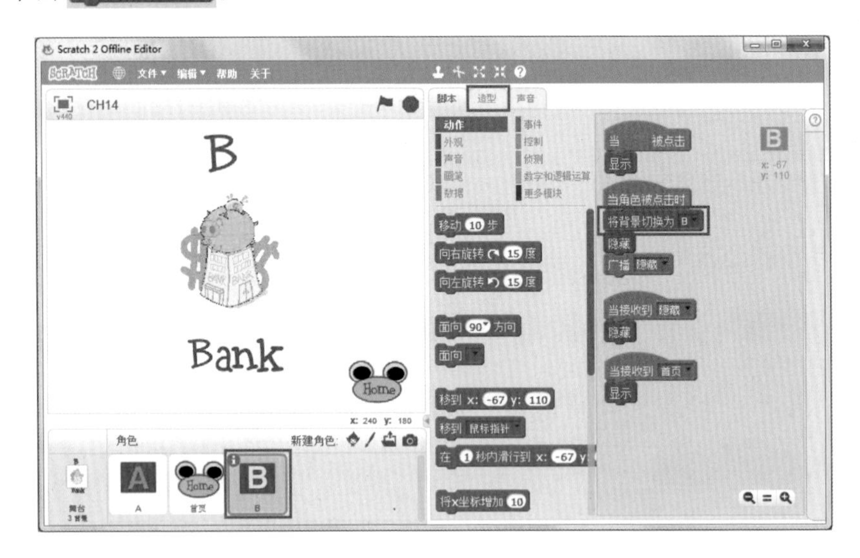

5. 单击，再选择B，检查链接是否正确。
6. 仿照前面的步骤，将角色及指令积木复制到C–Z。
7. 保存程序文件。

提示

1. 用鼠标右键单击角色，再选择【复制】可同时复制角色造型及指令积木。
2. 用鼠标右键单击造型，再选择【复制】只能复制角色造型图像文件。

课后练习

一、选择题

1. (　　) 下列关于“背景”的叙述哪一个是“错误的”？

(A) 当背景切换到 背景1 由背景 1 启动程序的执行

(B) 背景名称 在舞台显示背景名称

(C) 将背景切换为 背景1 切换到背景 1 (D) 下一个造型 切换到下一个背景

2. (　　) A字母点击一下链接到A背景 在程序区中显示的功能是什么？

(A) 添加注释　　(B) 将指令积木重新排列

(C) 显示指令功能　　(D) 指令积木帮助

3. (　　) 下列哪些 Scratch 功能可以应用于“超链接”概念？

(A) 广播　(B) 显示　(C) 隐藏　(D) 以上均可

4. (　　) 背景名称 与 造型 # 两个指令积木的主要差异是什么?

(A) 背景名称 在舞台显示或隐藏背景名称

(B) 造型 # 在舞台显示或隐藏背景编号

(C) 背景名称 返回当前舞台背景的名称，并且 造型 # 返回当前舞台背景编号

(D) 以上都是

5. (　　) 下列哪一个指令可以用来接收广播消息？

(A) 当角色被点击时 (B) 当背景切换到 背景1 (C) 当接收到 隐藏 D) 广播 message1 并等待

6. (　　) “广播”属于下列哪一类指令积木?

(A) 控制　(B) 事件　(C) 外观　(D) 侦测

7. (　　) 右图指令积木的执行结果是什么?

(A) 当绿旗被单击，就显示　(B) 程序执行时隐藏

(C) 接收到广播消息才显示

(D) 广播显示消息给其他角色

8. (　　) 下列关于“广播消息”的叙述哪一个是“正确的”？

(A) 广播消息可以同时传送给舞台及角色

(B) 广播消息只能传送给角色

(C) 接收广播的指令积木是 广播 message1 并等待

延伸练习

(D) 建立新的广播消息时，只能使用英文

9. (　) 下列哪一个指令积木能够在执行程序时“加入声音”？

(A) 播放声音 pop　(B) 播放声音 录音1 直到播放完毕　(C) 停止所有声音　(D) 以上均可

10. (　) 下列关于更改角色信息单击 i 按钮的叙述，哪一个是“正确的”？

(A) 角色名称能使用英文及中文

(B) 复制角色时，系统会自动按序将角色命名

(C) 角色信息可以设置角色的方向及旋转

(D) 以上都是

二、实践题

1. 请利用“录音”功能或打开本书提供的范例文件所在文件夹中的“声音文件”,添加选择首页的“A”超链接时播放“A”的声音（字幕 A 的读音）。
2. 启动因特网或本书提供的范例文件夹中的图片，搜索 A—Z 相关的图片及单词并完成本章 A—Z 的超链接。

15

数学大冒险

简介

本章将利用 Scratch 运算、变量及列表功能，设计输入某一个数 *N*，计算 *N* 以内数的总和、*N* 范围内的奇数、奇数和、偶数、偶数和、*N* 阶乘以及九九乘法。计算过程中利用列表功能，将 *N* 的个数或 *N* 的奇数及偶数加入列表中、计算结果、说出结果的总和并将运算结果加入结果列表。

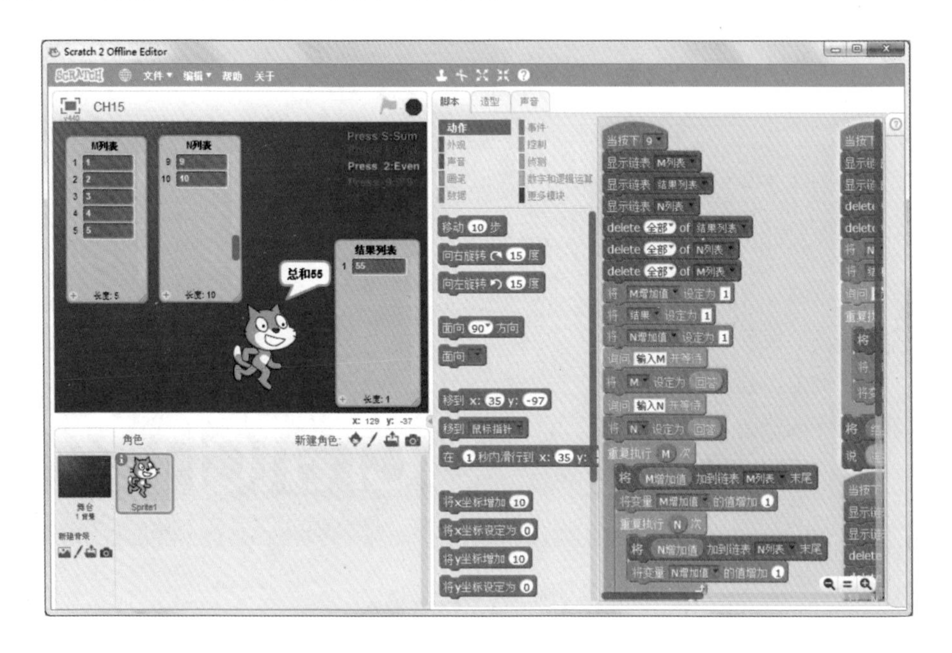

本章学习目标

完成本章节练习，将可学习到下列功能：

- 能够了解列表与变量的差异及功能。
- 能够应用列表表达数学的运算过程。
- 能够应用条件及重复执行流程控制判断数学原理。
- 能够应用列表及变量功能帮助理解数学运算过程。
- 能够应用运算指令积木解决数学问题。

15.1 脚本规划

程序设计前先规划“操作说明”舞台、输入 N 值与计算 N 值相关公式的动画内容以及 Scratch 指令积木相关的脚本。

数学大冒险脚本规划

舞台	角色	动画情景	Scratch 指令积木
舞台	Scratch 小猫	▪ 当按下 S 键 ▪ 提问输入 N ▪ 计算 N 的总和（$1+2+3+\cdots+N$）	▪ 事件 按下 S 键 ▪ 侦测 询问、回答 ▪ 数据 结果与 N 变量、结果与 N 列表 ▪ 外观 说结果 ▪ 控制 重复 N 次 ▪ 数字和逻辑运算 加、连接字符串
		▪ 当按下 1 键 ▪ 提问输入 N ▪ 计算 N 的奇数及奇数总和（$1+3+5+\cdots+N$）	▪ 事件 按下 1 键 ▪ 侦测 询问、回答 ▪ 数据 结果与 N 变量、结果与 N 列表 ▪ 外观 说结果 ▪ 控制 重复 N 次、如果 ▪ 数字和逻辑运算 余数、连接字符串、等于
		▪ 当按下 2 键 ▪ 提问输入 N ▪ 计算 N 的偶数及偶数总和（$2+4+6+\cdots+N$）	▪ 事件 按下 2 键 ▪ 侦测 询问、回答 ▪ 数据 结果与 N 变量、结果与 N 列表 ▪ 外观 说结果 ▪ 控制 重复 N 次、如果 ▪ 数字和逻辑运算 余数、连接字符串、等于
		▪ 当按下 9 键 ▪ 提问输入 M，N ▪ 计算 M 乘 N 的九九乘法结果	▪ 事件 按下 9 键 ▪ 侦测 询问、回答 ▪ 数据 结果、M 变量、N 变量、M 增加值变量、N 增加值变量；结果列表、M 列表与 N 列表 ▪ 外观 说结果 ▪ 控制 重复 M 次、重复 N 次 ▪ 数字和逻辑运算 乘、连接字符串

*脚本规划前建议使用本书附录C中提供的表格，将个人想法填入“我的创意规划”。

15.2 绘制新舞台背景

绘制一个输入操作说明的舞台，当按下 S 键就计算 *N* 的总和，当按下 1 键就列出 *N* 以内的奇数并计算奇数的总和，当按下 2 键就列出 *N* 的偶数并计算偶数的总和，当按下 9 键就列出 *M*、*N* 两数的九九乘法结果。

1. 单击【开始 > 所有程序 > Scratch 2.0】启动 Scratch。
2. 单击【舞台】，单击 背景 标签，再单击 T，输入【Press S : Sum，Press 1: Odd，Press 2: Even，Press 9:9*9】。

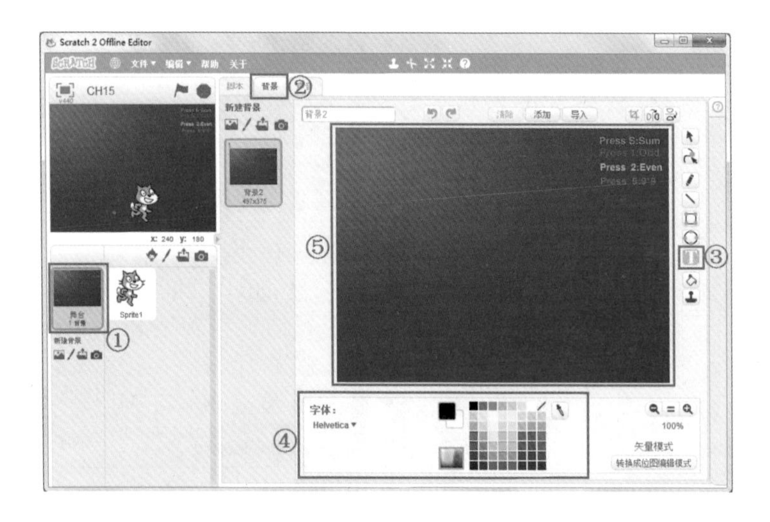

15.3 数据变量与列表

按下 S 键开始执行程序，“询问”输入 *N*，将 *N* 设置为“回答”。列出 *N* 个数的列表，并计算 *N* 个数的总和。

输入 *N* 值	列出 *N* 的列表	*N* 个数的总和
1	1	1
2	1，2	1+2=3
3 …	1，2，3 …	1+2+3=6 …
10	1，2，3，4，…，10	1+2+3+…+10=55
N	1，2，3，…，*N*	1+2+3+…+*N*=*N*(*N*+1)/2

15.3.1 创建一个变量与列表

新建"结果"与"N"的变量以及"结果列表"与"N列表"。

认识列表

列表是一种具有相同变量（variable）名称的数据项（item），建立列表时可以设置列表适用于全部角色或特定角色。列表中的数据项类型包含数字或字符，程序执行时同步对数据项进行增加、修改、删除或编辑等功能。

N列表 列表指令积木

列表创建成功之后，Scratch会自动产生列表相关功能的指令积木，包括下列9个。

增加	将 thing 加到链表 N列表 末尾 将数据加到N列表，加入的数据会按照顺序从上往下排列
删除	delete 1 of N列表 将N列表的第1个数据删除
插入	插入: thing 位置: 1 到链表: N列表 将数据插入N列表的第1个数据项
替换	替换位置: 1 链表: N列表 内容: thing 将N列表的第1个数据项以数据"thing"取代
内容	item 1 of N列表 返回N列表的第1个数据项内容
长度	链表 N列表 的长度 返回N列表的长度，即列表N的数据项个数
包含	N列表 包含 thing ? 返回N列表包含的数据"thing"
显示	显示链表 N列表 在舞台显示N列表的列表
隐藏	隐藏链表 N列表 在舞台隐藏N列表的列表

提示

1. 变量与列表建立完成，舞台显示变量及列表，在程序区显示变量与列表的指令积木。
2. 请检查 Scratch 版本，v430 V427 以后的版本“变量”与“列表”不可以使用相同的名称。

1. 单击 新建变量，输入【结果】，再单击 新建变量，输入【N】。
2. 单击 新建链表，输入【结果列表】，再单击 新建链表，输入【N列表】。

15.3.2 设定回答的值作为执行的次数

询问 :“输入求总和的个数 N”，输入的“回答 : N”为重复执行的次数。

例如，输入【3】，计算 1+2+3，重复执行 3 次；若输入【10】，则计算 1+2+3 +…+10，重复执行 10 次。

1. 选择 Sprite1【sprite1】角色，拖曳 当按下 空格键，单击 ▾，再选择【S】。
2. 拖曳 询问 What's your name? 并等待，输入【输入求总和的个数 N】。

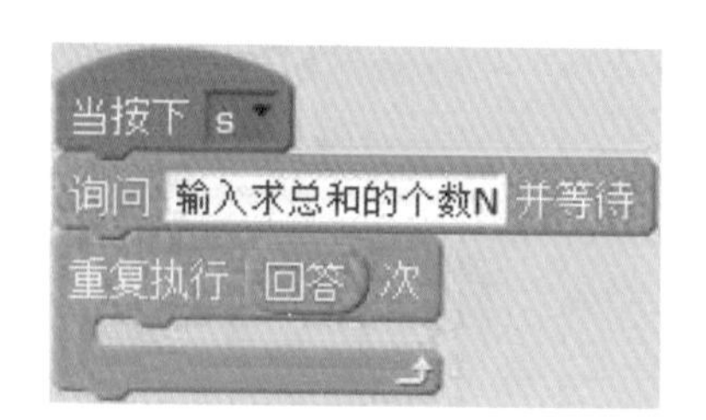

3. 拖曳 。
4. 拖曳 回答。

15.3.3 求 N 个数的总和

计算 1+2+…+N 总和，并将计算的所有等数值加到 N 列表。

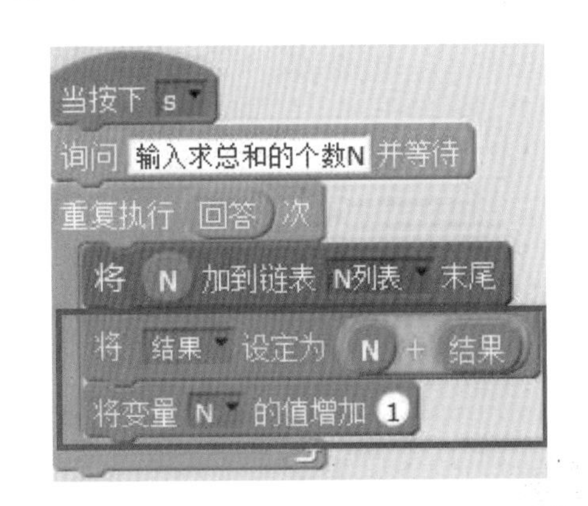

1. 拖曳 将 thing 加到链表 N列表 末尾 。
2. 拖曳变量 N 到“thing”。
3. 拖曳 将 N 设定为 0，选择【结果】。
4. 拖曳 (+)。
5. 拖曳 结果 与 N 到“+”两侧。
6. 拖曳 将变量 N 的值增加 1 。

15.3.4 设置 N 及结果的初始值

设置 N=1（从 1 开始执行），而结果的初始值设置为 0。

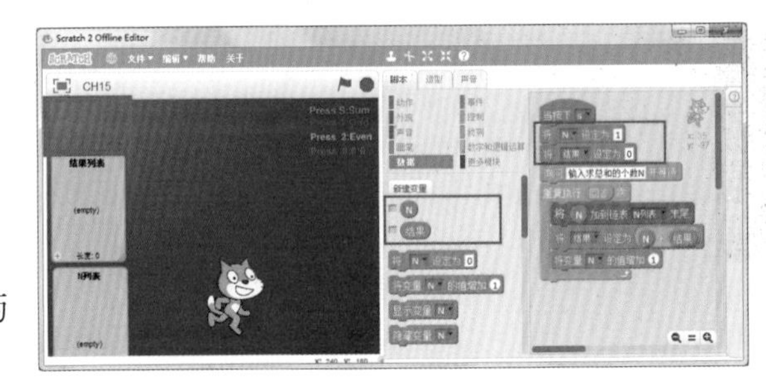

1. 拖曳两个 将 N 设定为 0，选择【结果】与【N】。
2. 将变量 N 的值设为【1】。
3. 取消勾选舞台显示 结果 与 N 。

提示

提问输入个数 N，若输入 3，则答案 = 3，重复执行 3 次，每次执行流程如下。

N	N 列表	N+ 结果	结果	N 值增加 1
1	1	1+0	1	1+1
2	2	2+1	3	2+1
3	3	3+3	6	3+1

15.3.5 设置列表及内容

当绿旗被单击时隐藏所有的列表，按照输入的功能键选项，显示列表。

1. 拖曳 当 被点击 ，拖曳两个 隐藏链表 N列表 ，分别选择【N 列表】与【结果列表】。
2. 单击 ，检查舞台上的列表是否隐藏。
3. 拖曳两个 显示链表 N列表 到 当按下 s 下方，分别选择【N 列表】与【结果列表】。按 S 键，检查舞台上的列表是否显示。
4. 输入【3】，检查列表是否显示 1、2、3。

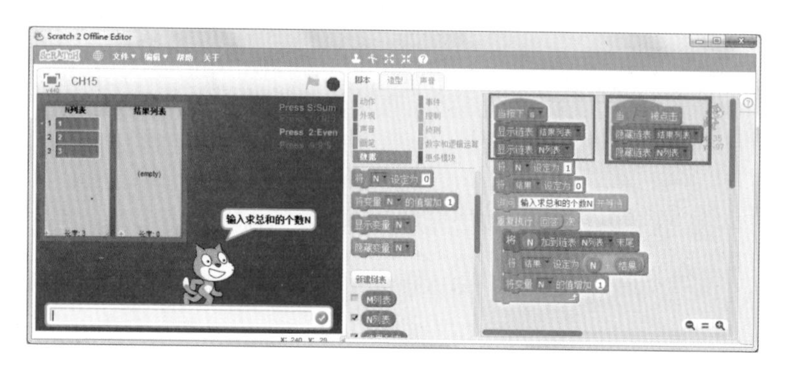

5. 拖曳两个 delete 1 of N列表 ，分别选择【N 列表】与【结果列表】。
6. 按【1】，选择【全部】。

提示

当按下 S 键时，删除列表上的所有数据。

15.3.6 说计算结果并加入列表

将输入 *N* 的计算结果加入“结果”列表，并说 :“总和”后面接“结果”变量的值。

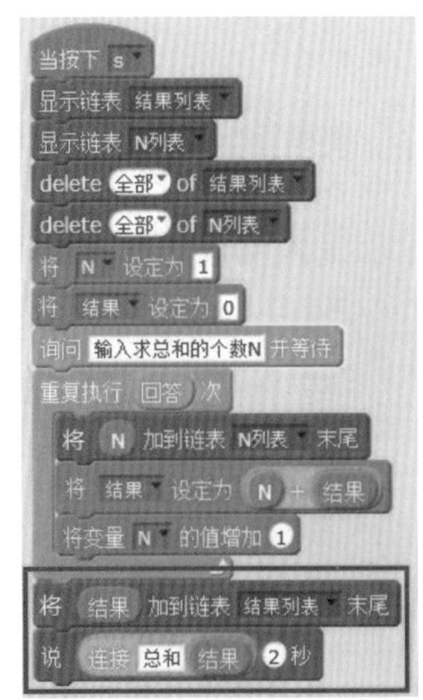

1. 拖曳 将 thing 加到链表 N列表 末尾 到 重复执行 回答 下方，选择【结果列表】。
2. 拖曳变量 结果 到“Thing”。
3. 拖曳 说 Hello! 2 秒 与 连接 hello world 。
4. 输入【总和】，并拖曳 结果 。

提示

N 个数总和计算完成才说结果，因此程序指令积木要放在“重复次数”的外层。

15.4 计算奇数或偶数个数及总和

按下 1 键开始执行程序、“询问”输入 *N*、将 *N* 设置为“回答”的值。列出 *N* 值范围中奇数的列表，并计算奇数的总和。

输入 *N* 值	列出 *N* 的列表	列出奇数列表	奇数的总和
1	1	1	1
2	1，2	1	1
3 …	1，2，3 …	1，3 …	1+3 …
10	1，2，3，4，…，10	1，3，5，7，9	1+3+5+7+9
N	1，2，3，…，*N*	*N* 除以 2 的余数若为 1，则该数为奇数	1+3+…+*N*

15.4.1 计算 *N* 个数的奇数及总和

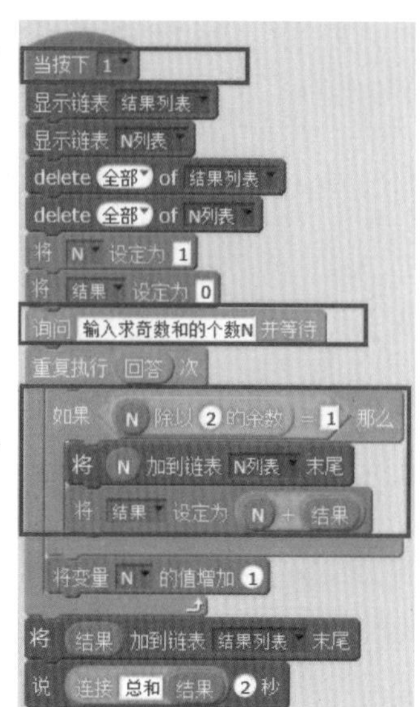

1. 用鼠标右键单击 当按下 s ，复制全部指令积木，将【S】改为【1】。
2. 拖曳 如果 那么 到 重复执行 回答 次 内层。
3. 拖曳 = 与 除以 的余数 。
4. 在“=”右侧输入【1】。
5. 拖曳 N 到 除以 的余数 的第1格，第2个数输入【2】。

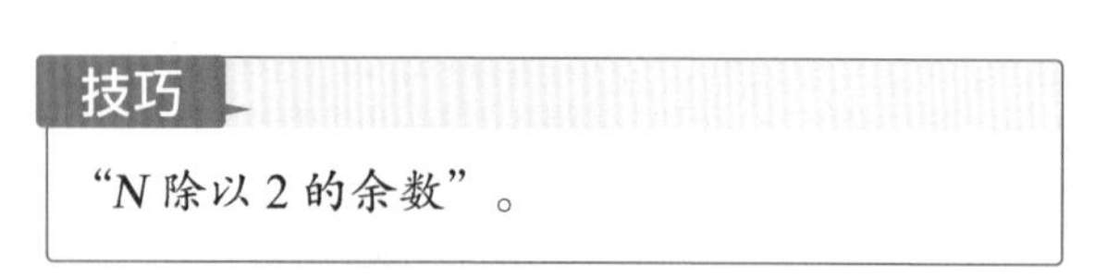

技巧

“*N* 除以 2 的余数”。

6. 拖曳 将 N 加到链表 N列表 末尾 / 将 结果 设定为 N + 结果 到【如果】内层。

技巧

“*N* 除以 2 的余数 = 1”条件成立，*N* 为奇数，才加入 *N* 列表并计算总和。

7. 在【询问】中输入【输入求奇数和的个数 N】。

15.4.2 计算 *N* 个数的偶数及总和

偶数的计算方法是“*N* 除以 2 的余数若为 0，则该数为偶数”。

1. 仿照前面的内容复制 当按下 1 的指令积木，将【1】更改为【2】。
2. 将指令积木 N 除以 2 的余数 = 1 参数改为【0】。
3. 在【询问】中输入【输入求偶数和的个数 N】。
4. 单击🏴，输入【10】，检查是否列出 *N* 个偶数，并计算偶数的总和。

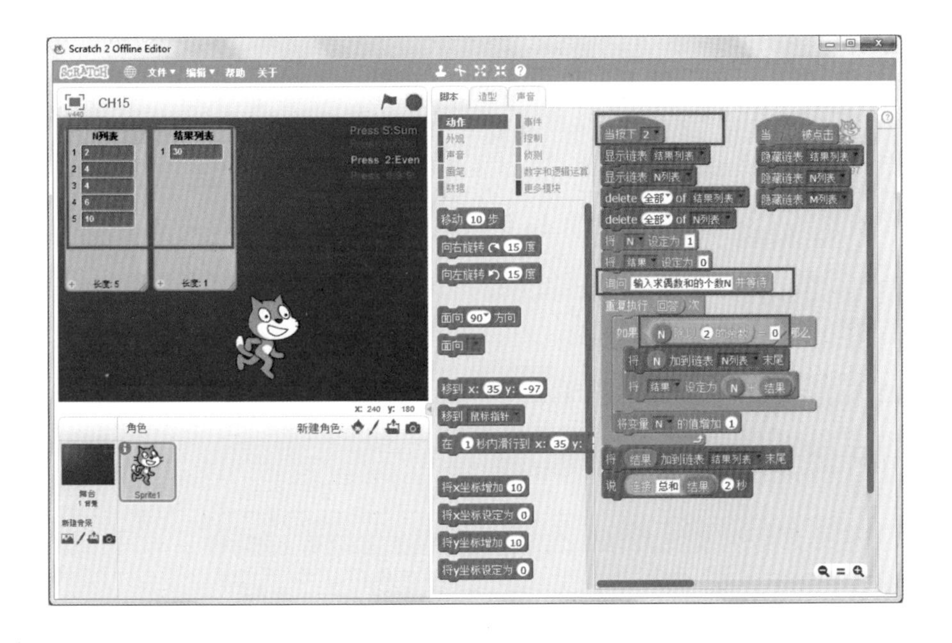

15.5 九九乘法的计算

输入 *M* 值	输入 *N* 值	*M* 乘 *N*	执行次数
M=1	*N*=1,2,3,…,9	1×1…1×9	*M* 执行 1 次，*N* 执行 1×9 次，*N* 每次增加 1
M=2	*N*=1,2,3,…,9	1×1…1×9 2×1…2×9	*M* 执行 2 次，*N* 执行 2×9 次，*M* 每次增加 1，*N* 每次增加 1
M=9	*N*=1,2,3,…,9	1×1…1×9 … 9×1…9×9	*M* 执行 9 次，*N* 执行 9×9 次，*M* 每次增加 1，*N* 每次增加 1
M=1,2,…,9 *M* 每次增加 1	*N*=1,2,…,9 *N* 每次增加 1	“*M* 增加值”×“*N* 增加值”	*M* 执行 *M* 次，*N* 执行 *M*×*N* 次，*M* 每次增加 1，*N* 每次增加 1

15.5.1 新建变量及列表

新建“M”变量、“M 增加值”变量与“N 增加值”变量及“M 列表”。

1. 复制 当按下 s 指令积木，将【s】更改为【9】。
2. 单击 新建变量，输入【M】，再新建两个变量【M 增加值】与【N 增加值】，取消勾选在舞台显示变量。
3. 单击 新建变量，输入【M 列表】，取消勾选在舞台显示列表。
4. 拖曳 隐藏链表 M列表 到 当 被点击 下方。

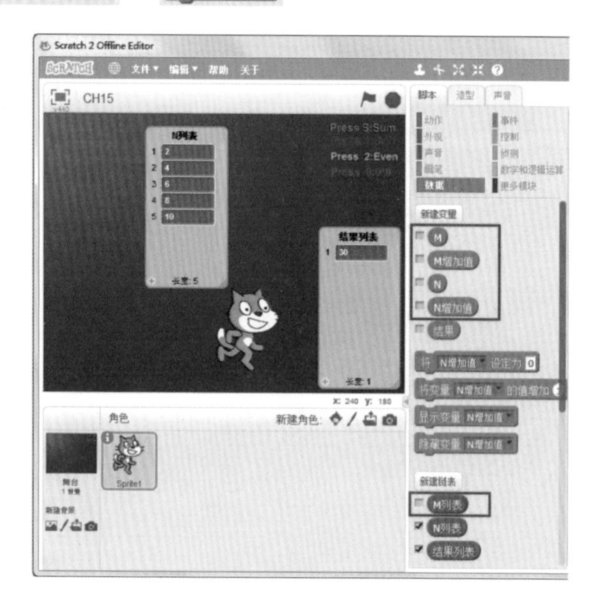

提示

变量或列表在舞台显示或隐藏设置方式如下。

显示变量	隐藏变量	显示列表	隐藏列表
☑ M	☐ M	☑ M列表	☐ M列表
显示变量 M	隐藏变量 M	显示链表 M列表	隐藏链表 M列表

15.5.2 设置起始值及回答

当按下 9 时，显示 M 列表，将所有数据项从 M 列表中删除，并设置“M 增加值”、“N 增加值”及“结果”3 个变量的初始值为 1。同时将询问的回答设置成九九乘法的 *M*、*N* 两个变量。

1. 拖曳 显示链表 M列表 到 当按下 9 下方。
2. 拖曳 delete 1 of M列表，选择【全部】。
3. 拖曳 将 N增加值 设定为 0，输入【1】。
4. 将变量“结果”的值设为【1】。
5. 选择 将 N 设定为 0，改为【M 增加 值】。
6. 在询问中输入【输入 : M】。
7. 拖曳询问与回答。
8. 删除重复执行的指令积木。

15.5.3 计算九九乘法结果

九九乘法的计算流程为 1×1，1×2，1×3…按序重复。因此，输入的 *M* 与 *N* 值控制九九乘法的执行次数，而乘法的执行结果则是由“M 增加值”、“N 增加值”两数相乘。

1. 拖曳 重复执行 10 次 与 M。
2. 拖曳 重复执行 10 次 与 N 到重复 *M* 次的内层。
3. 拖曳 将 M增加值 加到链表 M列表 末尾 将变量 M增加值 的值增加 1 到重复执行 *M* 次。
4. 拖曳 将 N增加值 加到链表 N列表 末尾 将变量 N增加值 的值增加 1 到重复执行 *N* 次。

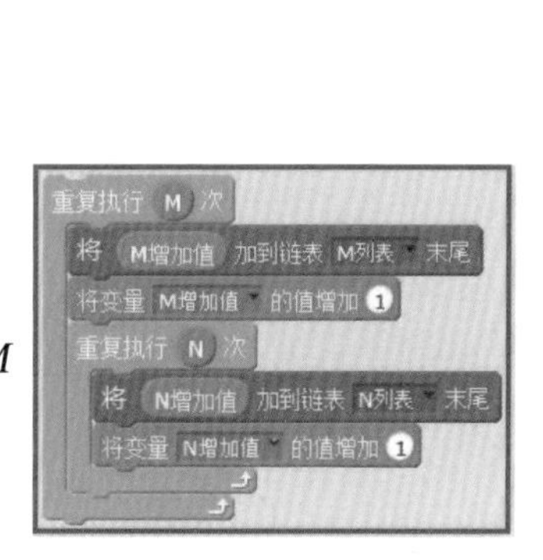

5. 拖曳 将 结果 设定为 (M * N) / 将 结果 加到链表 结果列表 末尾 / 说 连接 总和 结果 2 秒 到重复 *M* 次的外层。

6. 单击 ，输入 *M* 与 *N* 值，检查【*M* 列表】、【*N* 列表】以及结果是否正确。

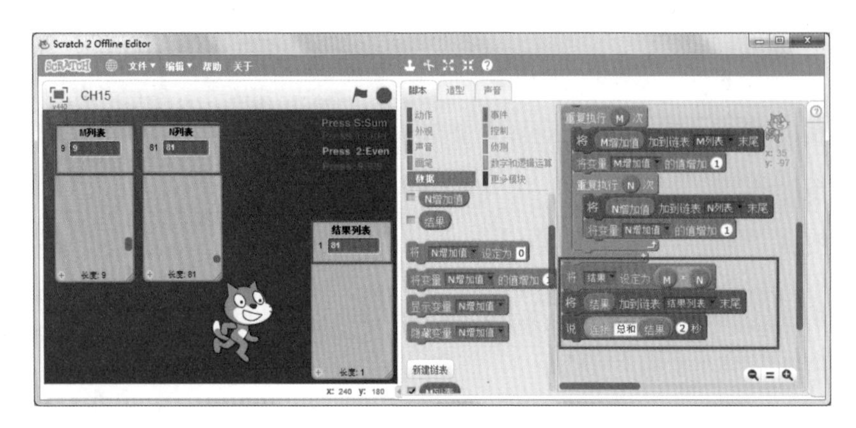

一、选择题

1. ( ) 设计一个“求两数相除的余数”程序，应该使用哪一个指令积木？

2. ( ) 设计“利用询问的回答控制程序执行次数”，应该使用哪一个指令积木？

(A) 回答 (B) 询问 What's your name? 并等待 (C) 重复执行 回答 次

(D) 新建“计数”变量

3. ( ) 设计九九乘法的程序，应该使用哪一个指令积木?

(A) + (B) - (C) * (D) /

4. ( ) 下列哪一个设置会将 M“显示”在舞台？

(A) 隐藏变量 M (B) ☐ M (C) 隐藏链表 M列表 (D) ☑ M

5. ( ) 下列哪一个指令能够“将数据从列表中删除”？

(A) delete 1 of N列表 (B) 将 thing 加到链表 N列表 末

(C) 插入: thing 位置: 1 到链表: N列表 (D) 替换位置: 1 链表: N列表 内容: thing

6. ( ) N 除以 2 的余数 = 1 指令积木主要的目的是什么?

(A) 除 (B) 判断奇数 (C) 判断偶数 (D) 求余数

7. ( ) 下列哪一个指令积木不属于“列表”？

(A) ☐ M (B) M (C) 将 thing 加到链表 N列表 末 (D) delete 1 of N列表

8. ( ) 右图指令积木的主要目的是什么?

(A) 由用户输入回答控制重复执行次数

(B) 重复执行回答的次数

(C) 由用户输入 M 值

(D) 由用户输入回答执行两数相乘

9. ( ) 设计“求 N 个数总和”的程序，应该使用下列哪一个指令积木?

延伸练习

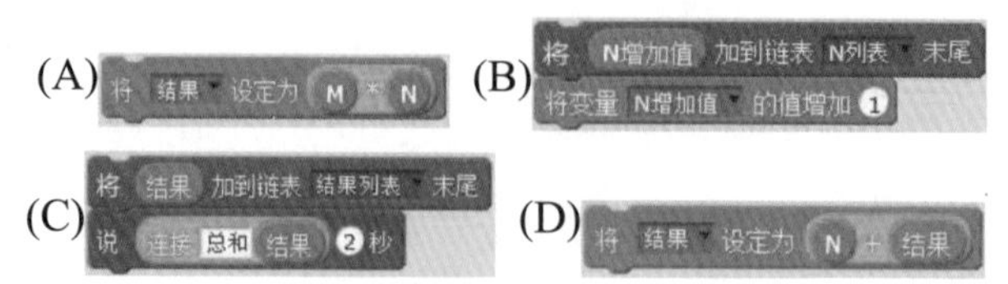

10. (　　) 在右图指令积木中，输入“M=6，N=4”，程序列表 N 将执行几次？

(A)6　　(B)4　　(C)24　　(D)25

二、实践题

1. 设计一个程序，输入 N 值，判断 N 是否为 3 的倍数？

2. 将程序“当按下 S 键，询问输入 N，计算 N 的总和”改成“当按下 N 键，询问输入 N，计算 N 的阶乘”，应该如何设计？

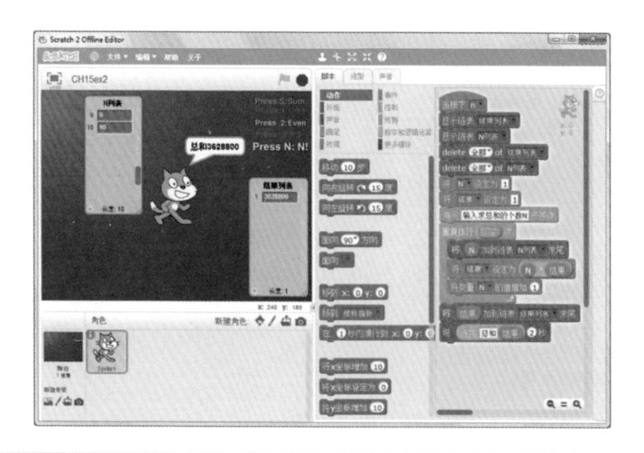

Scratch 2.0

16 迷宫闯关大考验

简介

本章将综合 Scratch 所有功能制作一个“迷宫闯关大考验”的动画游戏。程序开始先显示动画游戏说明首页，等待用户单击一下开始角色，才能进入动画游戏。游戏从一个闯关者开始闯关，总共 2 个关卡。闯关者有 4 个生命值，碰到各关卡的角色就会减损一个生命值，并且回到原点。当生命值等于零时或者时间到，游戏结束。

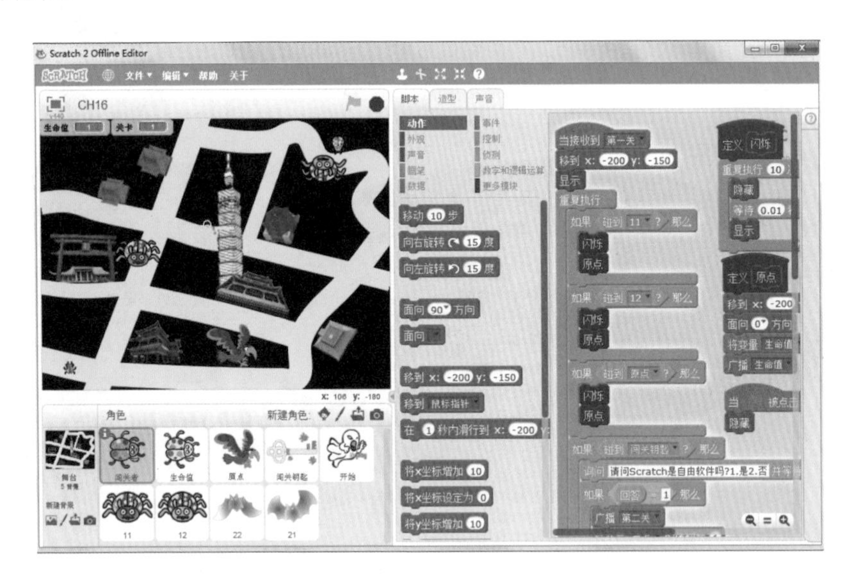

本章学习目标

完成本章节练习，将可学习到下列功能：

- 能够规划程序设计脚本。
- 能够应用脚本设计程序指令积木。
- 能够设计动画游戏的说明页。
- 能够应用程序设计语言执行流程于动画设计中。
- 能够理解并应用自定义积木。
- 能够在设计过程中进行调试，发现错误并除错。

16.1 脚本规划

程序设计前先规划“闯关说明”、“闯关成功”、“闯关失败”及“第一关迷宫”、“第二关迷宫”的舞台背景。在角色方面，规划“闯关者”、“生命值”、“第一关角色”（2个）、“第二关角色”（2个）、“原点”、“闯关钥匙”与“开始”共计9个角色相关动画情景脚本。

迷宫闯关大考验脚本规划

角色与舞台情景规划

角色 / 舞台	闯关者	生命值	第一关角色	第二关角色	原点角色	闯关钥匙	开始
闯关说明	隐藏	隐藏	隐藏	隐藏	隐藏	隐藏	显示
第一关迷宫	显示 动作	隐藏	显示 动作	隐藏	显示 动作	显示 动作	广播 隐藏
第二关迷宫	显示 动作	隐藏	隐藏	显示 动作	显示 动作	显示 动作	隐藏
闯关成功	隐藏	隐藏	隐藏	隐藏	隐藏	隐藏	隐藏
闯关失败	停止程序的执行、角色维持原状						显示

闯关者与角色间游戏动画规划

角色	角色	动画情景
闯关者	▪ 第一关角色 ▪ 第二关角色	▪ 闯关者利用键盘上、下、左、右键移动，碰到黄色前进，碰到黑色停止 ▪ 第一关2个瓢虫角色不停从上至下移动 ▪ 第二关2个蝙蝠角色不停从左向右或从右向左移动 ▪ 当闯关者碰到第一关及第二关角色时闪烁、回到原点、将生命值减1、广播“生命值”消息、改变生命值克隆体 ▪ 我的规划：________

<table>
<tr><th>角色</th><th>角色</th><th>动画情景</th></tr>
<tr><td rowspan="3">闯关者</td><td>原点角色</td><td>▪ 原点鹦鹉角色在第一关及第二关都重复执行从左向右或从右向左移动
▪ 鹦鹉角色切换造型重复执行飞行动作
▪ 当闯关者碰到鹦鹉角色时闪烁、回到原点，并将生命值减 1、广播“生命值”消息、改变生命值克隆体
▪ 我的规划：________________</td></tr>
<tr><td>钥匙</td><td>▪ 当闯关者碰到闯关钥匙，提问：
▪ 第一关：如果答对，将“关卡”变量加1、广播“第二关”；如果答错，闪烁、回到原点、将生命值减 1、广播“生命值”消息、改变生命值克隆体
▪ 第二关：如果答对，将“关卡”变量加 1、广播进入闯关成功；如果答错，闪烁、回到原点、将生命值减 1、广播“生命值”消息、改变生命值克隆体
▪ 我的规划：________________</td></tr>
<tr><td>生命值</td><td>▪ 第一关及第二关先隐藏
▪ 接收到“生命值”广播再按“生命值”创造并显示克隆体次数
▪ 每一关结束时删除克隆体
▪ 当生命值等于 0，广播“闯关失败”
▪ 我的规划：________________</td></tr>
</table>

*脚本规划前建议使用本书附录C中提供的表格，将个人想法填入“我的创意规划”。

16.2 绘制新背景与中文说明

找到本书提供的范例文件所存放的文件夹，从中上传“闯关说明”、“闯关成功”、“闯关失败”的中文说明，并上传“第一关迷宫”、“第二关迷宫”舞台背景。

16.2.1 上传中文背景说明

1. 单击【开始 > 所有程序 > Scratch 2.0】启动 Scratch，将猫咪角色删除。

提示

打开范例文件所在的文件夹，其中【/ 范例文件 / 练习范例 / ch16.sb2】内有完整的中文背景说明及角色文件。

2. 在【舞台】中，单击 ／【绘制新背景】。

3. 单击 、▣【矩形】绘制迷宫背景底色。

技巧

迷宫设计采用侦测颜色，建议采用单色，勿使用渐层色，以免影响颜色侦测的正确性。

提示

位图与矢量图的差异：以黑色为背景底色，导入背景透明的文字时，若为位图则背景显示白底，若为矢量图则背景显示透明。

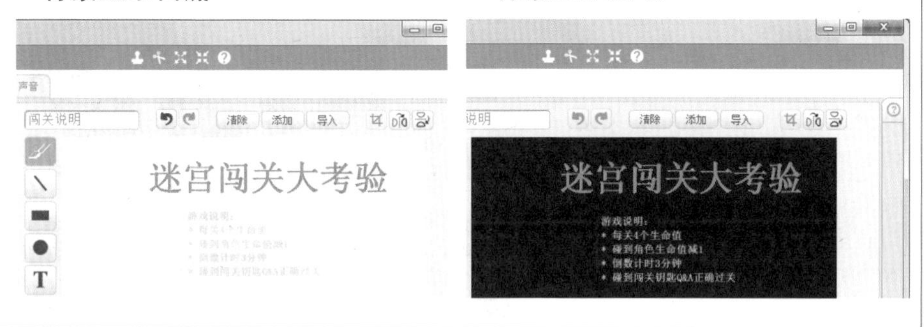

4. 单击 导入，找到本书提供的范例文件所存放的文件夹，用鼠标双击【/ 范例文件 / 图库 / CH16】。

5. 选取【闯关说明】，单击【打开】。

6. 输入背景名称【闯关说明】。

7. 仿照步骤 2~6，选择 绘制新“闯关成功”与“闯关失败”背景。

16.2.2 上传迷宫地图

1. 单击 【从本地文件中上传背景】。

2. 找到本书提供的范例文件所存放的文件夹，用鼠标双击【/ 范例文件 / 图库 / CH16】。

3. 选取【第一关、第二关】，再单击【打开】。

技巧

闯关者在第一关与第二关是按照颜色侦测移动的，因此两关的颜色相同才能使用相同的指令积木来控制移动。

提示

迷宫地图间距要让闯关者能通过，不宜太窄。

16.2.3 新建角色

新建“闯关者”、“生命值”、“第一关角色”（2 个）、“第二关角色”（2 个）、“原点”、“闯关钥匙”与“开始”共计 9 个角色。

1. 在【新建角色】中，单击 【从角色库中选取角色 】。
2. 选择【Ladybug1】，再单击【确定】按钮。
3. 单击 ，更改角色名称，输入【闯关者】，并更改造型名称为【闯关者】。
4. 仿照前面的步骤新建“生命值”、“第一关角色”(2个)、“第二关角色”(2个)、“原点”、“闯关钥匙”与“开始”8个角色。

提示

1. 第一关与第二关的两个角色指令积木类似，建议新建一个角色，另一个角色采用复制方式来添加，更改造型颜色，角色名称输入【11、12、21及22】，以区别第1关第1个角色（11）、第2关第1个角色（21）。
2. 生命值是闯关者生命值的显示，建议复制“闯关者”造型。
3. 选择【从本地文件上传角色 > 范例文件 > 图库 > CH16 > 角色】。

5. 调整角色大小、位置及造型。

16.3 闯关说明首页

如规划表所示，程序在绿旗被单击后开始执行，先显示闯关说明首页并显示

开始角色，其他角色隐藏。

角色 舞台	闯关者	生命值	第一关角色	第二关角色	原点角色	闯关钥匙	开始
闯关说明	隐藏	隐藏	隐藏	隐藏	隐藏	隐藏	显示

16.3.1 当绿旗被单击时显示闯关说明

1. 选择【舞台】，拖曳 当 被点击 / 将背景切换为 闯关说明。
2. 选择【开始】，拖曳 当 被点击 / 显示。
3. 选择  8个角色，拖曳 当 被点击 / 隐藏。
4. 单击 ，检查是否只显示 。

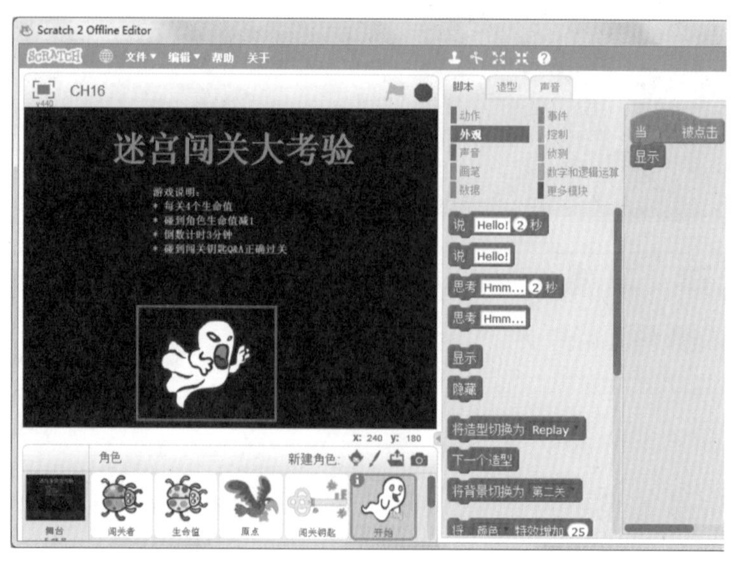

5. 选择【开始】，再单击【造型】，将开始角色造型分别命名为【Play】与【Replay】，并输入【Play】与【Replay】文字。

6. 拖曳 将造型切换为 Replay 到 当 被点击 下方。

技巧

开始角色与“Replay”的指令积木相同，因此只需要更改造型即可。

16.3.2 开始角色被点一下

开始角色被点一下后广播“第一关”即隐藏，其余角色如规划表所示。

角色 舞台	闯关者	生命值	第一关角色	第二关角色	原点角色	闯关钥匙	开始
第一关迷宫	显示 动作	隐藏	显示 动作	隐藏	显示 动作	显示 动作	广播 隐藏

开始角色被点一下

1. 选择 【开始】，拖曳 

。

2. 选择 【舞台】，拖曳 

。

> **技巧**
>
> 舞台接收到广播后切换到第一关游戏背景。

3. 选择 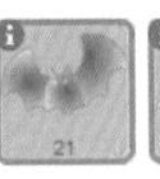【第二关 21 及 22】与 【生命值】，拖曳 

。

> **技巧**
>
> 第二关角色在第二关才显示，生命值角色先隐藏，等待广播再显示克隆体。

4. 选择      角色，拖曳 

。

5. 单击 ，再选择 【开始】，检查舞台背景是否切换到第一关，同时第一关角色是否显示。

6. 调整“闯关者”的大小，让闯关者可以通过迷宫地图。

7. 移动“闯关钥匙”的位置。

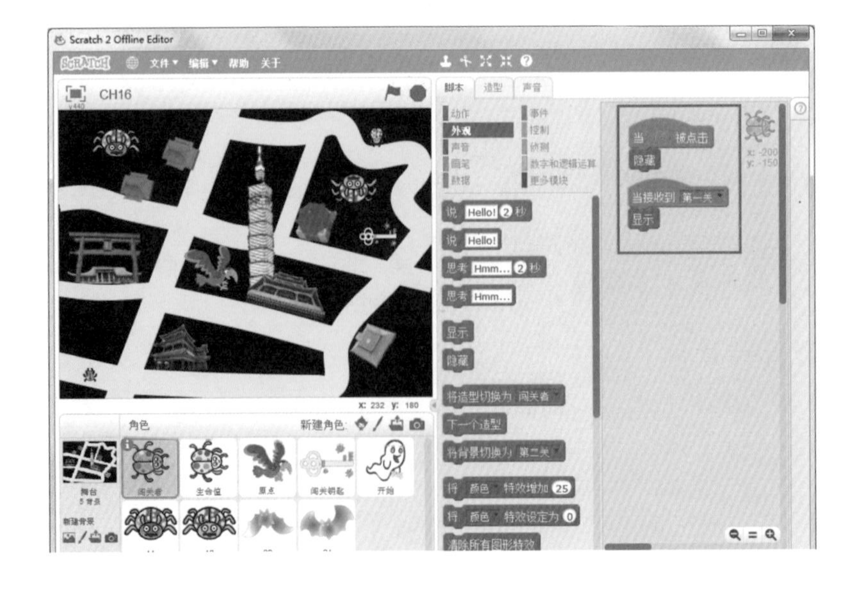

16.4 第一关闯关者侦测移动

第一关闯关者动画情景规划。

角色	动画情景
闯关者	闯关者利用键盘上、下、左、右键碰到黄色前进、碰到黑色停止。闯关者上、下、左、右移动，同时面向上、下、左、右方向。

16.4.1 闯关者上下左右移动

闯关者利用键盘上、下、左、右键移动。

1. 选择 【闯关者】，拖曳4个 当按下 空格键 ，选择【上移键】、【下移键】、【左移键】、【右移键】。
2. 拖曳 将y坐标增加 10 到上移键与下移键。
3. 将下移键 *Y* 坐标改为增加【-10】。
4. 拖曳 将x坐标增加 10 到左移键与右移键。
5. 将左移键 *X* 坐标改为增加【-10】。
6. 按键盘的“↑”、“↓”、“←”、“→”四个键来检查“闯关者是否移动”。

16.4.2 闯关者侦测颜色移动

闯关者碰到黄色前进、碰到黑色停止。

碰到黄色前进

1. 拖曳 4 个 如果 那么 到 将x坐标增加 10 与 将y坐标增加 10 外层。
2. 拖曳 4 个 碰到颜色 ? 到“如果 <条件> 那么”位置。
3. 选择 ，到舞台点一下，选取【黄色】。

碰到黑色停止

1. 复制前面的 1~3 指令积木，选择 ，再单击一下迷宫的黑色底图，选取【黑色】。
2. 将“10”改为【-10】。

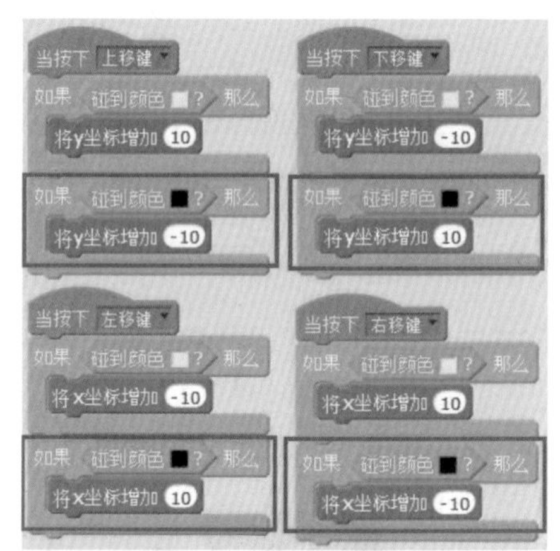

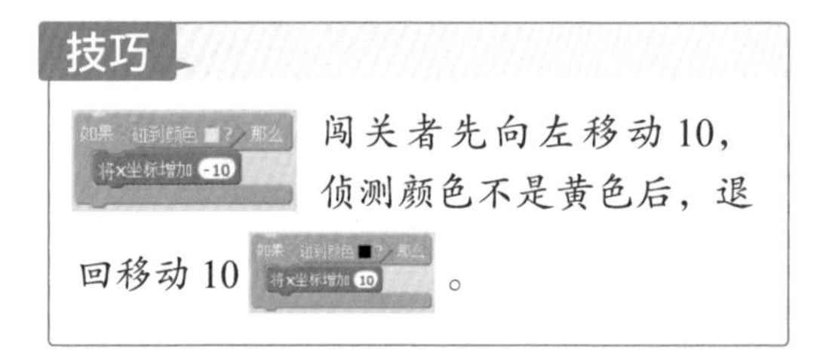

技巧

闯关者先向左移动 10，侦测颜色不是黄色后，退回移动 10 。

3. 按键盘上的“↑”、“↓”、“←”、“→”键检查“闯关者是否黄色移动、黑色停止”。

16.4.3 闯关者面向键盘方向

闯关者在上、下、左、右移动时，同时面向上、下、左、右方向。

让角色保持立正向右

向右	向左	向上	向下
面向 90▾ 方向	面向 -90▾ 方向	面向 0▾ 方向	面向 180▾ 方向

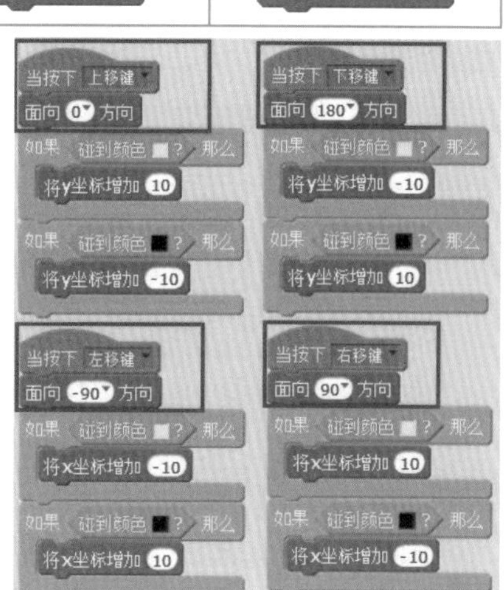

1. 拖曳 面向 0▾ 方向 到上移键。
2. 拖曳 面向 180▾ 方向 到下移键。
3. 拖曳 面向 -90▾ 方向 到左移键。
4. 拖曳 面向 90▾ 方向 到右移键。
5. 按键盘“↑”、“↓”、“←”、“→”键来检查“闯关者”是否面向上、下、左、右方向。

16.5 第一关角色上下移动

角色	动画情景
第一关角色	第一关 2 个瓢虫角色，重复执行由上而下移动

16.5.1 上下移动设置

1. 选择 11【11】，拖曳 重复执行 。
2. 拖曳 将x坐标设定为 0 与 在 1 到 10 间随机选一个数，输入【-220 到 220】。

技巧

将x坐标设定为 在 -220 到 220 间随机选一个数 “11”角色，*X* 坐标随机出现。

3. 拖曳两个 在 1 秒内滑行到 x: -116 y: -93 与 x座标。

技巧

在 1 秒内滑行到 x: x座标 y: -93 *X* 先随机定点出现，一秒内从两个 *Y* 值上下移动。

4. 拖曳 在 1 到 10 间随机选一个数，输入【-180 到 180】到第一个滑行。
5. 拖曳 在 1 到 10 间随机选一个数 与 (+)，输入【-180 到 180】到第二个滑行，再输入【180】。

技巧

Y 值介于 -180~180 之间，是随机垂直移动的高度。

6. 用鼠标双击指令积木，检查“11”角色是否随机出现在 *X* 坐标，再垂直上下移动。

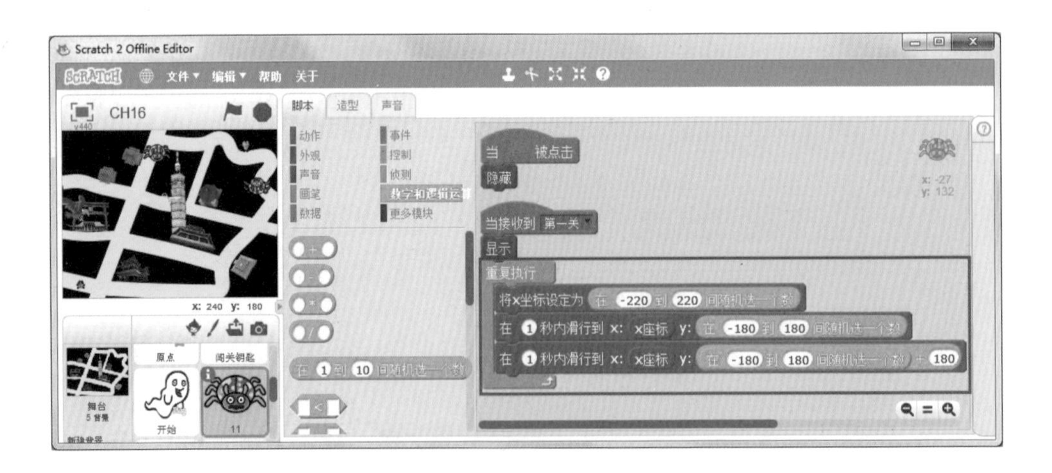

16.5.2 面向上下移动方向

第一关角色在向上移动时面朝上、向下移动时面朝下。

1. 拖曳 面向 90▾ 方向 与 面向 -90▾ 方向 到滑行上方。

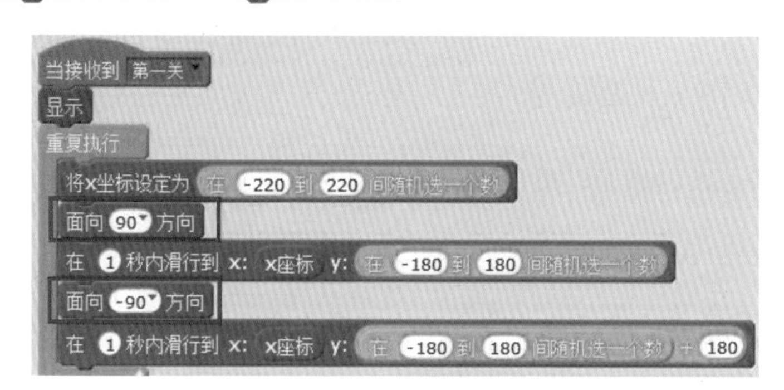

2. 用鼠标右键单击，将指令积木复制到  “12”角色，再拖曳 ，让两个角色分别出现。

16.6 移动及飞行动画

角色	动画情景
原点角色	原点鹦鹉角色在第一关都重复执行从左向右移动。原点鹦鹉角色切换造型，重复执行飞行动作。

16.6.1 原点角色从左向右移动

1. 选择【原点】角色。
2. 拖曳从左向右移动指令积木。

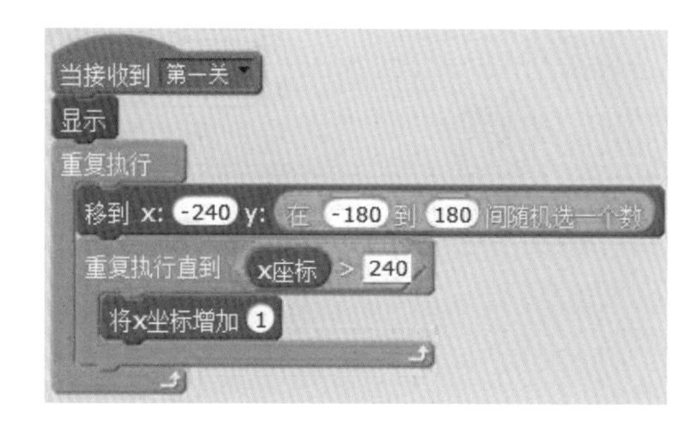

技巧

从左向右移动指积木，可以参考第 7 章“跑马灯”的移动指令积木。

16.6.2 飞行动画

原点角色每隔1秒切换一种造型，重复执行。

1. 原点角色有两种造型，即造型1  与造型2 ，每隔1秒切换一种造型飞行。

2. 用鼠标双击指令积木，检查原点角色是否从左向右移动并摆动翅膀。

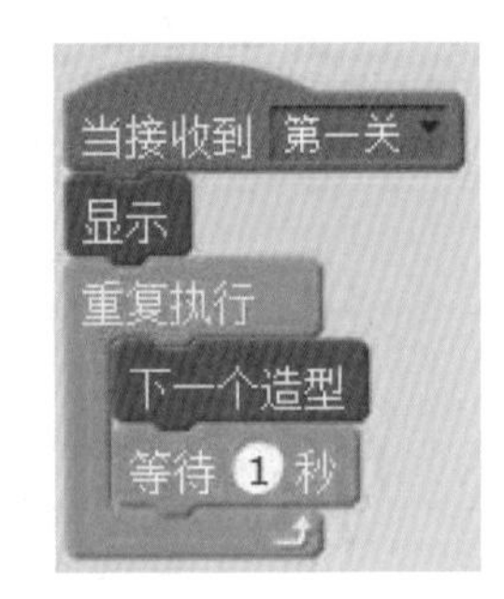

16.7 自定义积木

闯关者闯第一关与其他角色间的动画情景。

角色	角色	动画情景
闯关者	第一关角色	当闯关者碰到第一关角色就闪烁、回到原点、将生命值减1、广播“生命值”消息、改变生命值克隆体
	原点角色	当闯关者碰到鹦鹉角色就闪烁、回到原点、将生命值减1、广播“生命值”消息、改变生命值克隆体
	闯关钥匙	▪ 当闯关者碰到闯关钥匙，提问 ▪ 第一关：如果答对，将“关卡”变量加1、广播“第二关”；如果答错，就闪烁、回到原点、将生命值减1、广播“生命值”消息、改变生命值克隆体
	生命值	▪ 第一关隐藏 ▪ 接收到“生命值”广播后再按“生命值”创造并显示克隆体次数 ▪ 每一关结束时删除克隆体

16.7.1 如果碰到

1. 选择【闯关者】，拖曳 重复执行 与 4 个 如果 碰到 ? 那么 。

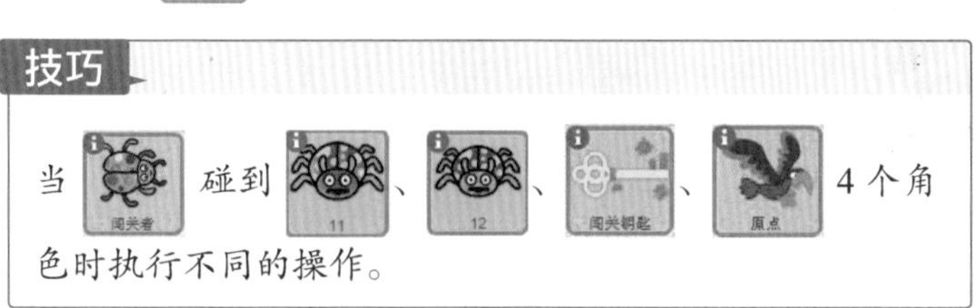

技巧

当 闯关者 碰到 11、12、闯关钥匙、原点 4 个角色时执行不同的操作。

2. 更改【碰到】的 4 个角色。

16.7.2 自定义“闪烁”与“原点”积木

当闯关者碰到角色，就执行（1）“闪烁”、（2）回到“原点”、（3）将生命值减 1、（4）广播“生命值”消息。将常用的指令积木利用定义“自定义积木”，先定义“闪烁”与“原点”指令积木。

1. 选择 【闯关者】，再单击 更多模块 与 新建功能块 。
2. 输入 闪烁，再单击【确定】。
3. 拖曳闪烁的指令积木。
4. 用鼠标双击指令积木，检查闯关者是否闪烁。
5. 单击 更多模块 与 新建功能块 。
6. 输入 原点，再单击【确定】。
7. 拖曳原点的指令积木。
8. 单击 新建变量，输入【生命值】。
9. 拖曳 将变量 生命值 的值增加 -1 。
10. 拖曳 广播 message1，输入【生命值】。

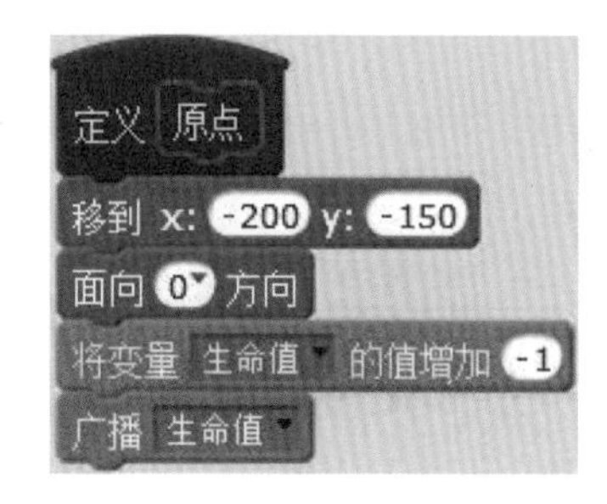

11. 拖曳 闪烁 与 原点 到 、 与 角色的“如果”内层。

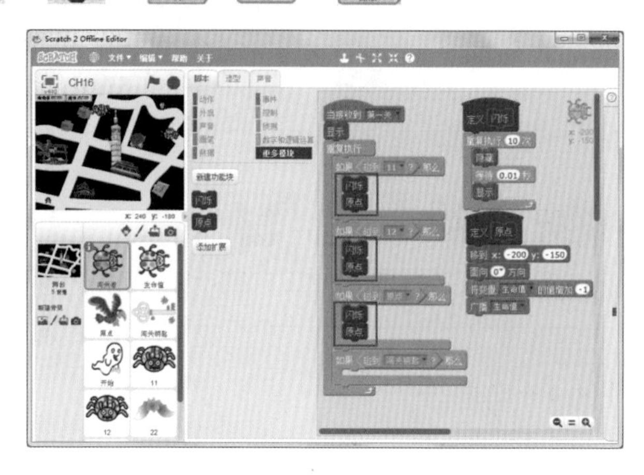

16.7.3 当闯关者碰到闯关钥匙

当闯关者碰到闯关钥匙，执行“询问”:（1）如果答对将“关卡”变量加 1、广播“第二关”消息 ;（2）如果答错，闯关者闪烁并回到原点。

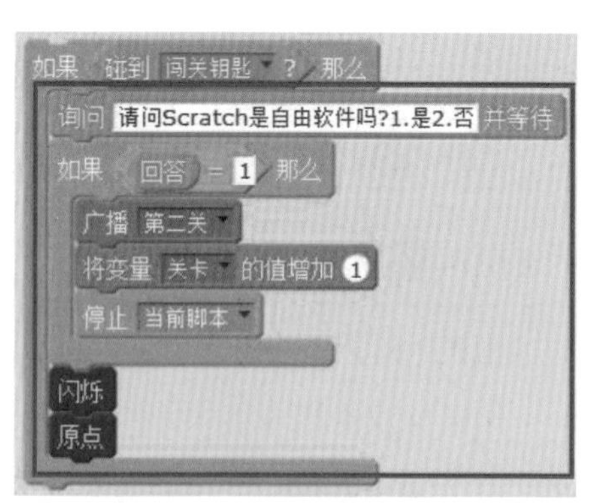

1. 拖曳“提问”及“回答 = 1”的指令积木。
2. 新建变量【关卡】。
3. 拖曳 将变量 关卡 的值增加 1 。
4. 拖曳 广播 message1 ，输 入【第二 关】。
5. 拖曳【停止当前脚本】。

6. 单击 ，再选择 【开始】来检查闯关者碰到全部角色是否正确。

7. 拖曳 移到 x: -200 y: -150 到 当接收到 第一关 下方设置闯关者起始位置。

16.7.4 “生命值”广播消息用于触发克隆体

当 “生命值”角色接收到“生命值”广播消息，就按“生命值”创造并显示克隆体次数，并且每一关结束时删除克隆体。

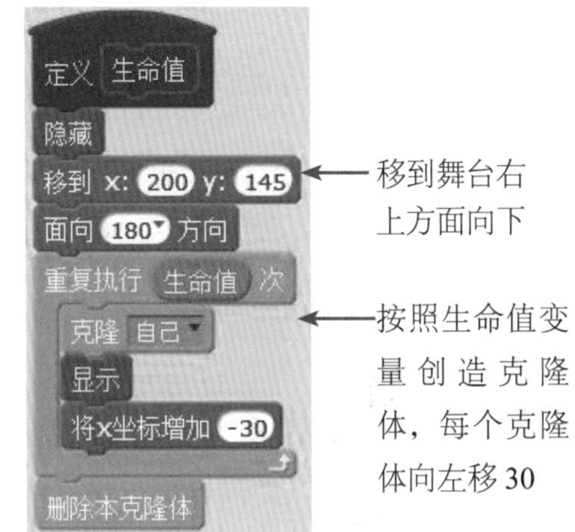

1. 单击 更多模块 与 新建功能块 。
2. 输入【生命值】，再单击【确定】。
3. 定义【生命值】指令积木。
4. 拖曳 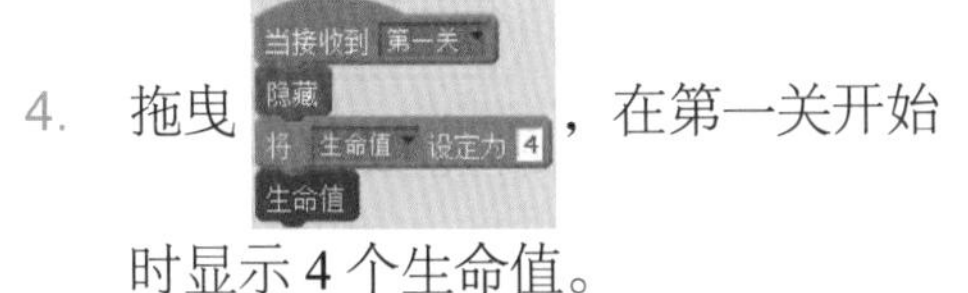，在第一关开始时显示 4 个生命值。
5. 拖曳 当接收到 生命值 / 生命值，当闯关者接收到生命值减 1 的广播时执行。

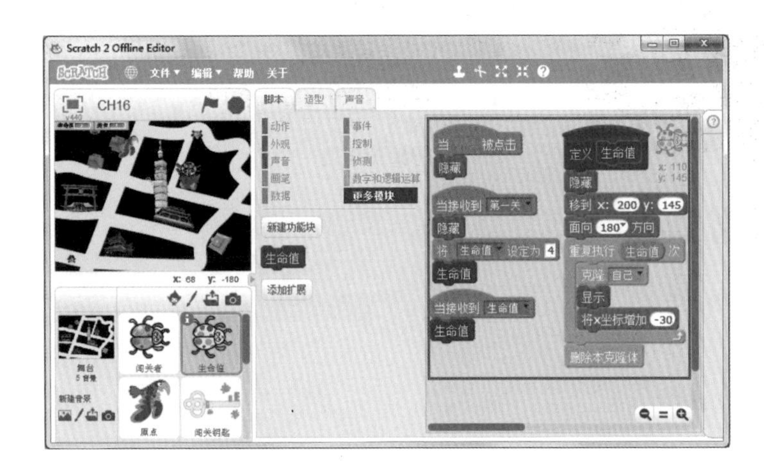

16.8 第二关闯关

16.8.1 舞台与角色布局

第二关时，舞台切换到第二关背景。第一关与第二关的角色主要差异在于隐藏与显示。第一关角色添加“接收到第二关广播时隐藏”指令积木，第二关角色添加“接收到第二关广播时显示”指令积木。

角色 舞台	闯关者	生命值	第一关 角色	第二关 角色	原点 角色	闯关 钥匙	开始
第一关 迷宫	显示 动作	隐藏	显示 动作	隐藏	显示 动作	显示 广播	广播 隐藏
第二关 迷宫	显示 动作	隐藏	隐藏	显示 动作	显示 移动	显示 广播	隐藏

1. 选择 舞台，拖曳 当接收到 第二关 将背景切换为 第二关。

2. 选择 ，将第一关角色指令积木复制到 第二关角色，再更改 。

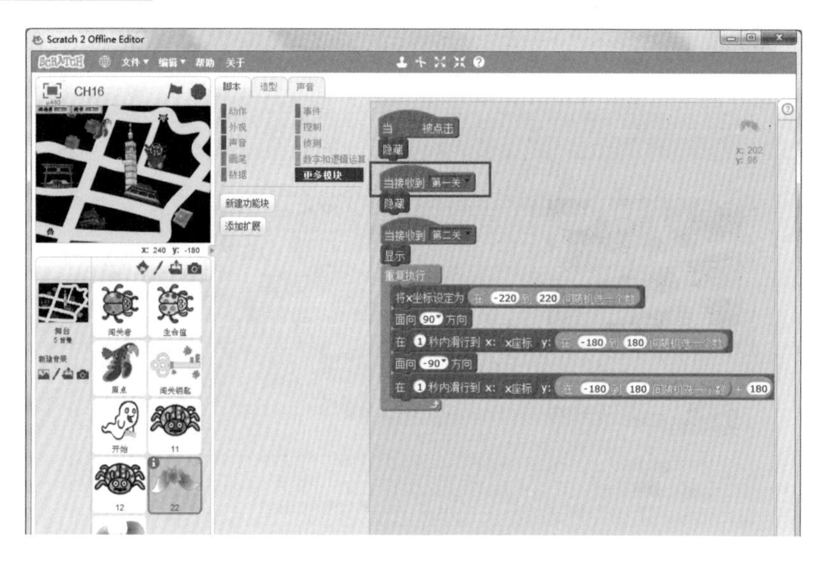

3. 为第一关角色  新增 。

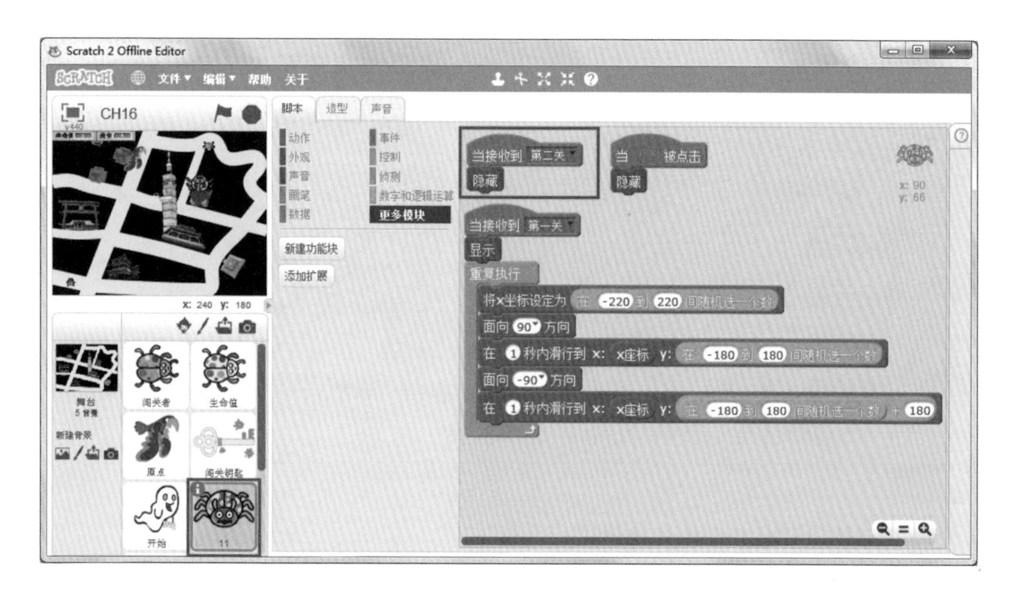

4. 单击 ，再选择 【开始】，以检查进入第二关时背景与角色是否正确。

16.8.2 第二关闯关者与角色间游戏动画规划

广播第二关信息时，闯关者与角色间游戏动画跟第一关主要差别在于“闯关钥匙”，询问如果答对，广播“闯关成功”消息，结束游戏。

角色	角色	动画情景
闯关者	闯关钥匙	第二关如果答对询问的问题了，将“关卡”变量加1、广播“闯关成功”的消息；如果答错了，就闪烁、回到原点、将生命值减1、广 播“生命值”消息改变生命值克隆体。

1. 选择 【闯关者】，用鼠标右键单击 当接收到 第一关 ，复制指令积木，并改成【第二关】。
2. 修改第二关指令积木，选择 碰到 21 ? 与 碰到 22 ? 。
3. 修改第二关 广播 message1 ，输入【闯关成功】。

第一关指令积木

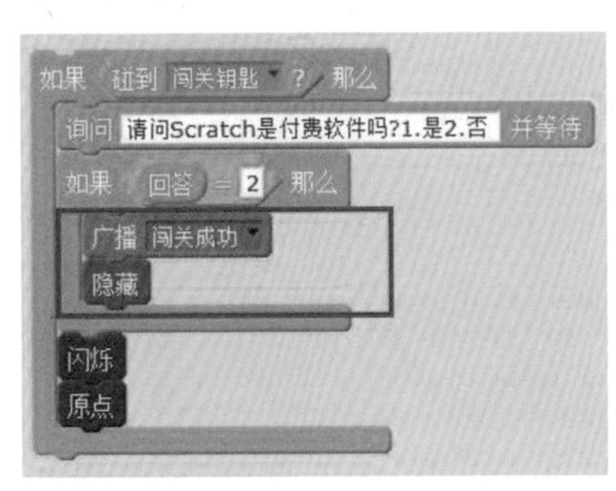

第二关指令积木

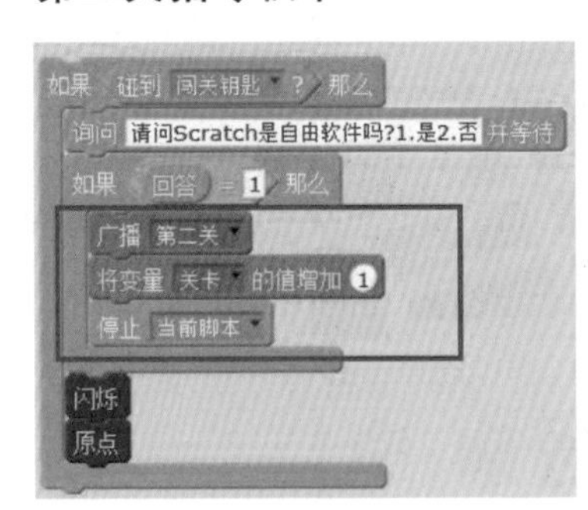

提示

询问“问题”可以自行根据设计进行更改。

16.8.3 第二关生命值重新设置

第二关生命值重新设置为4，指令积木与第一关相同。

生命值	第一关及第二关先隐藏，接收到“生命值”广播后再根据“生命值”创造并显示克隆体次数，每一关结束时删除克隆体。

选择【生命值】，用鼠标右键单击，再单击【复制】，然后将复制好的指令积木中的【第一关】改成【第二关】。

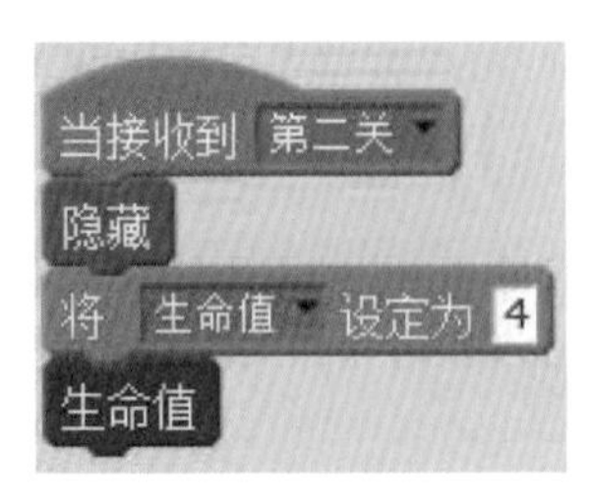

16.9 闯关成功与闯关失败

角色舞台	闯关者	生命值	第一关角色	第二关角色	原点角色	闯关钥匙	开始
闯关成功	隐藏	隐藏	隐藏	隐藏	隐藏	隐藏	隐藏
闯关失败	停止程序的执行、角色维持原状						显示广播

16.9.1 闯关成功

当所有角色接收到“闯关成功”广播消息，就全部隐藏。

1. 拖曳

到每一个角色

。

提示

闯关者广播“闯关成功”消息后隐藏。

提示

用鼠标右键单击“程序区”，再选择【cleanup】排列指令积木。选择【添加注释】，可针对指令积木添加注释说明。

2. 选择

【舞台】，拖曳

。

16.9.2 闯关失败

闯关失败，舞台则切换到“闯关失败”背景，停止程序的执行。“开始”角色显示“Replay”角色造型。

广播闯关失败

角色	动画情景
生命值	当生命值等于 0，广播“闯关失败”消息。

1. 选择 【生命值】，拖曳 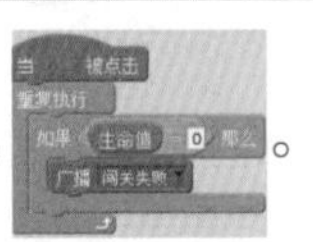

。

2. 选择【舞台】，拖曳 

与 

。

技巧

闯关失败后 

“切换到闯关失败背景”以及 

“停止全部”程序的执行，这样的指令积木可以写在任何角色或者舞台。

接收到闯关失败广播消息

角色 舞台	闯关者	生命值	第一关 角色	第二关 角色	原点 角色	闯关 钥匙	开始
闯关 失败	停止程序的执行、角色维持原状						显示

选择【开始】，拖曳 

。

16.9.3 设置变量起始值与显示隐藏

程序开始设置“隐藏关卡”、“隐藏生命值”、“关卡变量为 1”。

1. 选择【舞台】，拖曳。
2. 单击 ，检查变量是否隐藏。

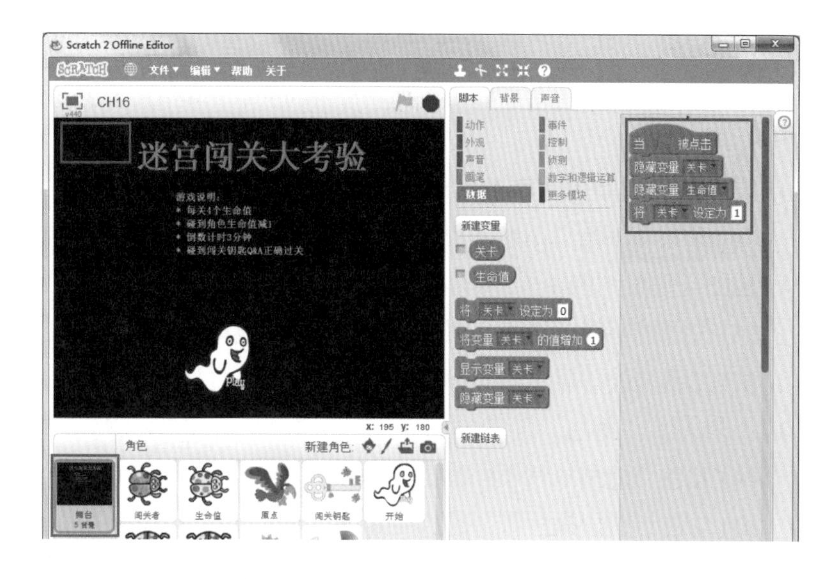

3. 拖曳 当接收到 第一关 / 显示变量 关卡 / 显示变量 生命值 ，选择【开始】，检查变量是否显示。

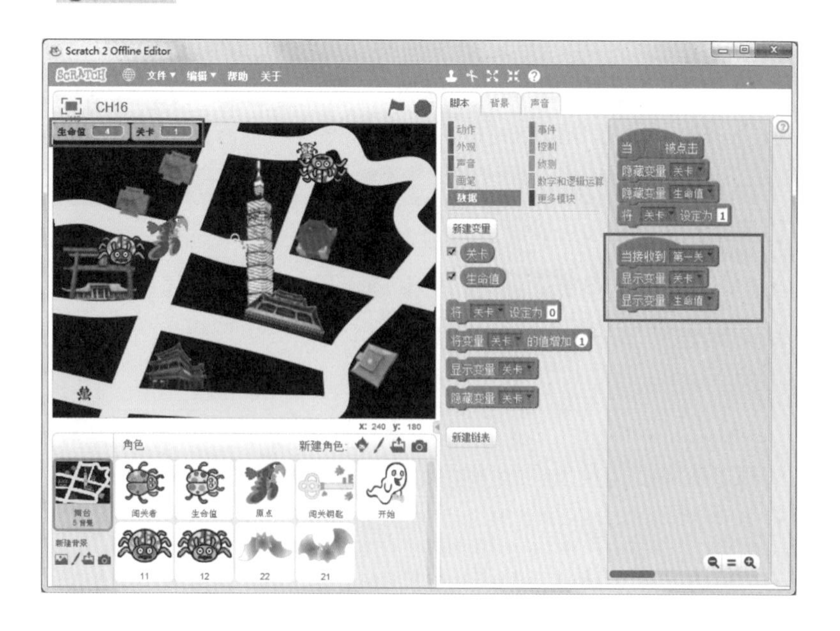

4. 单击 ，再选择【开始】，检查闯关大考验程序执行是否与规划相同。

课后练习

一、选择题

1. ( ) 设计“利用颜色控制角色的移动”，应该使用哪一个指令积木？

(A) 碰到颜色 ? (B) 将画笔的颜色设定为 (C) 碰到 ? (D) 到 的距离

2. ( ) 位图与矢量图的主要差异是什么?

(A) 位图能够显示透明背景 (B) 矢量图能够显示透明背景

(C) 二者都能够显示透明背景 (D) 二者都无法显示透明背景

3. ( ) 下列关于“角色”与“造型”的叙述哪一个是“错误的”？

(A) 角色与造型执行不同的指令积木

(B) 角色与造型执行相同的指令积木

(C) 同一角色在不同背景想要做变化时，只需复制更改造型

(D) 同一角色，可以复制多个造型

4. ( ) 设计“利用键盘上、下、左、右键”控制角色移动，应该使用哪一个指令积木?

(A) 当角色被点击时 (B) 当接收到 message (C) 当按下 空格键 (D) 当背景切换到 背景1

5. ( ) 下列哪一个指令积木可以让角色保持“向下方向”？

(A) 面向 90 方向 (B) 面向 -90 方向 (C) 面向 0 方向 (D) 面向 180 方向

6. ( ) 原点 属于哪一种类型指令积木？

(A) 外观 (B) 更多模块 (C) 声音 (D) 数据

7. ( ) 右图指令积木属于程序设计语言的哪一种执行流程?

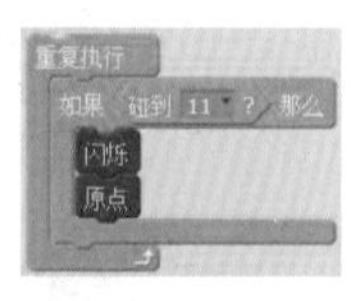

(A) 循环结构 (B) 选择结构

(C) 循环结构及条件结 构 (D) 顺序结构

8. ( ) 右图指令积木会创造几个“克隆体”？

(A) 无限个 (B)1 (C)10 (D) 不会创造克隆体

9. ( ) 设计“角色重复执行上下移动”，应该设计哪一组指令积木？

延伸练习

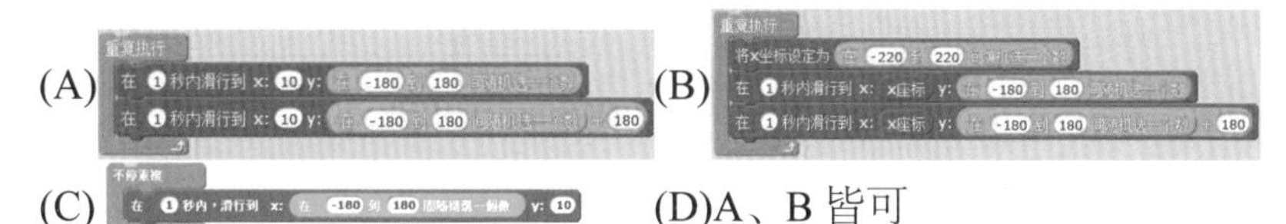

(A) (B)

(C) (D)A、B 皆可

10. (　) 关于右图指令积木的叙述“正确的”是哪一个？

(A) 接收到闯关失败广播消息才切换背景为闯关失败

(B) 属于顺序结构

(C) 指令积木可以写在角色或舞台 (D) 以上都是

二、实践题

1. 如何设计第二关蝙蝠从右向左飞行，并且切换造型变化让翅膀 飞行?

2. 如何设计倒数计时 3 分钟的指令积木？

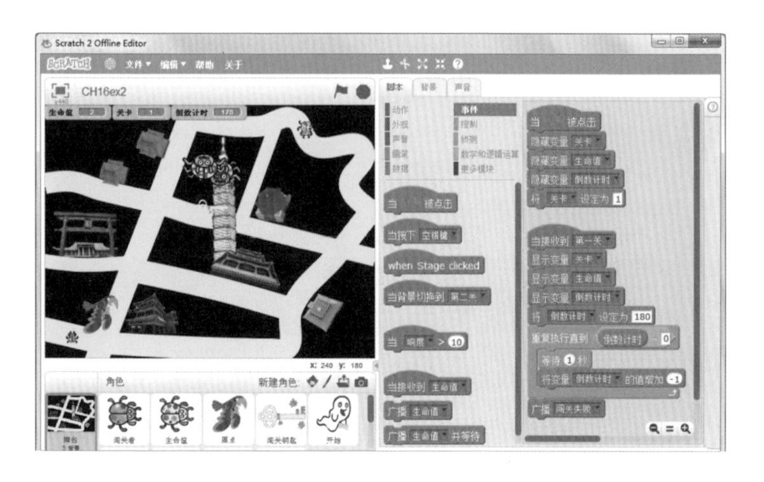

GOTOP

启发想象力与创造力！打造专属乐高科技

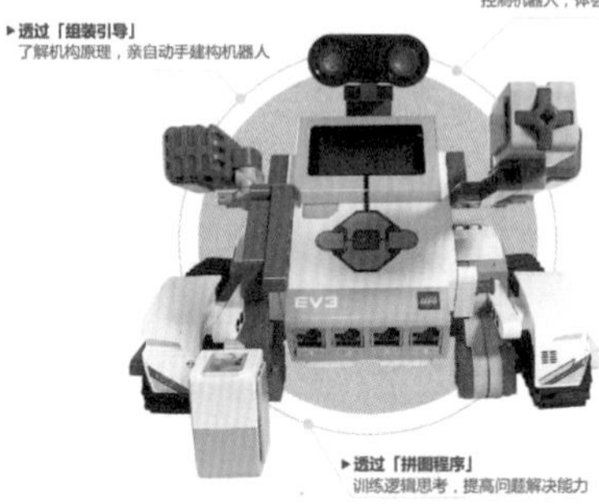

乐高EV3 机器人自造实战

从原理·组装·程序到控制全攻略

李春雄 李硕安 著

专业推荐 台湾青少年机器人协会 萧盈璋 理事长

清华大学出版社